机床拆装与维护

主 编 成建群

北京理工大学出版社
BEIJING INSTITUTE OF TECHNOLOGY PRESS

版权专有　侵权必究

图书在版编目（CIP）数据

机床拆装与维护/成建群主编. —北京：北京理工大学出版社，2017.8（2021.8 重印）

ISBN 978-7-5682-4755-9

Ⅰ. ①机… Ⅱ. ①成… Ⅲ. ①机床–构造②机床–机械维修 Ⅳ. ①TG502

中国版本图书馆 CIP 数据核字（2017）第 211460 号

出版发行 /	北京理工大学出版社有限责任公司
社　　址 /	北京市海淀区中关村南大街5号
邮　　编 /	100081
电　　话 /	（010）68914775（总编室）
	82562903（教材售后服务热线）
	68944723（其他图书服务热线）
网　　址 /	http：//www.bitpress.com.cn
经　　销 /	全国各地新华书店
印　　刷 /	三河市天利华印刷装订有限公司
开　　本 /	787 毫米 × 1092 毫米　1/16
印　　张 /	16.5
字　　数 /	390 千字
版　　次 /	2017 年 8 月第 1 版　2021 年 8 月第 3 次印刷
定　　价 /	48.00 元

责任编辑 / 孟雯雯
文案编辑 / 多海鹏
责任校对 / 周瑞红
责任印制 / 李志强

图书出现印装质量问题，请拨打售后服务热线，本社负责调换

前言

本书是与南京翼马数控机床有限公司、杭州启才科技有限公司、大连机床集团有限公司等企业合作开发完成的一部适合于高职高专机械制造类、数控类、机电类专业的教材，也可作为各机电类中等职业学校的教材，并可供从事机械维修技术人员参考以及培训之用。

本书结合了双元制高职教育的教学特点，强调应用性和能力的培养。全书以实践项目的形式，从实际工作的要求出发，突出解决实际问题，同时结合相关的理论知识分别论述。项目基于工作过程导向的课程开发理论和开发模式，根据企业调研确定职业岗位，分析典型工作任务，融合国家职业资格技能（应知、应会）的标准要求，将"工作"与"学习"有机地结合在一起。

本书以卧式车床、机械装调实训装置、数控车床、数控铣床作为教学载体，主要包括认识机床，机床床身的水平校正，机床电动机皮带更换，车床大、中、小托板间隙调整，机床冷却系统的拆装，机床润滑系统的拆装，机床的维护与保养，典型机械系统装调，数控车床装调，数控铣床装调等项目内容。内容组织中首先明确该教材所面对的教学对象今后的就业岗位和该岗位要求员工的职业能力，然后模拟工作情境、提出工作任务、总结和写出解决任务的方法与过程。以项目引领、任务驱动的编写思路做到体例完整，以图代文、以表代文来增强教材的形象化。对教材的项目进行任务分解，强调激发学生的内在兴趣，全程参与，给学生尽可能大的决策和想象空间。它贯穿了能力的训练、知识的学习、理论的学习、教学活动、片段操作、作业练习，由简单到复杂，由感性到理性。同时，项目中暗含了企业规范、拆装技术和工艺，强调职业素质的培养。项目组织中突出学习目标并进行任务引领，按照职业活动的逻辑结构和能力形成的逻辑展开，突出在做中学及理实一体，使教材成为构建学生职业活动思维、行为、情感、语言等的载体。在项目的推进中遵循了机电设备安装、调试、检测、维修等职业活动的逻辑规律，由远及近、先易后难。同时注重激发学生的兴趣，诱发学生生疑、思疑、释疑、再生疑、再思疑、再释疑的学习过程，引导学生不断探究，培养创造思维，引发创新精神，做到做中学、学中思、思中研。在操作过程中强调示范、过程讲解、操作规范，体现顺从、认同、内化的职业素养的养成过程。

本书由成建群任主编，郑爱权任副主编，其中项目1由郑爱权编写，项目2~项目10由成建群编写。最后全书由成建群统稿和定稿。郑勇、苗现华、李之繁为本书的编写提出了宝贵的意见。同时南京翼马数控机床有限公司、杭州启才科技有限公司、大连机床集团有限公司为本书提供了宝贵的资料和大力协助，在此表示衷心感谢。本书参考了互联网资源，对相关资源的提供者一并表示感谢。

由于编写者水平有限，时间仓促，书中难免有欠妥之处，恳请读者批评指正。

编　者

目 录

项目1　认识机床 …………………………………………………………… 001

项目2　机床床身的水平校正 ……………………………………………… 022

项目3　机床电动机皮带更换 ……………………………………………… 053

项目4　车床大、中、小托板间隙调整 …………………………………… 065

项目5　机床冷却系统的拆装 ……………………………………………… 087

项目6　机床润滑系统的拆装 ……………………………………………… 116

项目7　机床的维护与保养 ………………………………………………… 164

项目8　典型机械系统装调 ………………………………………………… 178

项目9　数控车床装调 ……………………………………………………… 201

项目10　数控铣床装调 …………………………………………………… 217

附录 …………………………………………………………………………… 234

参考文献 ……………………………………………………………………… 255

项目1 认识机床

车床是机床的一种,在机械加工行业中车床被认为是所有设备的工作"母机"。车床主要用于加工轴、盘、套和其他具有回转表面的工件,以圆柱体为主(见图1-1),是机械制造和修配工厂中使用最广的一类机床。铣床和钻床等旋转加工的机械都是从车床引申出来的。古代的车床是靠手拉或脚踏,通过绳索使工件旋转,并手持刀具进行切削的。

1797年,英国机械发明家莫兹利创制了用丝杠传动刀架的现代车床,并于1800年采用交换齿轮,可改变进给速度和被加工螺纹的螺距。1817年,另一位英国人罗伯茨采用了四级带轮和背轮机构来改变主轴转速。为了提高机械自动化程度,1845年,美国的菲奇发明了转塔车床。1848年,美国又出现回轮车床。1873年,美国的斯潘塞制成一台单轴自动车床,不久他又制成三轴自动车床。20世纪初出现了由单独电动机驱动的带有齿轮变速箱的车床。第一次世界大战后,由于军火、汽车和其他机械工业的需要,各种高效自动车床和专门化车床迅速发展。为了提高小批量工件的生产率,20世纪40年代末,带液压仿形装置的车床得到推广,与此同时,多刀车床也得到发展。20世纪50年代中期,发展了带穿孔卡、插销板和拨码盘等的程序控制车床。数控技术于20世纪60年代开始用于车床,20世纪70年代后得到迅速发展。

图1-1所示为卧式车床所能加工的典型零件。

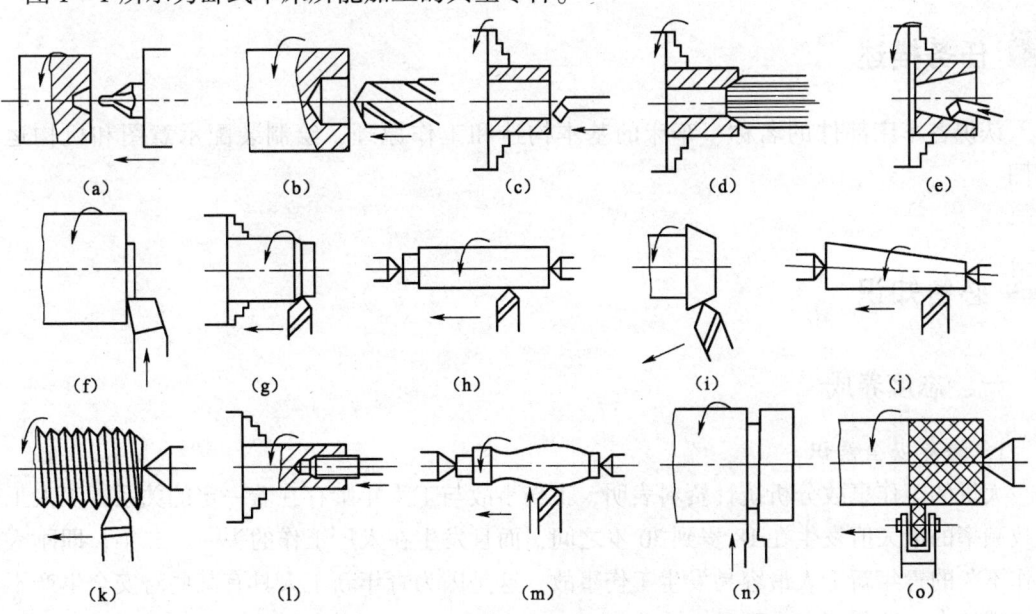

图1-1 卧式车床所能加工的典型零件

(a) 车中心孔;(b) 钻孔;(c) 车孔;(d) 铰孔;(e) 车锥孔;(f) 车端面;(g)、(h) 车外圆;
(i) 车短外锥;(j) 车长外锥;(k) 车螺纹;(l) 攻螺纹;(m) 车成形面;(n) 车槽;(o) 滚花

📖 项目描述

通过相互协作，利用卷尺等工具对车床进行静态和动态的观察，认识各个部件的名称、功能作用，以及部件之间的相互关系，认识车床的基本结构，绘制装配示意图，绘制机床机构运动简图，认识车床的工作原理。需要提交的内容是装配示意图和机构运动简图。需要能表述车床部件名称、基本构造和工作原理。

📋 学习目标

一、知识要求

1. 认识车床各部件的名称；
2. 掌握装配示意图的画法；
3. 认识车床的基本构造；
4. 认识车床的工作原理；
5. 掌握机构运动简图的画法。

二、技能要求

1. 会绘制装配示意图；
2. 会绘制机构运动简图。

📊 任务描述

认识各车床部件的名称、车床的基本构造和工作原理，绘制装配示意图和机构运动简图。

📇 必备知识

一、态度养成

1. 培养安全意识

大量的工作事故分析统计资料表明，工伤事故与工人年龄存在着一定的关系，工人工伤事故频率的最大值发生在 18 岁到 30 岁之间，而且发生在入厂工作的头一、二年，即刚入厂工作不久的青年新工人最容易发生工伤事故。这是因为青年新工人具有某些对安全生产不利的心理特点，这些特点主要是：

（1）年轻工人对安全生产的认识较差，安全意识和责任心不够强。因为绝大多数的新工人是从一般学校或技工学校毕业后进入工厂的，没有受过系统的安全生产教育。入厂后虽然经过短时间的入厂教育，初步了解了有关安全生产的规程制度，但缺乏工作实践和亲身体验，对安全生产重要性的认识仍然很肤浅，往往认为自己最主要的任务就是用最短的时间，学会技术、生产出合格的产品。因而重视学习生产技术，轻视学习安全技术，甚至还认为自己是学徒工，安全生产是师傅的事、是领导的事，与自己的关系不大，等等。

(2) 年轻工人好奇心强，活泼好动。刚进入工厂，到了一个新的环境里，见到了许多对他们来说是新的东西，感到新奇。对新的东西总想摸一摸、动一动、研究研究，一不小心就酿成了工伤事故。

(3) 年轻工人血气方刚、逞强好胜，把某些问题看得很简单，常有大材小用之感，总认为自己行，感觉不到有什么潜在的危险。年轻工人的这个特点，往往会导致工伤事故的发生。

(4) 青年工人自恃自己体力强，不注意劳逸结合，过度疲劳也会导致事故的发生。

(5) 青年工人涉世不深，在生活上遇到某些事故时容易激动，情绪不稳定。这样在操作时容易精神恍惚、反应迟钝或感情冲动、思想不集中而发生事故。

(6) 年轻人爱美，这是正常的，但在生产中，爱美必须以保证安全为前提。例如，操纵机床的女青年工人，长长的头发很美，但在生产中仍必须戴上防护帽，否则，头发露在外面，被机器绞进去，就会造成工伤事故。

根据新工人的上述心理特点，有必要对新工人进行安全心理教育，培养其良好的安全素质，增强其预防事故的能力。应做到以下几条：

(1) 上班作业首先要"一想""二查""三严"。

一想当天的生产作业中有哪些安全问题，可能会发生什么事故，怎样预防。

二查工作场所所使用的机器、设备、工具、材料是否符合安全要求，上道工序有无事故隐患，如何排除；还要检查一下本岗位操作是否会影响周围的人身安全，如何防范。

三严就是要严格按照安全要求进行操作，严格按照工艺规程进行操作，严格遵守劳动纪律，不搞与生产无关的活动。

(2) 进入生产作业场所，必须按规定使用各种劳动防护用品，包括穿好工作服、戴好安全帽，等等。严禁穿背心、短裤、裙子、高跟鞋等不符合安全要求的衣着上岗。在有毒有害物质场所操作，还应按规定佩戴符合防护要求的面具等。

(3) 保持工作场所的文明整洁。原材料、零件、工夹具应摆放得井井有条，及时清除通道上的油泥、铁屑和其他杂物，保持通道畅通。

(4) 禁止在有毒、有害的工作场所饮食或吸烟。工艺中的废油、废液不得随便倒入下水道，废渣不得随地倾倒，应由车间集团统一处理。

(5) 凡挂有"严禁烟火""有电危险""有人工作切勿合闸"等危险警告标志（即警示牌）的场所，或挂有安全色标的标记，都应严格遵守。严禁随意进入危险区域和乱动阀门、闸刀，等等。

2. 遵守规章制度

安全规程、制度和纪律是以科学为依据，反映客观规律的，其中也包括总结前人发生过的事故，用鲜血甚至生命换来的教训。例如在电气设备安全规程、制度中，规定人不得接近高压电气设备和线路，必须离开一定的距离。因为进入这个安全距离，高压电气设备就会产生电弧放电，将人灼伤甚至造成死亡。这种用血的教训凝结成的安全规程、制度是极为宝贵的。遵规守纪，维持工厂生产的安全秩序，是每个员工应尽的义务。只要每位员工都从思想上重视安全生产，遵规守纪，事故是可以避免的。

3. 坚持徒手绘图

在机器测绘、讨论设计方案、技术交流、现场参观时，受限于现场条件或时间，经常是绘制草图。有时也可将草图直接供生产用，但在大多数情况下要再整理成仪器图。所以，工程技术人员必须具备徒手绘图的能力。徒手图也称草图，它绝不是潦草图，其是不借助绘图工具，用目测来估计物体的形状和大小，徒手绘制的图样。

4. 培养观察力

人的观察力受先天生理、心理因素的影响与制约，其主要是在后天实践中形成和发展起来的。因此观察力是可以培养和训练的。

(1) 确立观察的目标，提高观察责任心。人的行为是有目的的，只有带着目的和任务进行观察，提高责任心，才会对自己的观察力提出较高的要求，从而提高观察力。

(2) 明确观察对象，制订观察计划。这样就可以将观察力指向与集中到要观察的对象上，并按部就班，从容观察，从而有助于提高观察力。

(3) 观察时要全神贯注、聚精会神。注意性是观察力的重要品格之一，只有提高注意性，对观察对象全神贯注，才能做到观察全面具体，才能收集到对象活动的细节。

(4) 培养浓厚的兴趣和好奇心。兴趣和好奇心是提高观察力的重要条件。一个人具有好奇心，对其观察的对象有浓厚的兴趣，就会长期持久地观察而不感到厌倦，从而提高观察力。

(5) 要有丰富的知识和经验储备。只有这样才能善于在观察中捕捉机遇。科学家巴斯德说过，"在观察的领域里，机遇只偏爱那种有准备的头脑。"

(6) 掌握良好的观察方法。如要坚持观察的客观性，要注意被观察对象的典型性，等等。

二、认识安全色

为了保证劳动者的安全与健康，提醒劳动者注意安全，国家以 GB 2893—1982 颁发了《安全色》标准，并在工厂和其他劳动现场广泛采用安全色。

(1) 安全色是表达安全信息含义的颜色，用来表示禁止、警告、指令、指示等。其作用在于使人们能够迅速发现或分辨安全标志，提醒人们注意，预防事故发生。安全色不包括灯光、荧光颜色和航空、航海、内河航运以及其他目的所使用的颜色。

(2) 安全色规定为红、蓝、黄、绿四种颜色，其用途和含义见表 1-1。

表 1-1 安全色的含义和用途

颜色	含义	用途举例
红色	禁止 停止	禁止标志； 停止信号（机器、车辆上的紧急停止手柄或按钮，以及禁止人们触动的部位）； 防火标志

续表

颜色	含义	用途举例
蓝色	指令 必须遵守的规定	指令标志：如必须佩带个人防护用具； 道路指引车辆和行人行驶方向的指令
黄色	警告 注意	警告标志； 警戒标志（如厂内危险机器和坑池边周围的警戒线）； 行车道中线； 机械上齿轮箱的内部； 安全帽
绿色	提示 安全状态 通行	提示标志； 车间内的安全通道； 行人和车辆通行标志； 消防设备和其他安全防护装置的位置

注：① 蓝色只有与几何图形同时使用时，才表示指令。
② 为了不与道路两旁绿色行道树相混淆，道路上的提示标志用蓝色

（3）对比色规定为黑、白两种颜色，如安全色需要使用对比色时，应按表1-2规定。

表1-2 安全色与对比色的共同应用

安全色	相应的对比色
红色	白色
蓝色	白色
黄色	黑色
绿色	白色

在运用对比色时，黑色用于安全标志的文字、图形符号和警告标志的几何图形。白色既可以用作红、蓝、绿的背景色，也可以用作安全标志的文字和图形符号。

另外，红色和白色、黄色和黑色的间隔条纹是两种较醒目的标示，其用途如表1-3所示。

表1-3 间隔条纹标示的含义和用途

颜色	含义	用途举例
白色 红色	禁止超过	道路上用的防护栏杆
黄色 黑色	警告 危险	工矿企业内部的防护栏杆； 吊车吊钩的滑轮架； 铁路和道路交叉道口上的防护栏杆

（4）其他与安全有关的色标。

除去上述安全色外，工厂里还有一些色标与安全有关。常见的色标主要有气瓶、气体管

道和电气供电汇流等方面的漆色。

三、认识安全标示

安全标志是由安全色、几何图形和图形符号所构成的，用以表达特定的安全信息。此外，还有补充标志，它是安全标志的文字说明，必须与安全标志同时使用。安全标志的作用，主要在于引起人们对不安全因素的注意，预防事故发生，但不能代替安全操作规程和防护措施。航空、海运、内河航运上的安全标志不属于这个范畴。GB 2894—1982《安全标志》标准对安全标志进行了规定。安全标志分为禁止标志、警告标志、指令标志和提示标志等四类，现将其情况分述如下。

1. 禁止标志

禁止标志的含义是不准或制止人们的某种行动。图形为黑色，禁止符号与文字底色为红色。

2. 警告标志

警告标志的含义是人们注意可能发生的危险。图形、警告符号及字体为黑色，图形底色为黄色。

3. 指令标志

指令标志的含义是告诉人们必须遵守的意思。图形为白色，指令标志底色均为蓝色。

4. 指示标志

指示标志的含义是向人们提示目标的方向。消防提示标志的底色为红色，文字、图形为白色。

附录一中列出了常见的安全标志，可供参考。

四、车床型号

车床有很多型号，下面我们就来解读一下车床型号所代表的意义。以下面这串字符串为例：

A（B）1234（.5）（C）（/6）（×7）

以上带（ ）者为可选项，使用时不加括号，字母代表该位为汉语拼音字母，数字代表该位为阿拉伯数字。

A：类别代号。C 为车床，Z 为钻床，T 为镗床，S 为螺纹加工机床，X 为铣床，B 为刨床……以 C 开头，即代表该机床是车床。

B：通用类别代号或结构特性代号。通用类别代号：G 为高精度，M 为精密，Z 为自动，B 为半自动，K 为数控，H 为自动换刀，F 为仿形，W 为万能，Q 为轻型，J 为简式。结构特性代号是为区别主参数相同而结构不同的机床而设置的。

1：组别代号。

2：型别代号。

3，4：主参数或设计顺序号。

5：主轴数（前面以"."分开）。

C：重大改进顺序号。

/6：同一型号机床的变型代号。

×7：最大跨距、最大工件长度、工作台长度等第二参数。

并不是所有的机床型号都包括上述所有参数，通常车床多以 C6132A 这种形式表示：

C：车床（类代号）。

61：卧式车床（组、系代号）。

32：车床上加工最大回转直径的 1/10（主参数）。

A：此车床的结构经过第一次改选（改进顺序号）。

其他型号依此类推，可清楚地知道该车床的具体型号和参数的意义。

五、零件的徒手绘制

（1）确定绘图比例并定位布局：根据零件大小、视图数量、现有图纸大小，确定适当的比例。粗略确定各视图应占的图纸面积，在图纸上作出主要视图的作图基准线和中心线。注意留出标注尺寸和画其他补充视图的地方。

（2）详细画出零件内外结构和形状，检查、加深有关图线。注意各部分结构之间的比例应协调。

（3）将应该标注的尺寸的尺寸界线、尺寸线全部画出，然后集中测量、注写各个尺寸。注意不要遗漏、重复或注错尺寸。

（4）注写技术要求：确定表面粗糙度，确定零件的材料、尺寸公差、形位公差及热处理等要求。

（5）检查、修改全图并填写标题栏，完成草图。

现以拨杆为例说明徒手画零件草图的步骤，见表 1-4。

表 1-4　草图绘制步骤

序号	内容	举例
1	布图（画中心线、对称中心线及主要基准线）	

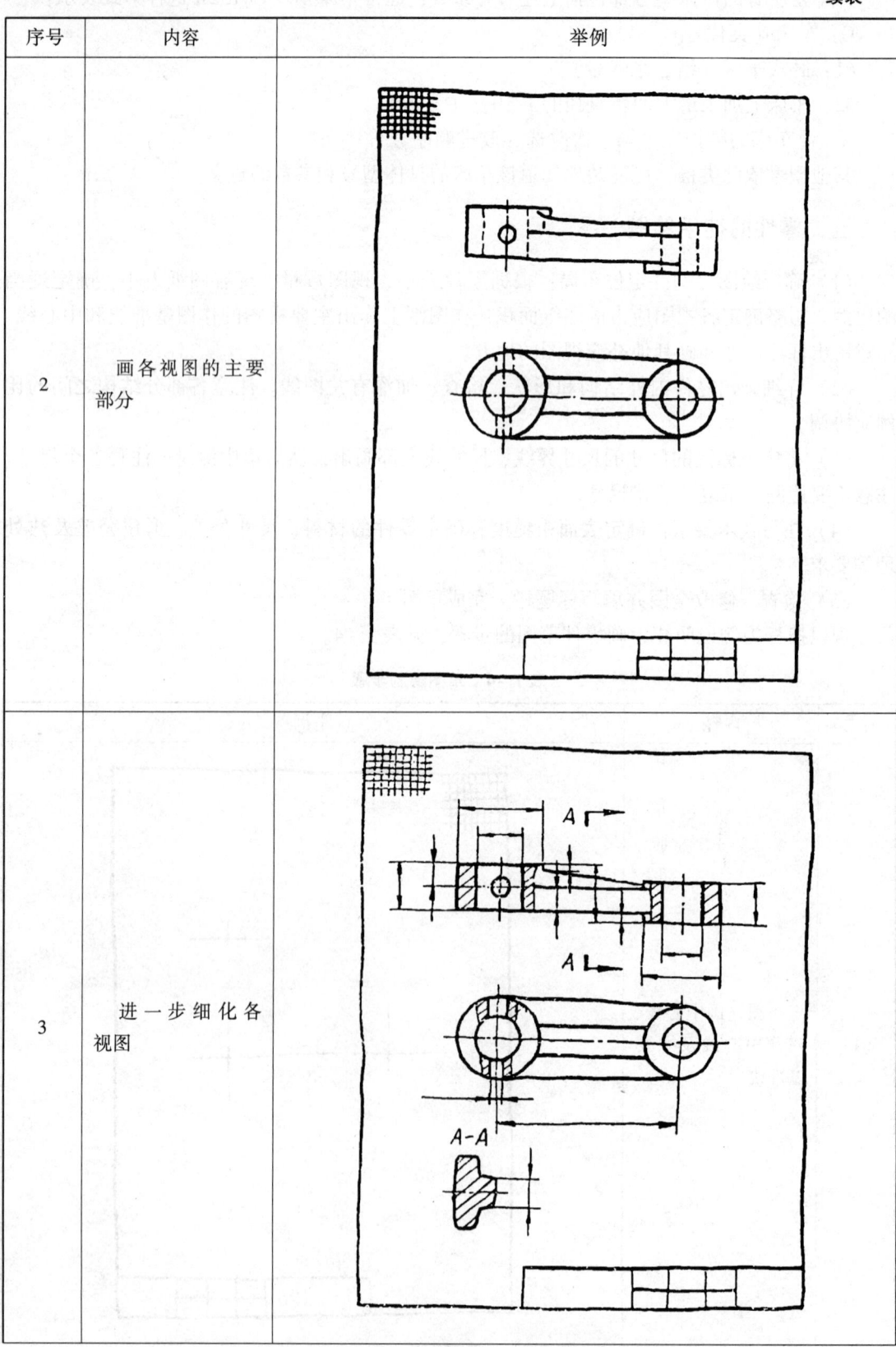

续表

序号	内容	举例
2	画各视图的主要部分	
3	进一步细化各视图	

续表

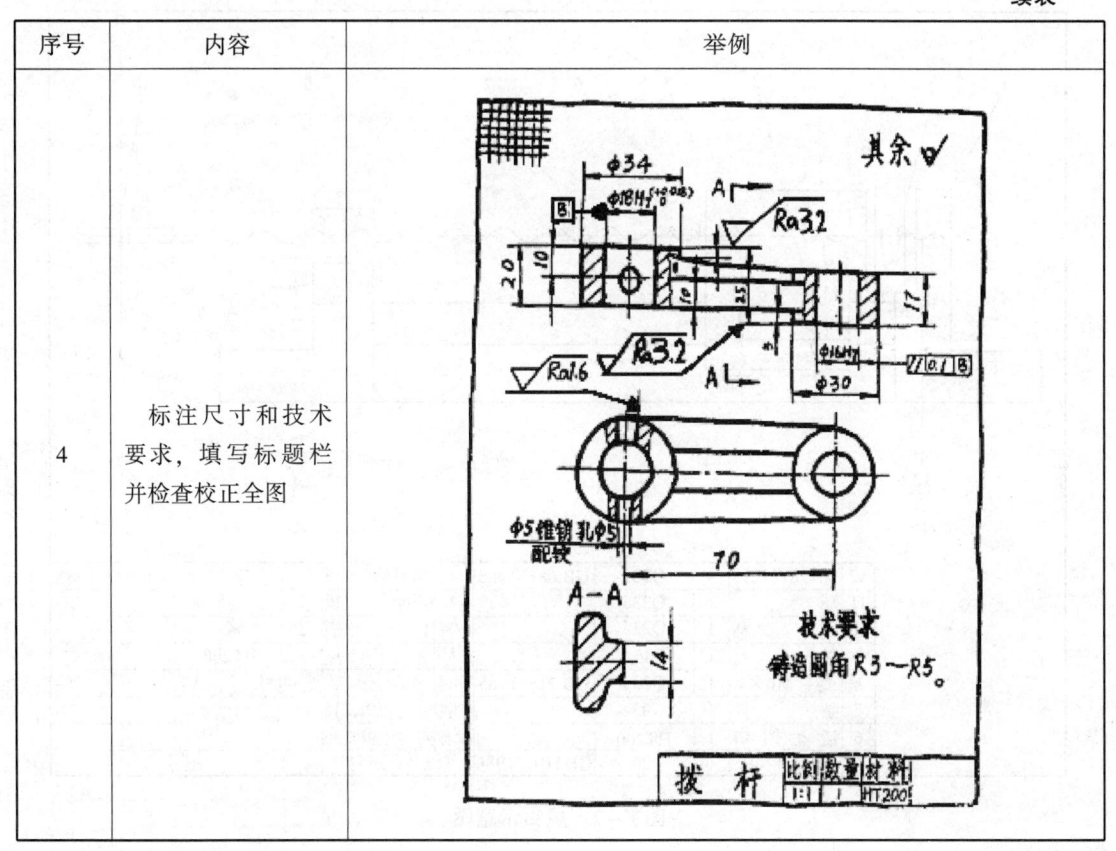

序号	内容	举例
4	标注尺寸和技术要求，填写标题栏并检查校正全图	

六、装配示意图的画法

装配示意图一般用简单的图线，运用国家标准《机械制图》中规定的机构及其组件的简图符号，并采用简化画法和习惯画法，画出零件的大致轮廓，如图 1-2 所示虎钳示意图中的钳座 1、活动钳口 6、螺杆 7 和压板 3。也可用单线来表示零件的基本特征，如图 1-2 所示中的手柄 10、钳口板 2、轴衬 9、螺钉 4、8、12 和销 5。画装配示意图时，一般可从主要零件入手，然后按装配顺序再把其他零件逐个画上。通常对各零件的表达不受前后层次、可见与不可见的限制，尽可能把所有零件逐个画在一个视图上。如有必要，也可以补充在其他视图上。

七、部件测绘步骤

1. 对部件全面了解和分析

（1）应该了解测绘部件的任务和目的，决定测绘工作的内容和要求。如为了设计新产品提供参考图样，测绘时可进行修改；如为了补充图样或准备制作备件，测绘时必须正确、准确，不得修改。

（2）通过阅读有关的技术文件、资料和同类产品图样，以及直接向有关人员广泛了解使用情况，分析部件的构造、功用、工作原理、传动系统、大体的技术性能和使用运转情况，并检测有关的技术性能指标和一些重要的装配尺寸，如零件间的相对位置尺寸，极限尺寸以及装配间隙等，为下一步拆装和测绘工作打下基础。

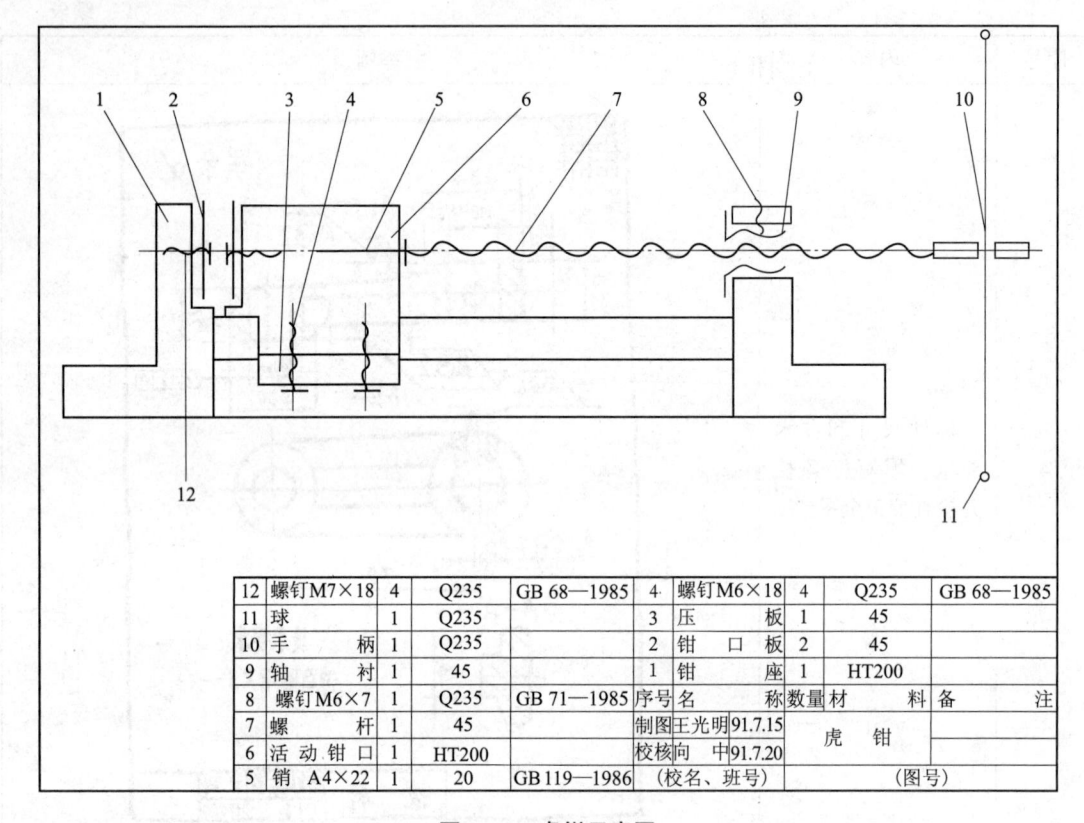

图 1-2 虎钳示意图

12	螺钉M7×18	4	Q235	GB 68—1985	4	螺钉M6×18	4	Q235	GB 68—1985
11	球	1	Q235		3	压 板	1	45	
10	手 柄	1	Q235		2	钳 口 板	2	45	
9	轴 衬	1	45		1	钳 座		HT200	
8	螺钉M6×7	1	Q235	GB 71—1985	序号	名 称	数量	材 料	备 注
7	螺 杆	1	45		制图 王光明 91.7.15	虎 钳			
6	活 动 钳 口	1	HT200		校核 向 中 91.7.20				
5	销 A4×22	1	20	GB 119—1986	(校名、班号)	(图号)			

2. 拆卸部件

要周密地制定拆卸顺序,根据部件的组成情况及装配工作的特点,把部件分为几个组成部分,依次拆卸,并通过打钢印、扎标签或写件号等方法对每一个部件和零件编上件号,分区分组地放置在规定的地方,避免损坏、丢失、生锈或放乱,以便测绘后重新装配时能保证部件的性能和要求。如虎钳(图1-2)的拆卸顺序,见表1-5。

表 1-5 虎钳的拆卸顺序

序号	内容
1	准备放置场地
2	准备标记工具
3	拆去销5及螺钉8,按顺序将零件编号、安放
4	拆去螺杆7、手柄10和轴衬9,按顺序将零件编号、安放
5	依次拆下螺钉12和螺钉4,按顺序将零件编号、安放

3. 画装配示意图

在全面了解后,可以绘制装配示意图。只有在拆卸后才能显示出零件间的真实装配关系。因此,在拆卸时必须一边拆卸,一边补充、更正,画出示意图,记录各零件间的装配关系，并对各个零件编号（注意：要和零件标签上的编号一致），还要确定标准件的规格尺寸和数量，并及时标注在示意图上。机械装配示意图中常用简化符号见表1-6，非标准化，仅供参考。

表1-6 常用简化符号

序号	名称	立体图	简化符号
1	螺钉、螺母、垫片		
2	传动螺杆		
3	在传动螺杆上的螺母		
4	对开螺母		
5	手轮		
6	压缩弹簧		

续表

序号	名称	立体图	简化符号
7	顶尖		
8	皮带传动		
9	开口式平皮带		
10	圆皮带及绳索传动		
11	链传动		

续表

序号	名称	立体图	简化符号
12	两轴线平行的圆柱齿轮传动		
13	两轴线相交的圆锥齿轮传动		
14	两轴线交叉齿轮传动（蜗轮蜗杆传动）		

4. 画零件草图

测绘工作往往受时间及工作场地的限制。因此，必须徒手画出各个零件的草图，根据零件草图和装配示意图画出装配图，再由装配图拆画零件图。

任务实施

1. 对照图1-3，述说车床上各部件的名称，并说明包括的范围。

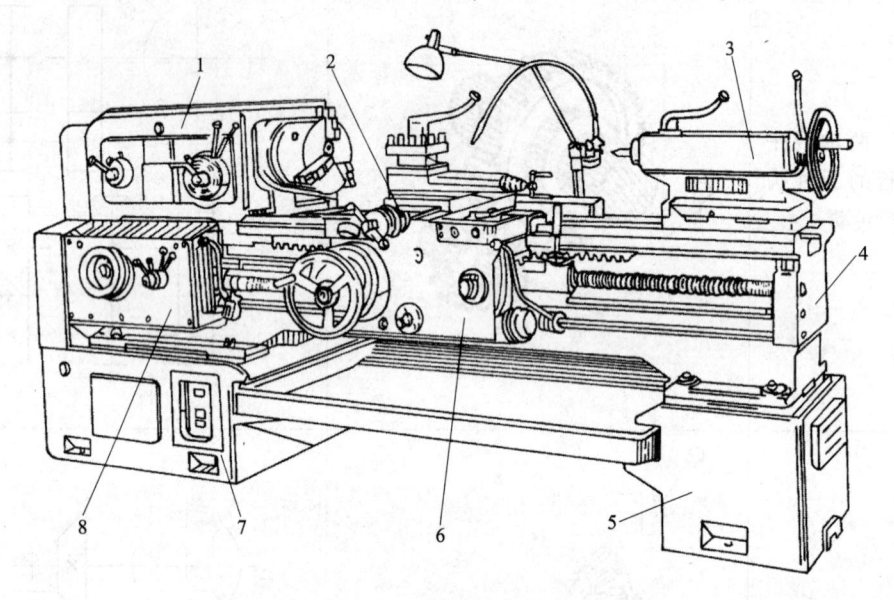

图1-3　卧式车床外形
1—主轴箱；2—刀架；3—尾座；4—床身；5，7—床腿；6—溜板箱；8—进给箱

2. 参考虎钳（见图1-2）示意图的绘制方法，按照装配关系试着绘制车床的装配示意图。

3. 现场观察机床的运动，说出机床部件与图1-4传动原理图中部件的对应关系，指出主轴的旋转运动和刀具的进给运动。

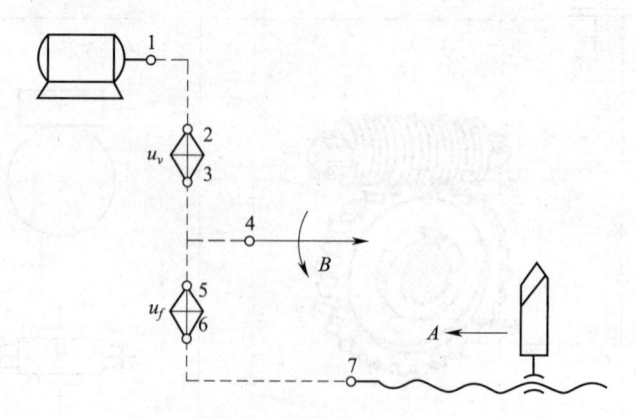

图1-4　CA6140型卧式车床传动原理
1—输出轴；2，3—主轴变速箱；4—主轴；5，6—进给变速箱；7—丝杠

4. 说说图1-4与图1-5中部件的对应关系。
5. 说说图1-5与图1-6主轴箱传动图中零件的对应关系。
6. 说说图1-5与图1-7主轴图中零件的对应关系。

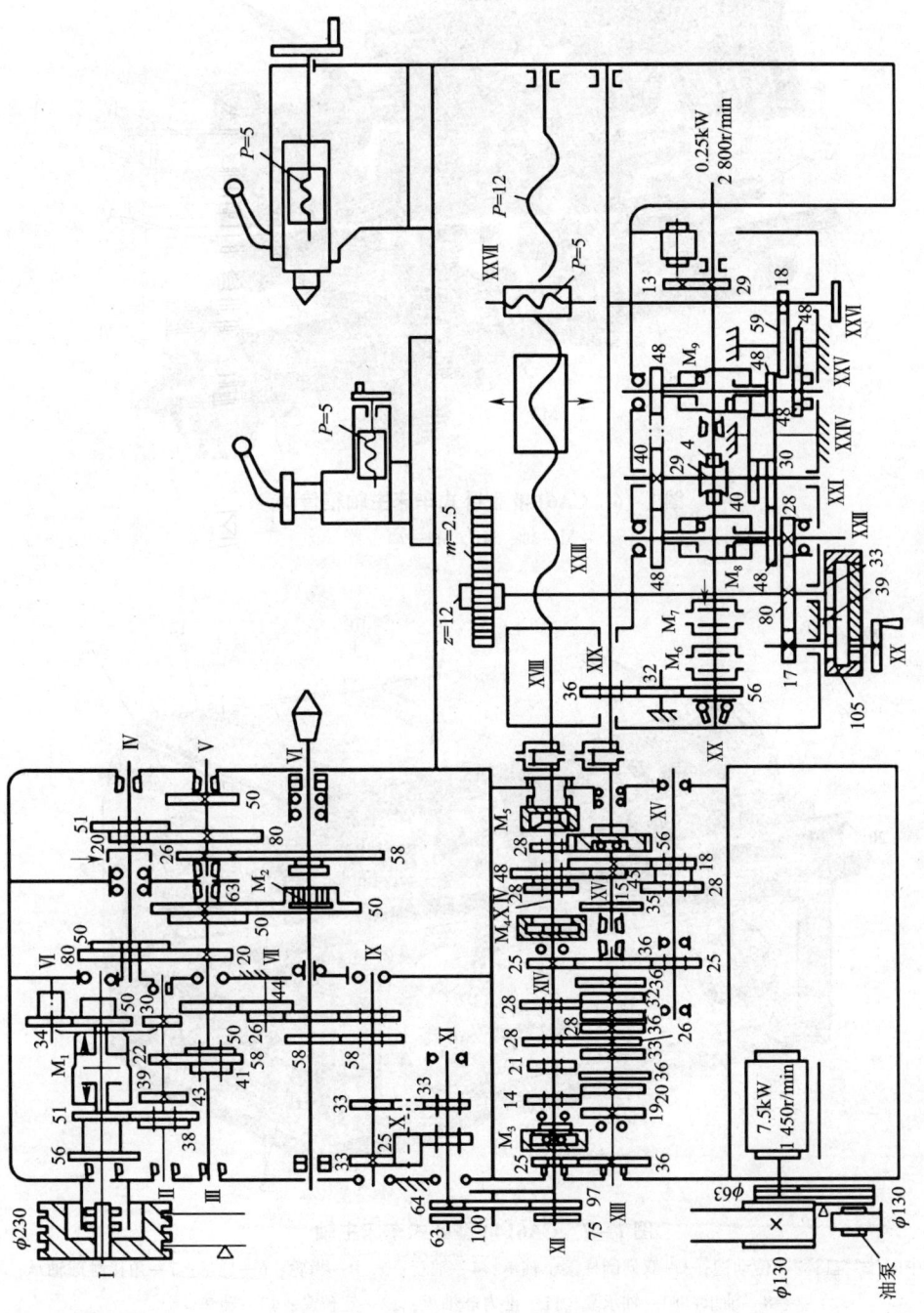

图 1-5 CA6140型卧式车床传动系统

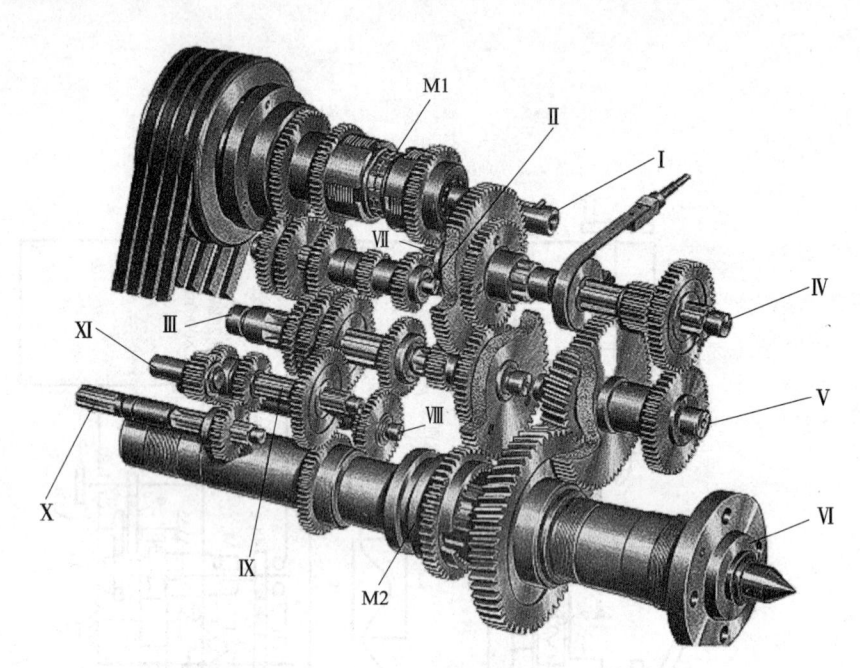

图 1-6 CA6140 型卧式车床主轴箱传动

Ⅰ~Ⅺ—轴；M1，M2—离合器

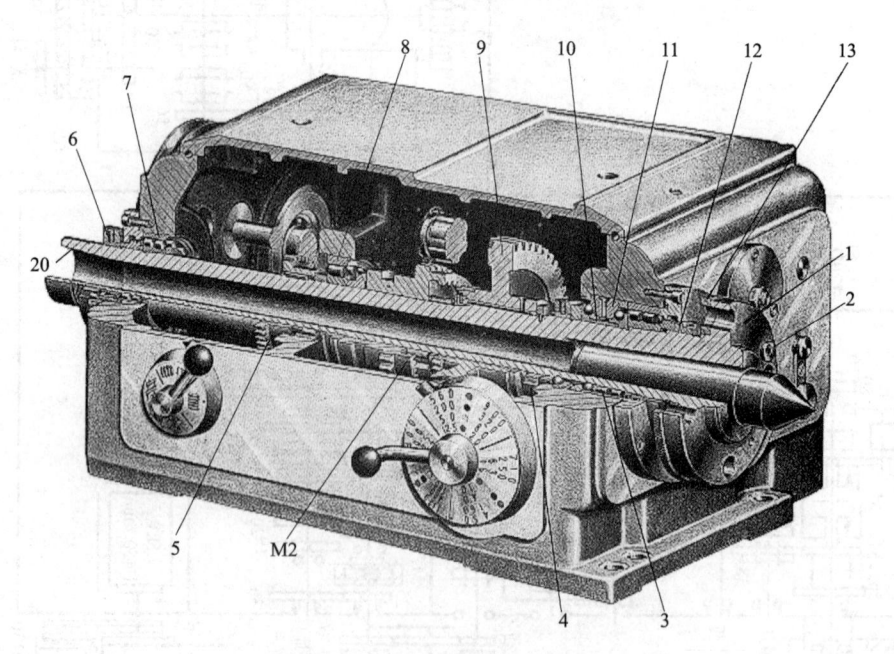

图 1-7 CA6140 型卧式车床主轴

1—中间法兰盘；2—传动键；3—双列圆柱滚子轴承；4—轴套；5，9—齿轮；6—螺母；7—角接触球轴承；
8—轴承；10—轴承套；11—推力球轴承；12—定位套；13—转垫

7. 按照车床的几大部件测量并绘制它们的装配示意图，标示几大部件的连接关系。

8. 按照车床的几大部件绘制机构运动简图，标示运动关系，并能体现运动的传递与主轴的旋转运动和刀具的进给运动的实现。

任务评价

根据表 1-7，对任务的完成情况进行评价。

表 1-7 成绩评定

考核项目		考核标准（满分 100 分）	自我评价	小组评价	教师评价
职业技能（70%）	认识各部件的名称	能在规定的时间内准确表述各部件的名称，明确各部件包括的内容（8~10 分）			
		经过简单提示能表述各部件的名称，明确各部件包括的主要内容（6~7 分）			
		尚不能表述各部件主要内容或态度不端正、严重违纪（0~5 分）			
	绘制装配示意图	能够在规定时间内很好地按标准、按要求准确、熟练地完成装配示意图（16~20 分）			
		能够完成装配示意图，没有明显的重大错误（12~15 分）			
		装配示意图抄袭别人或马虎潦草、内容明显错误或态度不端正、严重违纪（0~11 分）			
	认识机床的基本构造和工作原理	能在规定的时间内准确表述各部件的基本构造，明确机床的工作原理（8~10 分）			
		经过简单提示能表述各部件的基本构造，明确机床的工作原理（6~7 分）			
		尚不能表述各部件的基本构造和工作原理，或态度不端正、严重违纪（0~5 分）			
	绘制机构运动简图	能够在规定时间内很好地按标准、按要求准确、熟练地完成机构运动简图（16~20 分）			
		能够完成机构运动简图，没有明显的重大错误（12~15 分）			
		机构运动简图抄袭别人或马虎潦草、内容明显错误或态度不端正、严重违纪（0~11 分）			

续表

考核项目		考核标准（满分100分）	自我评价	小组评价	教师评价
职业技能（70%）	说说各部件的基本功能	能在规定的时间内准确表述各部件的功能，明确主要实现过程（8~10分）			
		经过简单提示能表述各部件的主要功能，明确主要实现过程（6~7分）			
		尚不能表述各部件主要功能或态度不端正、严重违纪（0~5分）			
职业素养（30%）	考勤：不旷课，不迟到，不早退，不中途开小差	满分5分。旷课一次扣2分，迟到、早退、中途开小差扣1分，扣完为止			
	安全：符合实训室安全规范	满分10分。违反实训室安全规范，视性质情节轻重扣1~5分			
	卫生：符合实训室卫生规范	满分5分。按照整理、整顿、清扫、清洁和素养5S要求进行管理，违反一次扣1分，扣完为止			
	合作：独立思考，团队协作，团结互助	满分10分。不服从安排一次扣2分，不愿帮助别人一次扣2分，不进行独立思考一次扣2分，扣完为止			
总评					

注：1. 以下情况直接判定0分：未参加实训时间超过全部实训时间的三分之一以上者；实训中态度不端正，有严重违纪行为（上课打架斗殴，违规损坏设备等）。
2. 自我评价占30%，小组评价占30%，教师评价占40%

总结提高

列出在本任务中认识的专业词汇、学习到的知识点、会使用的工具、掌握的技能。

1. 新的专业词汇

2. 新的知识点

3. 新的工具

4. 新的技能

项目拓展

1. 一般而言，机器的组成通常包括：动力部分、传动部分、执行部分和控制部分。动力部分的作用是把其他形式的能量转化成机械能，以驱动机器各部件运动等。传动部分是将原动机的运动和动力传递给执行部分的中间环节。执行部分是直接完成机器工作任务的部分，处于整个传动装置的终端，其结构形式取决于机器的用途。控制部分包括自动检测部分和自动控制部分，其作用是显示与反映机器的运行位置和状态，控制机器的正常运行和工作。简述 CA6140 的这四个组成部分。

2. 指出 CA6140 的三杠，说明其各自的作用。

3. 读图 1-8，说说图中运动是如何传递的。

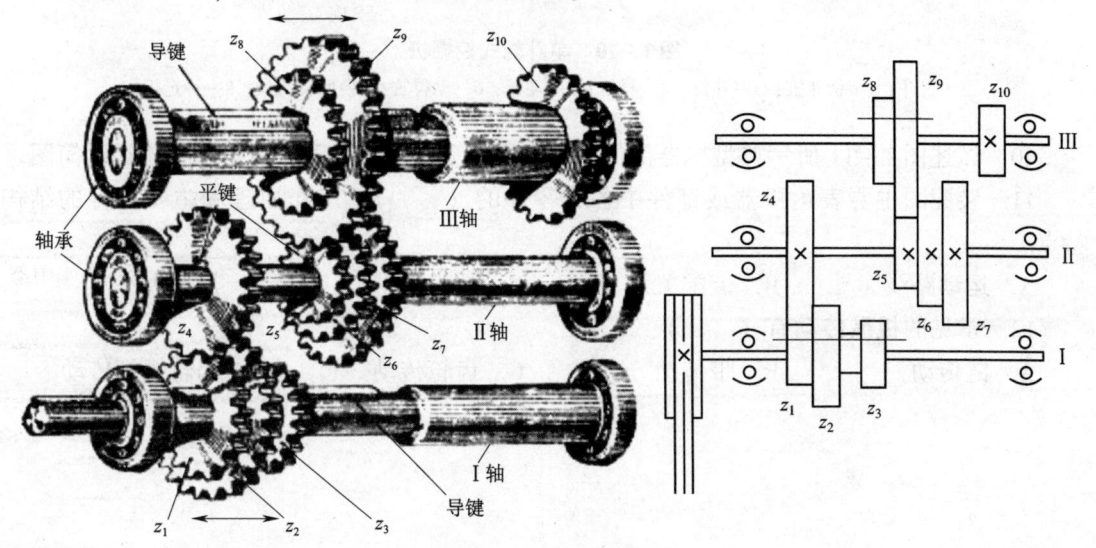

图 1-8 齿轮传动

4. 分组讨论：根据自己的认识程度讲出普通车床各个部分的名称及实现的功能、运动的传递过程；讨论生活中自己认识的机器；讨论数控车床的系统组成。

5. "机构运动简图"与机构示意图有何区别？

6. 绘制机构运动简图时，原动件的位置为什么可以任意选定？会不会影响简图的正确性？

7. 机构自由度就是机构具有的独立运动的数目，因此，当机构的主动件等于自由度数时，机构就具有确定的相对运动。一个杆件（刚体），在空间上完全没有约束，那么它可以在 3 个正交方向上平动，还可以以三个正交方向为轴进行转动，那么就有 6 个自由度。约束增加，自由度就减少，机构的自由度为组成杆件自由度之和减去运动副的约束。机构自由度的计算对测绘机构运动简图有何帮助？

8. 在图 1-9 所示的机构运动简图中，机构是如何运动的？机构由几个构件组成？有几个自由度？

9. 试述图 1-10 所示单斗轮式挖掘机的工作原理。

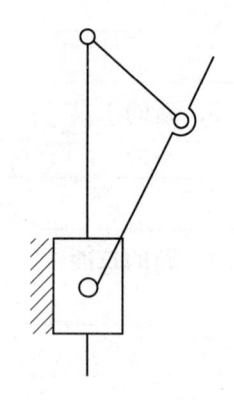

图 1-9 机构运动简图

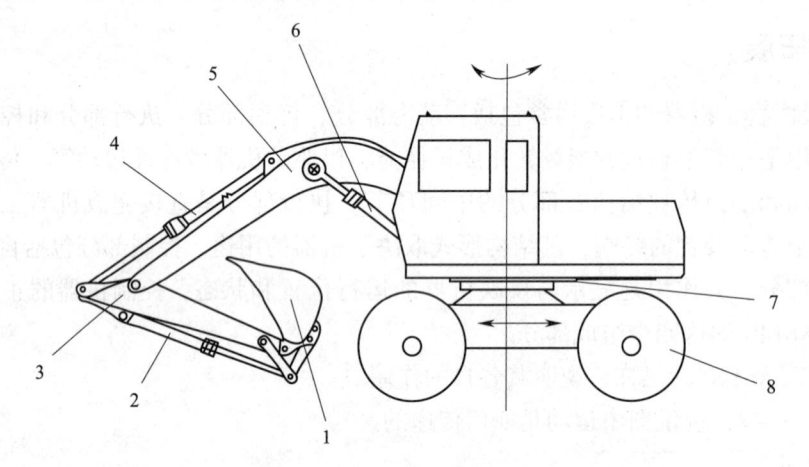

图 1-10 单斗轮式挖掘机

1—铲斗；2—铲斗缸；3—斗缸；4—杆缸；5—动臂；6—动臂缸；7—回转机械；8—行走机构

10. 试述图 1-11 所示典型机器部件的工作原理，并画出装配示意图和机构运动简图。

11. 装配图主要表达机器或部件中各个零件的（　　）、工作原理和主要零件的结构特点。

A. 运动路线　　B. 装配关系　　C. 技术要求　　D. 尺寸大小

12. 常见的机械传动有（　　）

A. 链传动　　B. 带传动　　C. 齿轮传动　　D. 涡轮蜗杆传动

图 1-11 典型部件

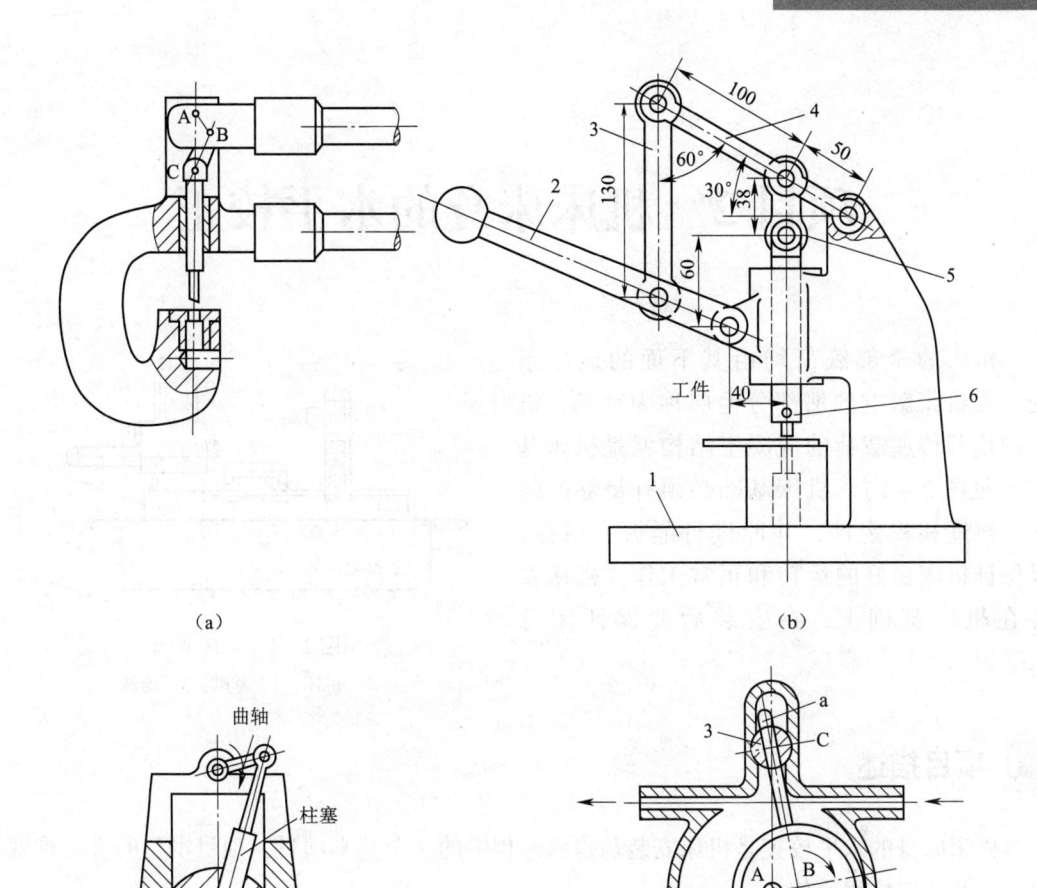

(a) 手动冲孔钳；
(b) 手动冲压机；
1—机座；2—手柄；3，4，5—连杆；6—件头
(c) 柱塞油泵；
(d) 偏心轮油泵
1—连杆；2—偏心轮；3—连接球；4—机体

项目2 机床床身的水平校正

机床的全部载荷均由其下面的地层承受。受机床影响的那部分地层称为地基，机床向地基传递载荷的混凝土结构就是机床基础（见图2-1）。机床基础必须有足够的强度、刚度和稳定性，并能进行隔振和减振，以保证机床良好的运转和正常工作。机床安装在机床基础上，在安装后要保证床身水平。

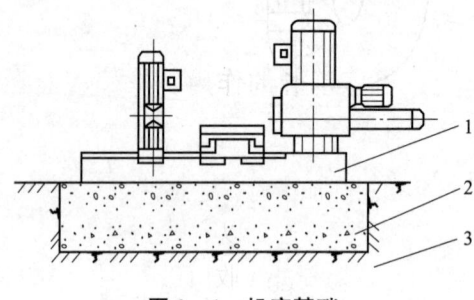

图2-1 机床基础
1—机床；2—基础；3—地基

项目描述

机床床身的水平校正是机床安装与检修过程中的一个基本项目，项目本身的学习难度不大，但非常有应用价值。

学习目标

一、知识目标

1. 了解机床基础的作用和类型；
2. 掌握机床的基础安装、固定和调整。

二、技能目标

1. 能选择机床基础；
2. 会进行基础的水平调整。

任务描述

一、观察机床基础，认识其组成

1. 调查车间地基构成。
2. 调查机床如何安装在地基上。

3. 绘制一种典型的安装简图。

二、调整床身水平

1. 熟悉水平仪，了解使用方法。
2. 调整机床床身，记录调整过程和测量数据。

必备知识

一、机床基础的作用、类型和选择

1. 机床基础的作用

机床在切削加工时，通过机床各部件将切削力、传动力和惯性力等传给床身、底座和基础，则机床基础可起到以下作用：

（1）承受负荷并吸收由机床内外传来的振动，保持机床的加工精度和使用寿命。
（2）提高机床床身和立柱等大件的刚度。
（3）增加机床系统的动刚度，消减和隔离外界振动源的影响。
（4）保证各分离部件之间的相对位置精度，尤其是落地式、地坑式等重型机床的位置精度。

2. 机床基础的类型

常用的机床基础可分为以下几种类型：

（1）地面：机床直接安装在车间混凝土地面上。图2-2所示为普通混凝土地面，图2-3所示为加厚的混凝土地面。

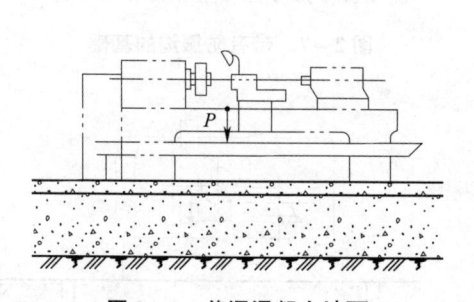

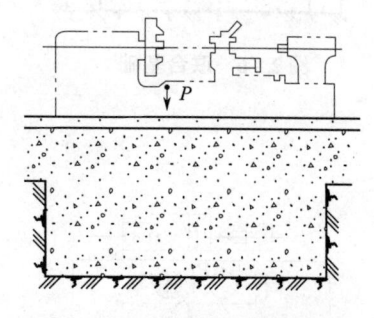

图2-2 普通混凝土地面　　　　图2-3 加厚的混凝土地面

（2）单独基础：一台机床配置一个基础，如图2-4和图2-5所示。
（3）联合基础：几台机床共用一个单独基础，如图2-6所示。
（4）隔振基础：采取隔振、减振措施的基础。隔振、减振基础一般做成单独基础，也可做成联合基础。图2-7所示为带有防振沟的基础，图2-8所示为垫有隔振、减振材料的隔振、减振基础，图2-9所示为带有隔振、减振器的隔振、减振基础。

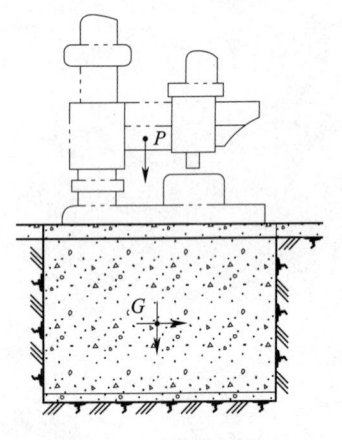

图 2-4 单独基础（一）

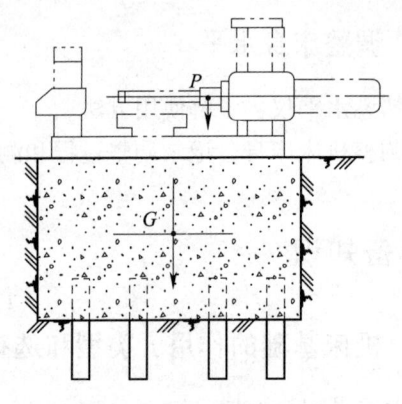

图 2-5 单独基础（二）

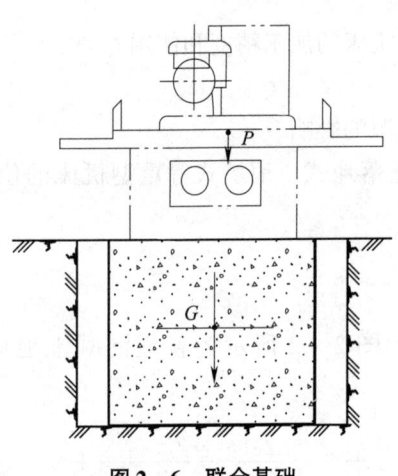

图 2-6 联合基础

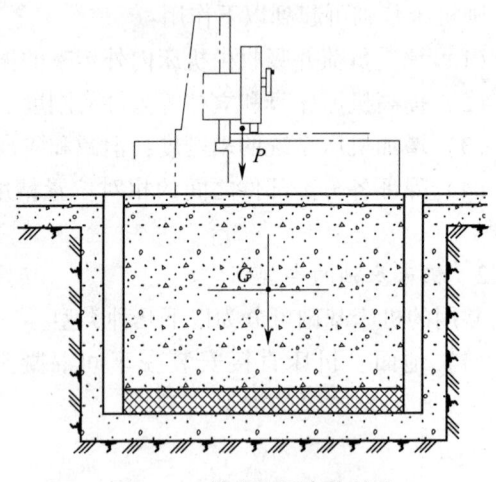

图 2-7 带有防振沟的基础

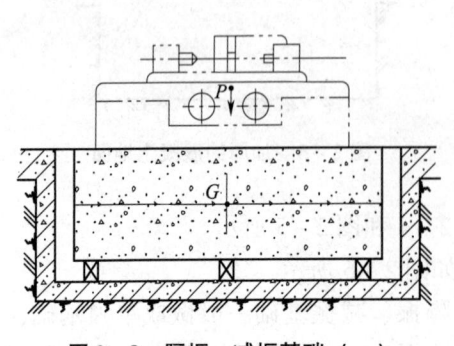

图 2-8 隔振、减振基础（一）

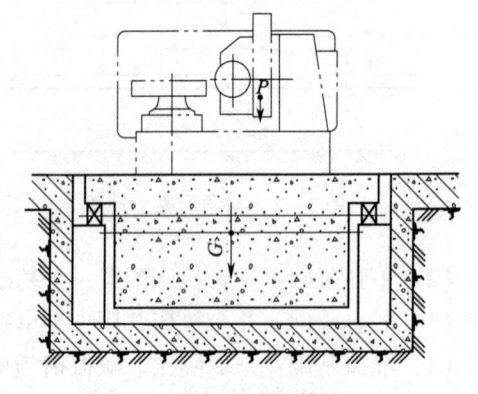

图 2-9 隔振、减振基础（二）

3. 机床基础的选择

机床基础的类型根据机床类型、规格、重量、加工精度和刚度等综合考虑。机床基础的类型选择应符合以下规定：

(1) 中、小型机床，可直接安装在混凝土地面上。
(2) 大型机床宜安装在单独基础或局部加厚的混凝土地面上。
(3) 重型机床和高动负荷的机床，如插床、刨床等，应安装在单独地基上。
(4) 精密机床应安装在单独地基上，为减少外来干扰振动的影响，应采取隔振措施。

4. 机床基础用混凝土

混凝土是以胶结材料、骨料、水或其他液体，按一定配合比拌合，经浇捣、硬化而成的人造石材。普通混凝土所用的胶结材料是水泥，细骨料用砂，粗骨料用碎石或卵石。我国混凝土标号有75、100、150、200、250、300、400、500、600号9种。混凝土标号是指按照标准方法制作、养护的边长为20 cm的立方体试块，在28天龄期，用标准方法测得的抗压极限强度。标号越高，说明其强度越高。混凝土强度与混凝土中的砂、石质量及水泥标号、水灰比、浇捣条件、养护龄期、养护时的温度和湿度有关，其中水泥标号和水灰比是影响混凝土强度的主要因素。

水泥标号也是用抗压强度来表示的。我国目前应用的普通水泥标号有200、250、300、400、500、600共6种。标号越高，说明其强度也越高。在钢筋混凝土及预应力混凝土中采用水泥号，宜比所配制的混凝土标号高100号，水泥的标号不得低于300号。水灰比是混凝土中水与水泥的重量比。在正常硬化过程中，对水泥起水化作用的水，仅占水泥重量的15%~20%。

5. 机床基础的防油

机床基础及机床附近地面经常由于机油浸蚀而松散、破坏。因此，机床基础、安装机床的楼面均应注意防油。基础防油的方法有：改善混凝土的成分比例、渗入各种外加剂、采用新品种水泥、采用混凝土隔离层、用聚合物浸渍混凝土等。

二、机床的安装、固定和调整

1. 机床的安装、固定

机床除可在经过处理的地面上直接安装外，还可以在多层工业厂房的楼面上安装。但是要进行楼层结构设计及振动计算，合理地确定构件尺寸，减少楼房振动，以满足加工精度的要求。

1) 机床的固定种类

机床安装在基础上的固定：无论是安装在地面还是楼面上均需固定，这是为了保证有效地发挥机床的加工特性和加工精度。机床还必须安装在良好的基础或混凝土地面上。机床在基础上的固定可分为用地脚螺栓固定和不用地脚螺栓固定两大类。

(1) 不用地脚螺栓固定是指将机床直接安放在基础或混凝土地面上（见图2-10~图2-12），其适用范围如下。

① 刚度高、稳定性好（如机床重心较低、偏心量不大）、切削力也较小的机床。
② 工作状态平稳、切削时振动小的机床。
③ 楼面上安装的机床。

(2) 用地脚螺栓固定，是将机床床身底座紧固在基础或混凝土地面上（见图2-13~图2-21）。机床固定到基础上可采用死螺栓、可卸式螺栓及锚固式螺栓。其适用范围如下。

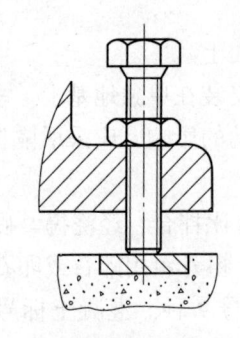

图 2-10　不用地脚螺栓固定的安装结构（一） 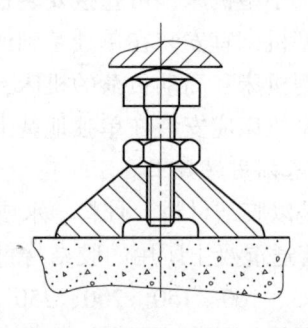　　图 2-11　不用地脚螺栓固定的安装结构（二）

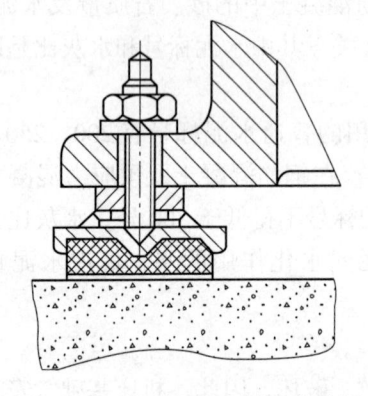

图 2-12　不用地脚螺栓固定的安装结构（三） 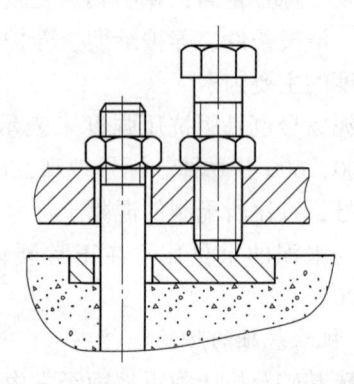　　图 2-13　用地脚螺栓固定的安装结构（一）

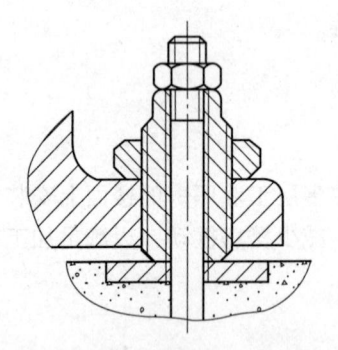

图 2-14　用地脚螺栓固定的安装结构（二） 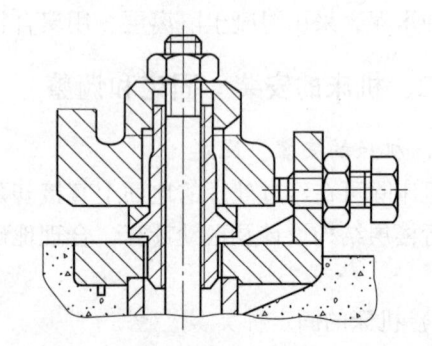　　图 2-15　用地脚螺栓固定的安装结构（三）

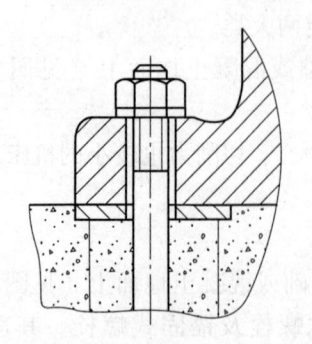

图 2-16　安装在已调平的基础上 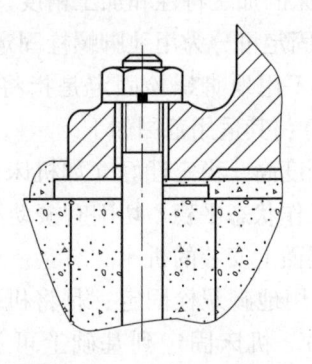　　图 2-17　楔铁调整水平

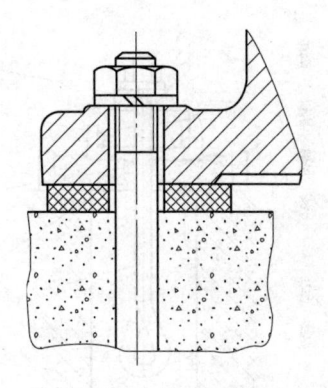

图 2-18　弹性支撑

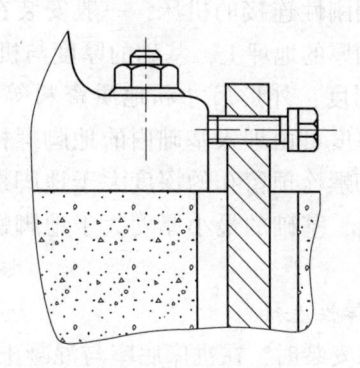

图 2-19　中型机床水平面内的调整机构

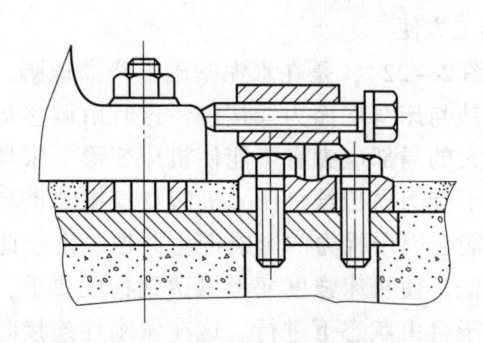

图 2-20　重型机床水平面内的调整机构

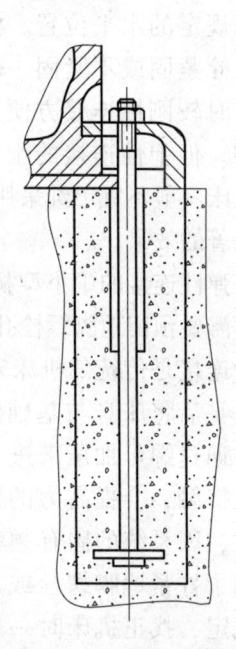

图 2-21　压板式紧固

① 机床的刚度较低、稳定性较差，且振动也较大，用地脚螺栓将机床与基础紧固成一体，不仅有助于提高机床的刚度，而且会降低机床和基础的总重心高度，减少振动。

② 机床外形狭长，部件重量偏于一侧，或机床加工部位对底面偏心较大时。

③ 机床加工时，有较大的往复载荷，或产生垂直或水平方向的冲动；或机床具有高速旋转的不平衡部件，离心力较大时。

机床的安装固定方式主要有刚性连接和弹性连接及刚性与弹性混合连接3种。

1. 刚性连接

机床安装时，在机床底座与混凝土基础之间，可调整机床水平的刚性垫铁（见图2-22），同时将地脚螺栓放入基础上的预留孔和机床底座的螺栓孔内，先将机床初步调整到水平位置，再将混凝土砂浆灌入基础上的预留孔内，待灌入的混凝土强度达到大于80%时，再对机床水平位置进行精确调整，当达到规定的安装水平后，拧紧地脚螺栓上的螺母，将机床和垫铁一起紧固在基础上，并确保不破坏已达到规定的安装水平。

采用刚性连接的机床，一般安装在单独基础或局部加厚的地坪上，基础的厚度与机床的质量、精度、刚度、外形尺寸和地质资料等因素有关，其最小厚度可由埋入基础内的地脚螺栓长度来确定。地脚螺栓预留孔的深度大于地脚螺栓埋入孔内的长度，基础的最小厚度大于地脚螺栓预留孔的深度。

2. 弹性连接

机床安装时，在机床底座与混凝土地坪之间，放置可调整机床水平的防振垫铁，并将机床精确地调整到规定的水平位置。机床与防振垫铁之间可以用螺栓紧固或不紧固。机床与地坪之间不紧固，安装时较刚性连接方便，且时间短，并具有隔振作用。但弹性连接的刚度、稳定性较差，振动大的机床一般不宜单纯采用简单的弹性连接方法，可采用带有附加基件组合的弹性连接，也有较显著的效果。

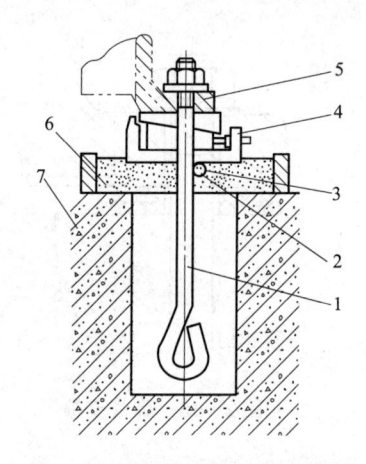

图2-22 刚性连接压浆法示意
1—地脚；2—电焊位置；3—支撑垫铁用的小圆钢；
4—螺栓调整垫铁；5—机床底座；6—压浆层；
7—基础或地坪

采用弹性连接的中小型机床，均可直接安装在混凝土地坪上。若地坪厚度小于基础厚度，则不需要预留地脚螺栓孔，成本低，施工方便。

刚性连接是传统的机床安装方式（见图2-22），是在水泥基础上浇灌地脚，经调整垫铁4找平后将床身与基础固连，刚性垫铁与床身底面为线接触，这时由调整垫铁找平后，往往通过螺母加压来进一步找平，过大的局部应力有可能使机床变形。床身与基础为准刚性接触，会提高力的传递率，外界干扰力易传给机床，机床自身振动也易传给地面。同时，因系统的固有频率较高，故可能会因干扰力的影响产生共振。由于此刚性连接是采用了拧紧地脚螺栓或局部加压等方法，使机床强度变形以达到精度要求，国家标准明确规定，找正机床时一般应在机床处于自由状态下进行。这在做刚性连接时，必须特别注意。

在弹性连接时就不存在这个问题，弹性连接在中小型机床，特别是各类精密机床、数控机床、柔性加工中心和自动化生产线，可不拧紧地脚螺栓，使机床完全处于自由状态下支撑工作。弹性连接使用早期弹性垫铁，如图2-23所示，其使用螺母固紧床身地脚，主要是一种利用螺栓4、承压圈2、挤压橡胶座1，使橡胶变形调整机床水平的产品。其不用埋设地脚螺栓，构成弹性支撑，防止机体因振动引起的疲劳破坏，即可延长机床使用寿命和机床精度。

图2-24所示为安装机床的专用产品，称为ZXJ系列自动调平减振装置。安装时机床底面与橡胶垫5直接接触，并可防止侧向滑移，升降环3与自动校平座4组成球面副，用以自动调整接触平面，并通过升降环3的顺逆时针转动来调整装置的高低，镶在底座1中的橡胶支撑2起减振和隔振作用（件5也起此作用）。当升降环3一直降至使橡胶支撑离开地面时，只有钢球6与地面接触而将机床抬起，从而可推动机床行走至安放位置。

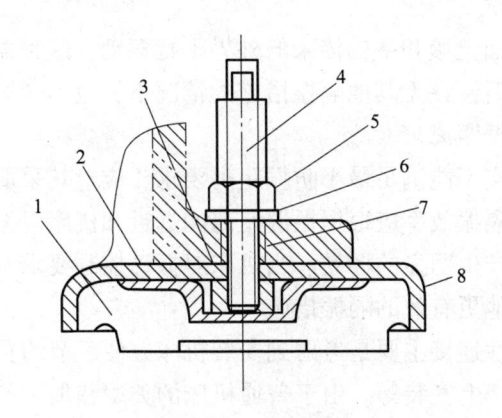

图 2-23　弹性垫铁

1—挤压橡胶座；2—承压圈；3, 5—螺母；
4—螺栓；6—垫圈；7—弹簧；8—罩壳

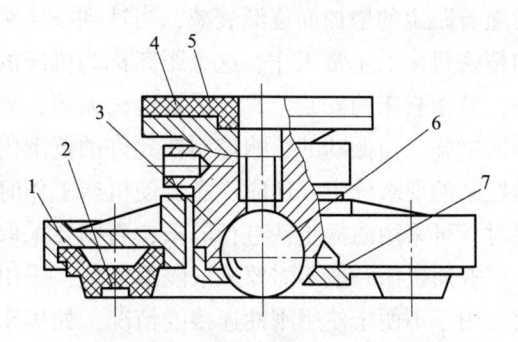

图 2-24　ZXJ 自动校平减振装置

1—底座；2—橡胶支撑；3—升降环；4—自动校平座；
5—橡胶垫；6—钢球；7—止落环

该减振装置的球面副结构除了使机床安装时能自动校平，以保持机床底面与减振装置及地面的良好接触外，还可以起到固体摩擦减震器的作用。当机床床身有摇振时，由于球面副中两球面间的摩擦，使摇振转换成热能的消耗而达到二级减振目的。当然，用橡胶作为弹性元件，其大的阻尼特性同样起到摩擦减震器的作用，能够有效地抑制系统的高频振动。

中小型机床刚性好，移动部件重量小，不需要依靠基础来增加其刚性，除了振动较大和稳定性较差的机床外，一般均可用弹性连接的方法来安装机床。大型机床和振源性机床也采用带有组合基础的弹性连接，能起到良好的使用效果。

3. 刚性与弹性混合连接

精密刻线机的带有隔振沟的大型基础下面设置多组巨型压簧架在巨型地基上，在机床床身与基础之间加以弹性支撑，如图 2-18 所示。

刚性与弹性混合连接适用于安装大、重型机床及振源性设备，如龙门刨等，也用于安装重心较高的各类钻床，以及重心偏移量较大的摇臂钻床、拉床等。这类机床具有很大重量，安装需用地脚螺栓螺母副连接压紧，不必经常移动。其安装结构如图 2-25 所示。

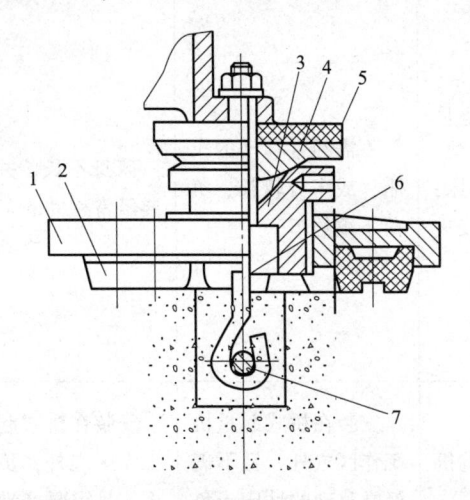

图 2-25　ZXJ 型自动校平减振装置与地脚螺栓的弹性和刚性混合连接

1—底座；2—橡胶支撑；3—升降环；4—自动校平座；5—橡胶垫；6—地脚螺栓螺母副；7—钢棍

影响精密机床正常工作的因素往往是通过地面土壤和基础传来的外界干扰振动，这种振动随着距离的增加而逐渐衰减，当达到一定距离后，在无其他隔振措施的情况下，也不会影响精密机床的正常工作，这个距离称为机床的防振距离。

精密机床的安装位置应尽量远离振源，如确实不能满足最小防振距离要求，应对其采取隔振措施，使振动的影响控制在允许的范围内。隔振效率应根据振源距离的远近和机床对振动控制的要求确定，还应注意要使机床工作时不产生明显的摇晃。当机床对振动控制要求不同时，可采用防振垫铁进行隔振，否则要采取其他更有效的隔振措施。

普通机床一般不需要采取隔振措施，采用弹性连接主要是考虑到安装机床方便、节约费用和用于不便于使用刚性连接的情况，如机床在楼上安装等。由于普通机床的类型和加工条件不同，机床工作时自身振动的情况相差较大，防振垫铁中弹性件的刚度应根据机床工作时振动的大小来决定，振动大的弹性件的刚度要大些，反之可小些。但为了避免机床工作时产生明显的摇晃，影响工人操作，防振垫铁上弹性件的刚度可取大一些。如弹性体的刚度已足够大，机床工作时还会产生明显的摇晃，就不宜采用弹性连接，而要采用弹性与刚性混合连接或刚性连接。

各类普通机床（重量 10~15 t 以下）在地面和基础上的固定方式参照表 2-1。

机床安装在弹性支撑上，可用地脚螺栓固定，也可以不用地脚螺栓固定。用地脚螺栓固定的目的是防止机床在基础上移动，但不能影响弹性支撑的隔振效果。

有些机床因尺寸紧凑，在床身底座上没有地脚螺栓孔，故可采用图 2-21 所示的固定方式。

表 2-1 普通机床在地面和基础上的固定方式（重量 10~15 t 以下）

机床类型	固定方式			
^	用地脚螺栓紧固	不用地脚螺栓紧固		安装在弹性支撑上
^	^	床身底面浇注水泥砂浆	床身底面不浇注水泥砂浆	^
普通车床、转塔车床	加工范围广（包括精车），有冲击载荷，且不需移动的车床；床身较长、负荷较重的车床	不需经常移动的车床，或床身较长、负荷不重的车床	床身不长，并且需要经常移动的车床	安装在刚度不足的楼板上的车床；安装在有强烈干扰振动地基上的车床；负荷不大，且无偏心加工、需经常移动、尺寸不大（最大加工直径小于 400 mm、中心距小于 1 000 mm）的车床
立式钻床	安装在桥式起重机工作区之内的钻床	安装在桥式起重机工作区之外，且不需经常移动的钻床或负荷较重的钻床	安装在桥式起重机工作区之外，负荷不重，且需要经常移动的钻床	

续表

机床类型	固定方式			
^	用地脚螺栓紧固	不用地脚螺栓紧固		安装在弹性支撑上
^	^	床身底面浇注水泥砂浆	床身底面不浇注水泥砂浆	^
摇臂钻床	几乎所有的摇臂钻床			
铣床	加工范围广（包括粗铣），且不需要移动或负荷较重的铣床	几乎全部不需要移动的铣床或负荷重且需要移动的铣床	负荷不重，且需要经常移动的铣床	安装在刚度不足的楼板上，负荷不重且需要经常移动的铣床
滚齿机	加工范围广（包括粗铣齿）且无须移动的滚齿机，或负荷较重的滚齿机	几乎全部不需要经常移动的滚齿机，或负荷较重且需要移动的滚齿机	负荷不重或精度不高，且需要经常移动的滚齿机	安装在刚度不足的楼板上的滚齿机
牛头刨、插床	加工范围广（包括粗刨）或精加工的刨床或插床	负荷不重或精度不高，安装在楼面上，需要经常移动的刨床和插床		安装在刚度不足的楼板上，或靠近高精密机床的刨床和插床
拉床	几乎所有的拉床	负荷不重或精度不高的拉床		
插齿机、刨齿机	负荷较重或精度较高的插齿机和刨齿机	负荷不重、精度不高的插齿机和刨齿机		

2）地脚螺栓的结构形式

常见的几种地脚螺栓的结构形式如图 2-26 ~ 图 2-34 所示。除图 2-33 所示的旋入式外，其余形式的地脚螺栓在穿入床身底座的地脚孔时，均需将机床吊起。而旋入式仅需将地脚螺栓孔装在基础预留板的螺栓上，并将螺栓紧固即可，故安装方便，但要求基础预留板螺孔位置准确，一般在最后浇灌水泥砂浆时再把预留板固定。

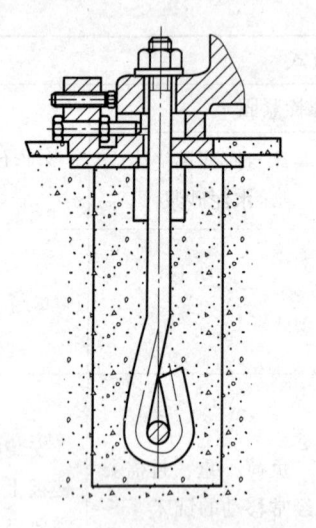

图 2-26　带水平移动的调整垫铁　　　　图 2-27　弯头式（一）

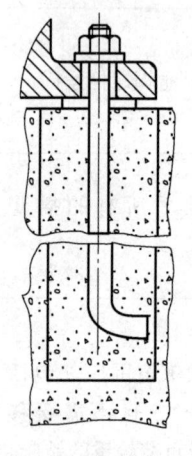

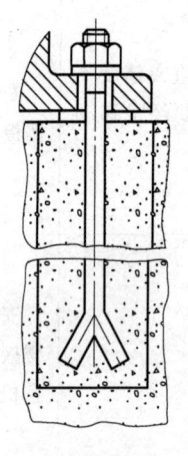

图 2-28　弯头式（二）　　　　　　　　图 2-29　螺旋式

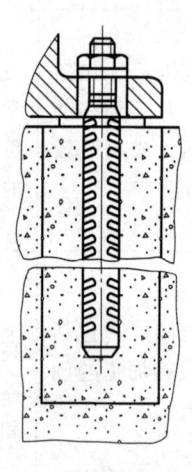

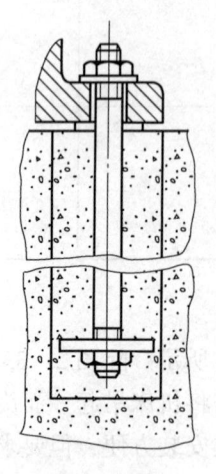

图 2-30　锚板式（一）　　　　　　　　图 2-31　锚板式（二）

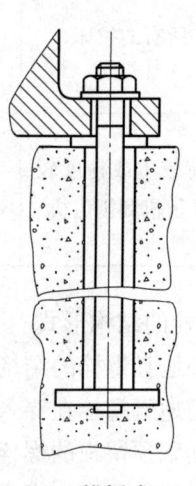

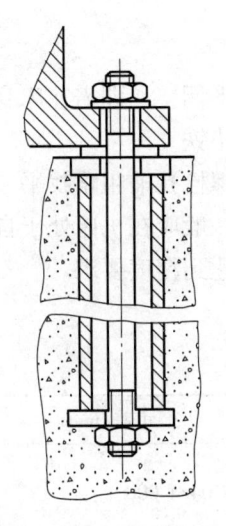

图 2-32 锚板式（三）

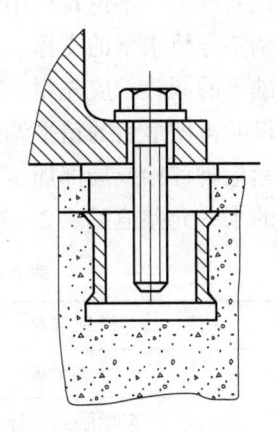

图 2-33 旋入式

钢制胀锚螺栓的安装如图 2-35 所示。胀锚螺栓由螺栓及带切口的胀管组成。胀锚螺栓在安装前，需在基础上钻孔，孔的直径和深度应与胀管相配合。将螺栓连同胀管穿入基础上的孔内，螺栓上端穿过机床的地脚孔。拧紧螺母时，通过下端键形螺孔的键面，使胀管紧压在孔壁上，靠摩擦力使螺栓将机床和基础紧固在一起。拧紧螺母要用合适的扳手，并不应在扳手上任意加长套管，以免损坏螺纹。

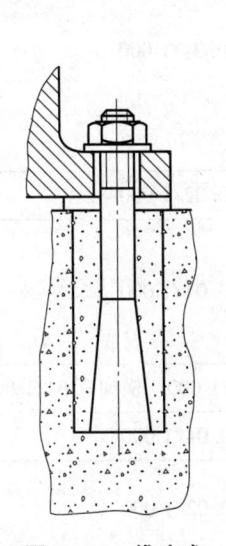

图 2-34 锥头式

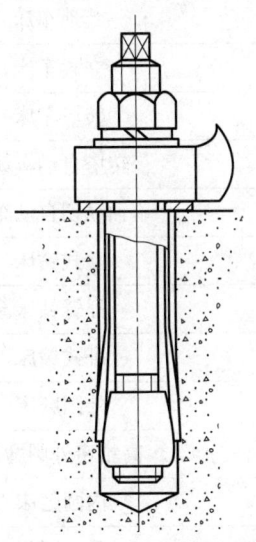

图 2-35 钢制胀锚螺栓的安装

应用胀锚螺栓的注意事项：

（1）机床安装在混凝土地面上用胀锚螺栓紧固时，地面宜做平头缝，接缝处视情况可铺设构造钢筋或采取增加刚度的措施。

（2）孔底处要保证有大于 20 mm 的混凝土厚度，保证打入胀管后有足够的强度。

（3）螺栓中心至构件边缘的距离应大于或等于 2.5 h（h 为胀锚螺栓的埋深），否则边缘部分必须配置构造钢筋等。

2. 机床的调整

1）床身导轨面水平的调整

机床安装在基础上，不论是否用地脚螺栓紧固，均需水平调整，即需在床身底座与基础间放置几个可调整导轨水平的支撑。一般常用的调整支撑是垫铁。

机床在基础上的调整，应先粗平后精平，即在灌注地脚螺栓孔前粗略找平一次，在拧紧地脚螺栓的螺母时再做最后的精平调整工作。找平机床时，一般应在机床处于自由状态下进行，不应用拧紧地脚螺栓或局部加压等方法使其强制变形以达到精度要求。

机床安装的水平允差值见表2-2。

表2-2 机床安装精度允差值

序号	机床名称	允差/mm
1	卧式车床	纵及横向 0.04/1 000
2	重型卧式车床	
3	精密卧式车床	纵及横向 0.02/1 000
4	精密丝杠车床	
5	铲齿车床	纵向 0.04/1 000，横向 0.03/1 000
6	多刀半自动车床	纵向 0.04/1 000，横向 0.02/1 000
7	卧式多刀半自动机床	纵及横向 0.04/1 000
8	落地车床	
9	立式车床	
10	转塔车床	
11	转塔自动车床	
12	单轴纵切自动车床	纵及横向 0.02/1 000
13	立式钻床	纵及横向 0.04/1 000
14	摇臂钻床	
15	卧式镗床	
16	外圆磨床	纵向 0.02/1 000，横向 0.04/1 000
17	高精密外圆磨床	纵及横向 0.04/1 000
18	内圆磨床	纵及横向 0.02/1 000
19	无心磨床	
20	花键轴磨床	
21	卧轴矩台平面磨床	纵向 0.02/1 000，横向 0.04/1 000
22	立轴圆台平面磨床	
23	卧轴圆台平面磨床	
24	精密卧轴矩台平面磨床	纵及横向 0.02/1 000
25	螺纹磨床	

续表

序号	机床名称	允差/mm
26	立轴矩台平面磨床	纵向 0.02/1 000,横向 0.04/1 000
27	万能工具磨床	纵及横向 0.04/1 000
28	车刀磨床	
29	钻头磨床	
30	锯片磨床	
31	拉刀磨床	
32	插齿机	
33	立式滚齿机	最大工件直径小于或等于 800 纵及横向 0.02/1 000 最大工件直径大于 800 纵及横向 0.03/1 000
34	卧式剃齿机	纵及横向 0.04/1 000
35	立式铣床	
36	卧式铣床	
37	龙门铣床	
38	单臂刨床、龙门刨床	
39	长螺纹、长花键轴铣床	
40	花键轴铣床	
41	牛头刨床	
42	插床	
43	卧式拉床	
44	立式拉床	
45	圆锯片锯床	

常用的垫铁有以下几种：

(1) 楔铁：一面具有 1∶10 斜度的矩形锲铁，其使用方法如图 2-17 所示。楔铁调整时不够方便，且与机床底座是线接触，刚度不高，故只用于尺寸小、要求不高、安装后不需要再调整的机床。

(2) 钩头斜垫铁：用于振动较大或重量为 10~15 t 的普通中小型机床，如图 2-36（a）所示。

(3) 螺杆调整垫铁：采用螺杆调整，方便而准确。但垫铁滑座与机床床身之间有相对滑移，用于精密机床，如图 2-36（b）所示。

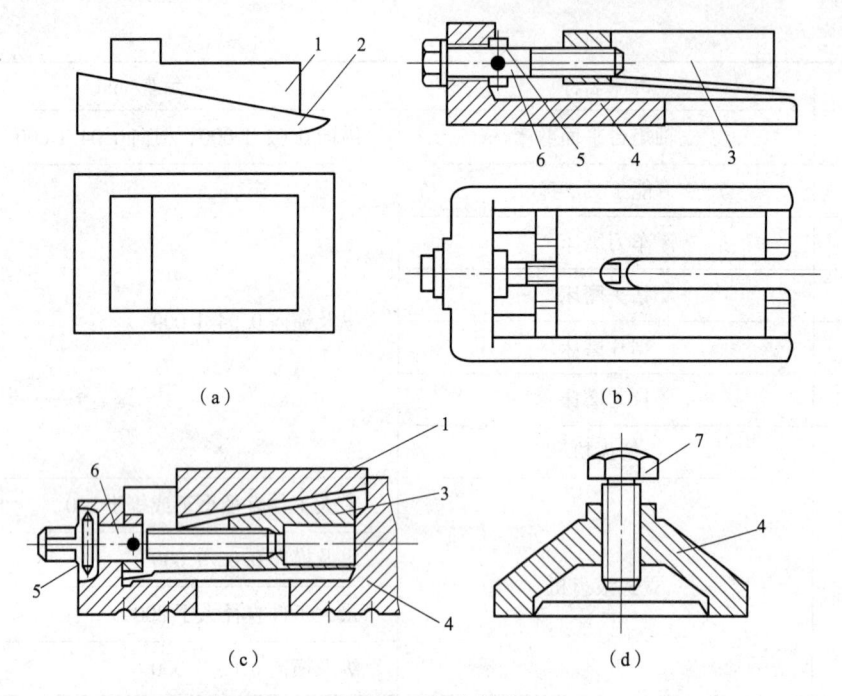

图 2-36 机床垫铁

（a）钩头斜垫铁；（b）螺杆调整垫铁；（c）HJX81 型机床垫铁；（d）千斤顶式垫铁

1—上垫铁；2—下垫铁；3—滑座；4—底座；5—挡圈；6—调整螺杆；7—顶螺杆

（4）HJX81 型机床垫铁：调整时上垫铁与机床床身之间没有相对滑移，如图 2-36（c）所示。

（5）千斤顶式垫铁：用于不用地脚螺栓固定的机床，特别适用于高精度机床，如图 2-36（d）所示。

（6）带有螺套的安装调整机构：调整时，依次松开螺母和锁紧螺母，转动螺套即可调整水平，最后依次拧紧锁紧螺母和螺母。调整方便准确，调整范围较大，但床身底座要加工螺孔，其结构如图 2-37 所示。

2）机床在水平面内的调整

机床安装在基础上进行水平方向调整的方法有：

（1）机床基础预留孔内埋入一铁棍，其上端有螺孔，用横向螺钉调节机床的水平位置（见图 2-19）。

（2）采用专用支架，用螺钉将支架紧固在基础预留坑内的底板上（见图 2-20）。

（3）有的调整铁附带有调整水平移动的螺钉（见图 2-18 和图 2-22）。

（4）不用地脚螺栓固定时，也可用预埋的支架调整水平位置（见图 2-38）。

三、精密水平仪的使用

1. 水平仪基础知识

1）工作原理

当水平仪发生倾斜时，水准泡的气泡就向水平仪升高的一端移动。由于水准泡的内壁曲率半径不同，因此产生了不同的精度。

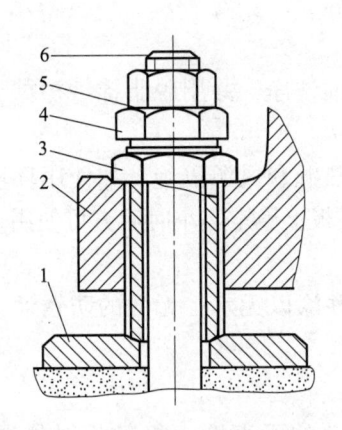

图 2-37　带螺套的安装调整机构
1—定位板；2—机床底座；3—锁紧螺母；
4—调整螺套；5—螺母；6—地脚螺栓

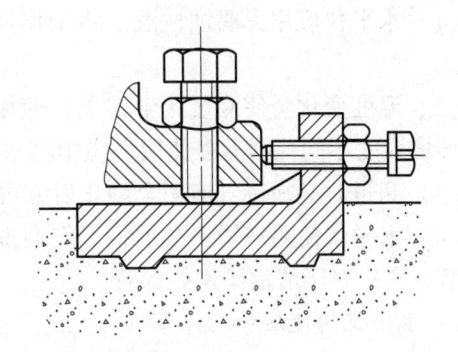

图 2-38　调整水平位置的预埋支架

2）仪器用途

水平仪主要用于检验各种机床及其他类型设备导轨的不直度和设备安装的水平性、垂直性。

3）仪器规格

水平仪按不同用途制造成框式水平仪和条式水平仪两种形式。

（1）仪器结构。

水平仪主要由主体、水准泡系统及调整机构等部分组成，主体用作测量基面，水准泡系统用作读数，调整机构用作调整水平仪零位。

（2）使用方法。

测量时使水平仪工作面紧贴在被测表面，待气泡完全静止后方可进行读数。水平仪上所标志的刻度示值是以一米为基长的倾斜值，如需测量长度为 L 的实际倾斜值，则可通过下式进行计算：

$$实际倾斜值 = 刻度示值 \times L \times 偏差格数$$

例如：

刻度示值为 0.02 mm/m，$L = 200$ mm，偏差格为 2 格，则

$$实际倾斜值 = 0.02/1\,000 \times 200 \times 2 = 0.008\ （mm）$$

为避免由于水平仪零位不准而引起的测量误差，在使用前必须对水平仪的零位进行检查或调整。

水平仪零位检查、调整方位：

将水平仪放在基础稳固、大致水平的平板（或机床导轨）上，待气泡稳定后，在一端如左端（相对观测者而言）读数，且定为零；再将水平仪调转 180°，仍放在平板原来的位置上，待气泡稳定后，仍在原来一端（左端）读数为 a 格（以前次零读数为起点），则水平仪零位误差为 $a/2$ 格。如果零位误差超过许可范围，则需调整水平仪零位调整机构（调整钉或螺母，使零位误差减小至许可值以内。对于非规定调整的螺钉或螺母不得随意拧动。调整前水平仪底工作面与平板必须擦拭干净，调整后螺钉或螺母等件必

须紧固）。

注意事项：

（1）水平仪应用无腐蚀性汽油将工作面上的防锈油洗净，并用脱脂棉纱擦拭干净方可使用。

（2）温度变化会使测量产生误差，使用时必须与热源和风源隔绝。如使用环境温度与保存环境温度不同，则需在使用环境中将水平仪置于平板上稳定 2 小时后方可使用。

（3）测量时必须待气泡完全静止后方可读数。

（4）水平仪使用完毕，必须将工作面擦拭干净，并涂以无水、无酸的防锈油，覆盖防潮纸装入盒中置于清洁干燥处保管。

2. 水平仪的使用和读数

水平仪是用于检查各种机床及其他机械设备导轨的不直度、机件相对位置的平行度以及设备安装的水平位置和垂直位置的仪器，是机床制造、安装和修理中最基本的一种检验工具。一般框式水平仪的外形尺寸是 200 mm×200 mm，精度为 0.02/1 000。水平仪的刻度值是气泡运动一格时的倾斜度，以秒为单位或以每米多少毫米为单位，刻度值也叫作读数精度或灵敏度。若将水平仪安置在 1 m 长的平尺表面上，在右端垫 0.02 mm 的高度，平尺倾斜的角度为 4′，此时气泡的运动距离正好为一个刻度，如图 2-39 所示。

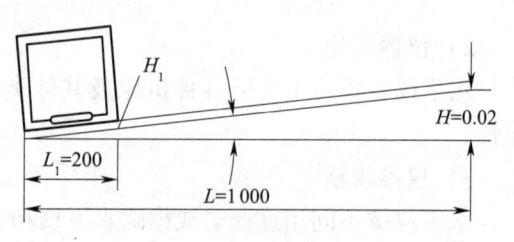

图 2-39 水平仪的使用（一）

计算如下：水平仪连同平尺的倾斜角 α 的大小可以从下式中求出：

由
$$\tan\alpha = \frac{H}{L} = \frac{0.02}{1\,000} = 0.000\,02$$

则 $\alpha = 4'$。

由上式可知，0.02/1 000 精度的框式水平仪的气泡每运动一个刻度，其倾斜角度等于 4′，这时在离左端 200 mm 处（相当于水平仪的 1 个边长），计算平尺下面的高度 H_1 为

$$\tan\alpha = \frac{H}{L} = 0.000\,02,\ H_1 = \tan\alpha \times L_1 = 0.000\,02 \times 200 = 0.004\ （mm）$$

由上式可知，水平仪气泡的实际变化值与所使用水平仪垫铁的长度有关。假如水平仪放在 500 mm 长的垫铁上测量机床导轨，那么水平仪的气泡每运动 1 格，就说明垫铁两端高度差是 0.01 mm。另外，水平仪的实际变化值还与读数精度有关。所以，使用水平仪时，一定要注意垫铁的长度、读数精度以及单独使用时气泡运动一格所表示的真实数值。

由此得知，水平仪气泡运动一格后的数值是根据垫铁的长度来决定的。

水平仪的读数，应按照它的起点任意一格为 0，气泡运动一格计数为 1，再运动一格计数为 2，以此进行累计。在实际生产中对导轨的最后加工，无论采用磨削、精磨还是手工刮研，多数导轨都是呈单纯凸或单纯凹的状态，机床导轨的直线度产生曲线性也是少见的（加工前的导轨会有曲线性的现象）。测量导轨时，水平仪的气泡一般按照一个

方向运动，机床导轨的凸、凹是由水平仪的移动方向和该气泡的运动方向来确定的，如图 2-40 所示。

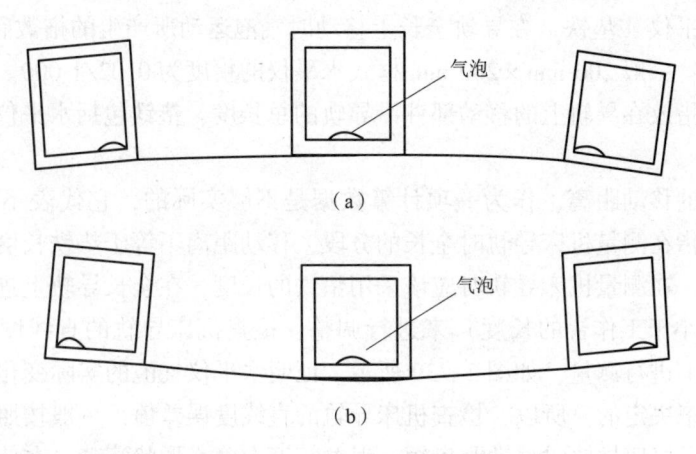

（a）

（b）

图 2-40　水平仪的使用（二）

水平仪的移动方向与气泡的运动方向相反，呈凸，用符号"＋"表示。

水平仪的移动方向与气泡的运动方向相同，呈凹，用符号"－"表示。

在导轨是凸的情况下，水平仪（垫铁）从任意一个方向进行移动，水平仪的气泡向相反方向运动，如图 2-40（a）所示。

在导轨是凹的情况下，水平仪（垫铁）从任意一个方向进行移动，水平仪的气泡向相同方向运动，如图 2-40（b）所示。

确定导轨的凹凸后，再根据所使用的垫铁长度和水平仪气泡运动格数和的一半进行计算，才能得到导轨准确的直线度误差精度。

3. 导轨直线度的检查调整和计算方法

水平仪是测量机床导轨直线度的常用仪器，用来检查导轨在垂直平面内的直线度和在水平面内的直线度。用水平仪进行调整导轨的直线度之前，应首先调整整体导轨的水平。将水平仪置于导轨的中间和两端位置上，调整到导轨的水平状态，使水平仪的气泡在各个部位都能保持在刻度范围内，再将导轨分成相等的若干整段来进行测量，并使头尾平稳衔接，逐段检查并读数，然后确定水平仪气泡的运动方向和水平仪的实际刻度及格数，进行记录，填写"＋""－"符号，按公式计算机床导轨直线度精度误差值。

导轨直线度误差曲线图，在教材中所讲的是没有实际依据的，在生产现场使用很不方便，更不准确，它误导了人们的识别能力，时常会给工作人员造成一种错觉，在实际工作中不能应用。按此检查导轨直线度误差，是不能得到正确的精度数值的。例如：机床导轨平滑的凸或凹，在导轨的直线度误差曲线图中，都表示为一条直线。如果机床导轨前半段凸、后半段凹，在导轨直线度误差曲线图中，却表示该导轨呈凸。如果机床导轨前半段凹、后半段凸，在导轨直线度误差曲线图中，却表示该导轨呈凹。水平仪气泡沿一个方向运动，误认为是一条斜线（于水平面），这些现象在实际工作的测量检查中，经常发生争论，得不到统一，又没有具体的标准规定，只能按照书中的例题说明，错误地进行判断，给正常的生产工作带来了困难，造成了损失，使机床导轨的精度得不到保证。

导轨直线度误差值的计算方法比较简单方便，误差精度准确，适合于现场工作人员的操作和应用。其计算公式如下：

$$导轨直线度误差值 = 格数和 \times 2 \times 水平仪精度 \times 垫铁长度$$

格数和：水平仪（垫铁）在导轨全长上移动时气泡运动所产生的格数和。

水平仪精度：一般 200 mm×200 mm 框式水平仪的精度为 0.02/1 000。

垫铁长度：指放在导轨上的移动部件沿导轨的总长度，垫铁包括水平仪所使用的垫铁和工作台。

在书中提到的移动距离，作为一项计算数据是不够实际的，它代表不了任何的计算尺寸。移动距离是指在测量机床导轨时全长的分段，移动距离不等于垫铁长度，它不能用来作为计算中的数据，在测量机床导轨时应该采用垫铁的长度，在全长导轨上进行分段移动，机床导轨用垫铁（小于工作台的长度）来进行调整，检查机床导轨的直线度误差值，水平仪一般放在工作台上进行测量，如图 2-39 所示。证明水平仪气泡的实际变化，是根据导轨上移动的部件长度来决定的。所以，检查机床导轨的直线度误差值，一般按照导轨移动部件的长度来计算，测量机床导轨时移动距离短，误差精度准确，形状清楚。在使用水平仪测量机床导轨时应注意几个重要的方面：部件的移动方向、水平仪气泡的运动方向、气泡变化的最大格数和在导轨上移动的部件（垫铁）长度。

调整导轨直线度误差值时，应使用比较短的垫铁，测量的数值比较准确。使用的垫铁长度不同，测得的数值和形状也不一样。上例证明的用来计算机床导轨工作长度的直线度误差值的公式，就是指机床导轨全部长度减去垫铁长度（工作台长度）后那段导轨的直线度误差。检查机床导轨直线度误差值时，应注意技术标准中的导轨工作长度和导轨全部长度。如测量机床导轨全部长度的直线度误差值，则采用下列公式进行计算：

$$导轨全长直线度误差值 = \frac{格数和 \times 水平仪精度 \times 垫铁长度 \times 导轨全长}{(导轨全长 - 垫铁长度) \times 2}$$

该公式是在上例公式的基础上，加上了垫铁（工作台）下面的那段导轨的直线度误差值。在机械制造行业和实际生产现场一般不采用这种计算方法。

4. 角度作图法

角度作图法是根据水平仪气泡变化的规律来绘制角度值的作图方法。纵坐标表示水平仪气泡的运动方向。水平仪的移动方向与该气泡的运动方向相反，表示导轨呈凸，纵坐标箭头向上；水平仪的移动方向与该气泡的运动方向相同，表示导轨呈凹，纵坐标箭头向下。横坐标表示水平仪的移动方向和导轨的长度，每段代表移动距离。图 2-39 证明水平仪气泡每运动 1 格，其倾斜角等于 4′。为了直观清楚，以导轨的另一头为中心，导轨长度为半径，画出弧线，在弧线上分成相等的段数，连接中心 0 点，每段的度数表示 4′和水平仪气泡的 1 格。根据导轨的凹凸，确定角度的方向，然后画出每次水平仪移动后测量到的格数，连接每个测量点，得出导轨的形状。如图 2-41 所示，横坐标与导轨弧线之间的最大距离就是该导轨的直线度误差。因每段测量时水平仪的移动距离和该气泡的运动格数有误差，故最后计算时，采用水平仪气泡运动的格数和，而在机床导轨的形状凹凸不平的情况下，则采用角度作图法中的实际最大格数。如果水平仪从另一个方向进行移动，就将图 2-41 按左右方向转 180°，该导轨的形状在图中没有变化。在实际工作过程中可以简单的作图，将角度分成相等的等分，表示水平仪的格数。角度作图法能使工作人员直观准确地看到机床导轨的形状，以便于技术精度的保留和存档。

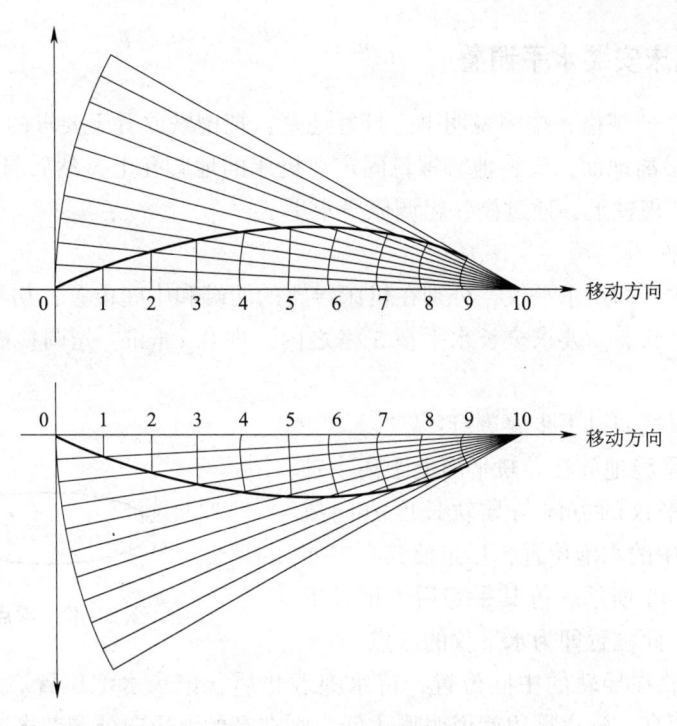

图 2-41　角度作图法

任务实施

一、观察机床基础，绘制简图

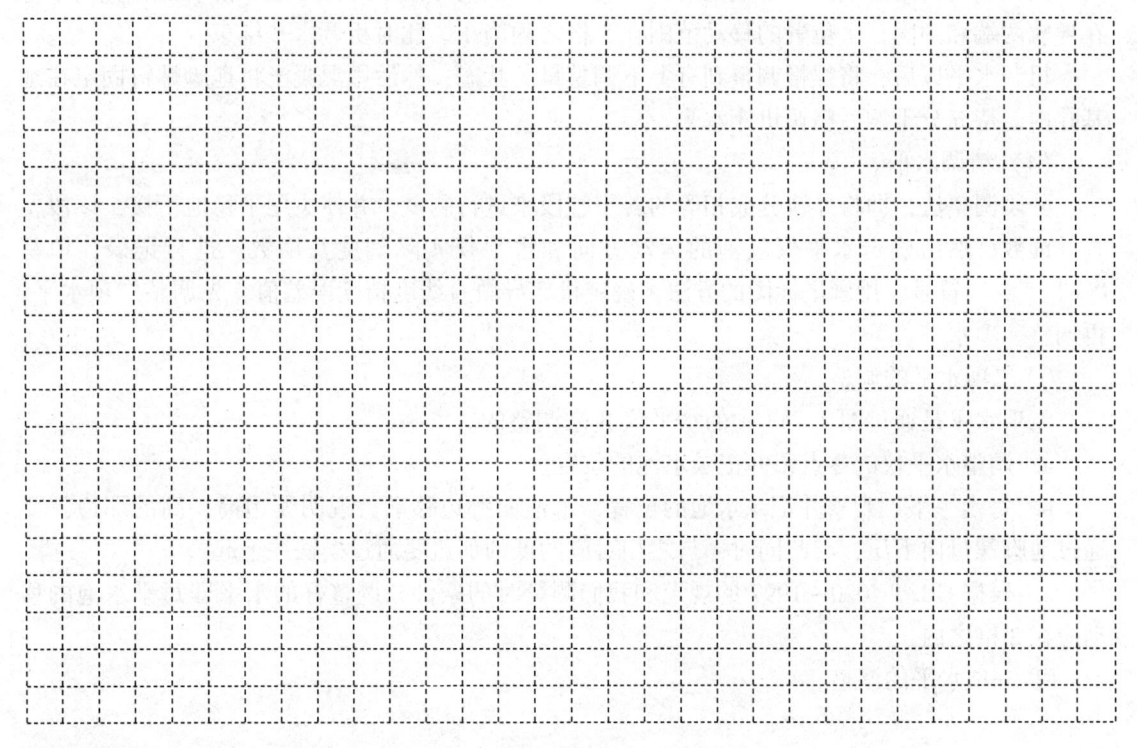

二、普通机床安装水平调整

（1）根据机床的规格，按照说明书，打好地基，把楔铁放置于要求的位置。

（2）把机床吊离地面，先将地脚螺钉固定在机床的地脚孔上，然后与地基孔一一对应，把机床搁置在调节楔铁上，通过楔铁粗调床身水平。

（3）粗调水平。

用三点调整法，即用水平仪，分别在机床导轨的两端和中间位置，初步测量和调整导轨横向和纵向的水平状态。要求全长水平在 5 格之内，即 0.1 mm。先调整横向水平，再调整纵向水平。

调整时，可以按照以下步骤进行：

① 将水平仪平稳地放在导轨平面上距离主轴最近的位置，水平仪的方向与导轨长度方向成 90°。调整水平仪中的水泡位置，尽量使其在中间的位置，如图 2-42 所示，待其平稳后，记录下水泡一端的位置，此位置即为水平仪的零点。

图 2-42 零点位置

② 将水平仪放在导轨的中间位置，待水泡静止后，记录水泡位置。水泡向哪边移动，说明哪边导轨平面高；远离哪边就说明哪边低。则在高的那边向外调节楔铁，同时在低的那边向内调节楔铁，使水泡回到（或接近）零点的位置。

③ 将水平仪放在导轨尾部位置，同步骤②的操作，使水泡在（或接近）零点位置。

往复步骤①~③，通过调节楔铁，控制水泡三个位置的移动范围在 5 格之内。

④ 纵向水平的调整和横向水平的调整原理是一样的，但水平仪的方向要和导轨长度方向一致，然后确定哪端高或哪端低时，要同时拧紧横向方向上的螺母或调节楔铁，直到水泡在导轨两端和中间三个位置的移动范围在 5 格之内为止。此时粗调水平结束。

粗调水平以后，将螺帽调整到有上下调整量的状态，然后用混凝土将地脚螺钉固定在地基孔内，待充分干涸后精调机床水平。

（4）精调水平。

分段调整法，即将导轨分成相等的若干整段来进行测量，并使头尾平稳地衔接，逐段检查并读数，然后确定水平仪气泡的运动方向和水平仪实际刻度及格数。进行记录，填写"＋""－"符号，用画坐标图的方法来确定机床导轨直线度精度误差值，先调整二项水平，再调整一项水平。

① 二项水平的调整。

二项水平是通过图 2-43 中的水平仪 B 来调整的。

a. 调整水平仪的零点，并记录水泡的位置。

b. 每走一平，观察并记录水泡的位置，水泡向哪边移动就说明哪边高。高的那边就要通过地脚螺母向下压，与此同时，与之相对应的低的那边要通过楔铁往上起。

c. 根据 GB/T 4020—1997 的规定和我们测量时的条件，调整好的水平即每平水泡的移动应在 2 格之内。

② 一项水平的调整。

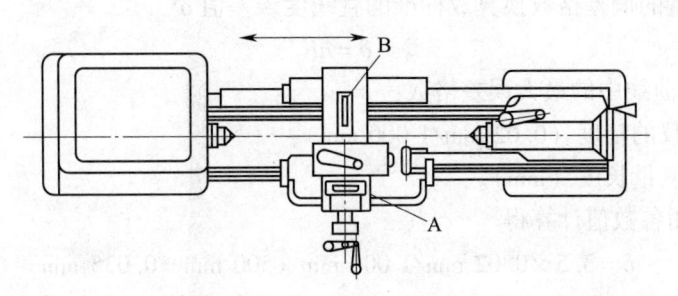

图 2-43 水平仪 A、B

a. 测量导轨时，水平仪的气泡一般按照一个方向运动，机床导轨的凸凹是由水平仪的移动方向和该气泡的运动方向来确定的。

水平仪的移动方向与气泡的运动方向相同，呈凸，用符号"+"表示。

水平仪的移动方向与气泡的运动方向相反，呈凹，用符号"-"表示。

b. 调整机床水平时，是通过调节地脚螺母（向下压）和楔铁（向上起）来控制水平仪中水泡的位置的。

c. 具体步骤如下：

将两块水平仪分别放在如图 2-43 中 A、B 所示的位置，把床鞍移动至距离主轴箱最近的位置，然后调整并记录水平仪 A 的零点位置。首先通过水平仪 A 调整机床的一项水平，从左至右，移动一平，待水泡静止后，记录水泡相对于零点移动的格数，并根据水平仪的移动方向与气泡的运动方向在数值前加"+""-"。逐次，每移动一平，记录下一个数值，直到走完全长导轨为止。根据记录下来的数据画坐标图。

例1：一台床身导轨为 4 000 mm 的卧式车床，分别测得水平仪的读数为：+1、+2、+1、0、-1、0、-1、-0.5。作图的坐标如图 2-44 所示：纵轴方向每一格表示水平仪水泡移动一格的数值；横轴方向表示水平仪的每平测量长度。作出曲线后再将曲线的首尾（两端点）连线 I-I，并经曲线的最高点作垂直于水平轴方向的垂线与连线相交的那段距离 n，即为导轨的直线度误差的格数。从误差曲线图中可以看到，导轨在全长范围内呈现出中间凸的状态，且凸起最大值在导轨 1 500～2 000 mm 长度处。

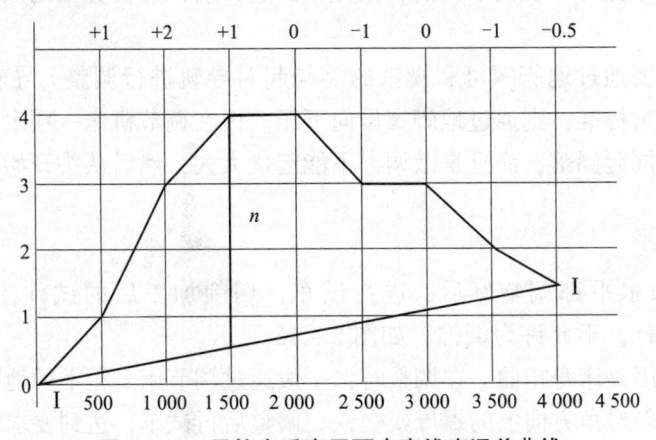

图 2-44 导轨在垂直平面内直线度误差曲线

将水平仪测量的偏差格数换算成标准的直线度误差值 δ

$$\delta = nil$$

式中，n——误差曲线中的最大误差格数；

i——水平仪的精度（0.02 mm/1 000 mm）；

l——每平测量长度（mm）。

按误差曲线图各数值计算得

$$\delta = 3.5 \times 0.02 \text{ mm}/1\ 000 \text{ mm} \times 500 \text{ mm} = 0.035 \text{ mm}$$

根据 GB/T 4020—1997，要求 CW6163B/4000 车床的一项水平允差上凸不得超过 0.050 mm，所以此时一项水平合格。

例2：一台床身导轨为 4 000 mm 的卧式车床，分别测得水平仪的读数为 +1、-0.5、0、-0.5、-1、-1、-1、+0.5，其坐标如图 2-45 所示。

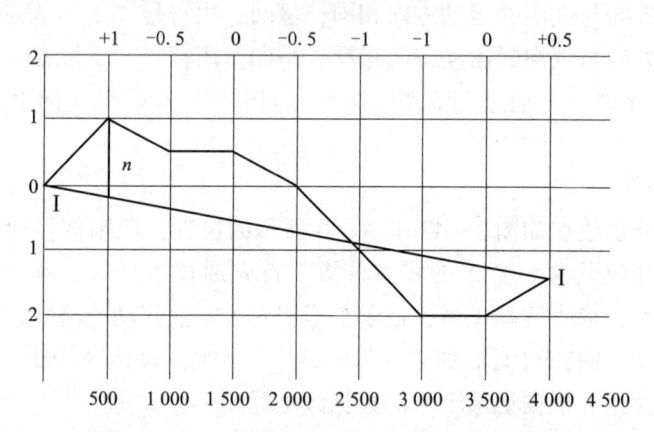

图 2-45 导轨在垂直平面内直线度误差曲线

按误差曲线图各数值计算得

$$\delta = 1.2 \times 0.02 \text{mm}/1\ 000 \text{ mm} \times 500 \text{ mm} = 0.012 \text{ mm}$$

此数值符合 GB/T 4020—1997 的规定。但这台机床的一项水平是不合格的，由图 2-45 可以看出，在 2 500~4 000 mm 曲线是在Ⅰ-Ⅰ连线的下边，这说明这一段的导轨是向下凹的，而一项水平是不允许导轨向下凹的，只允许凸起，所以即使算出的数值符合标准，那也是无意义的。

这种情况下就要通过地脚螺母和楔铁的落与起对导轨进行调整。导轨凹就通过楔铁抬高；若导轨凸起超过标准，则通过地脚螺母向下压。但在调节机床一项水平时，不管是起或者落，机床两边要同起同落，而且是微调，不能起伏太大，然后从头开始再测一次水平，直到符合标准为止。

(5) 试车。

当一项和二项水平都调整好后，进行试车，切削加工后的试件，形状允许为正锥（0.01 mm/100 mm），不允许为倒锥，如图 2-46 所示。

产生倒锥的原因是床身扭曲，在调整时，一般通过调节床头箱下的地脚螺母或楔铁，且是同时轻微起或落斜对角方向上的螺母或楔铁。调整后再试车，达到要求即可。试车时的微调一般对调整好的一项水平和二项水平影响不大。

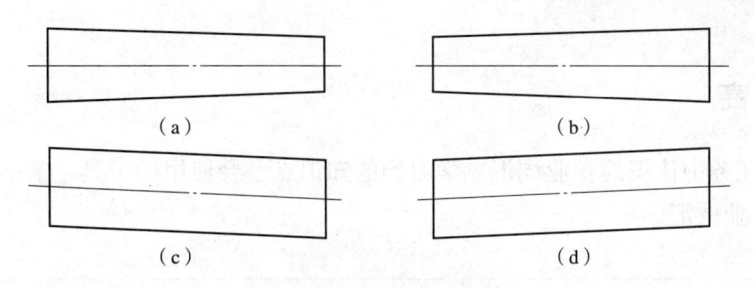

图 2-46 扭曲方向与锥方向
(a) 正锥；(b) 倒锥；(c) 正锥试料扭曲方向；(d) 倒锥试料扭曲方向

当一项水平、二项水平和试车都符合标准时，机床整机水平调整完毕，此时向地基内浇注水泥，待水泥干结后机床可投入生产使用。

本水平调整方法可用于一般机床安装水平的调整。

名词解释：

水平仪：水平仪是机床导轨水平调整的必备工具，本方法中使用的是精度为 0.02 mm/1 000 mm 的条式水平仪或框式水平仪。

平：水平仪每次移动的距离，本方法规定 500 mm（及床鞍的长度）为 1 平。

平数：机床长度规格/平，即从床鞍距离床头最近的位置到台尾需要测量的次数。长度规格为 4 000 mm 的机床需测量的平数为 4 000 mm/500 mm = 8 平。

一项水平：纵向方向上，导轨在垂直平面内的直线度，由水平仪 A 来确定。

二项水平：横向方向上，导轨应在同一平面内，由水平仪 B 来确定。

任务评价

根据表 2-3，对任务的完成情况进行评价。

表 2-3 成绩评定

项次	项目和技术要求	实训记录	配分	自我评价	小组评价	教师评价
1	测量工具的使用情况		15			
2	测量方法正确		15			
3	测量数据准确、记录完整		20			
4	绘制的图样完整、正确		20			
5	零件按顺序摆放，工具保管齐全		10			
6	团队合作精神		20			
小计						
总计						

注：自我评价占 30%，小组评价占 30%，教师评价占 40%。

总结提高

列出在本任务中认识的专业词汇、学习到的知识点、会使用的工具、掌握的技能。

1. 新的专业词汇。

_____

_____

2. 新的知识点。

_____

_____

3. 新的工具。

_____

_____

4. 新的技能。

_____

_____

项目拓展

一、水平仪测量练习

（1）某一龙门刨床 B2012A 的导轨全长为 8 m，工作台的长度为 4 m，用 200 mm × 200 mm 的框式水平仪，精度为 0.02 mm/1 000 mm，来检查该导轨的直线度误差值（精度要求的标准为导轨工作长度 0.04 mm），按 500 mm 将导轨分成 8 段进行测量，逐段检查并读数为 0，+0.5，+1，+1.5，+2，+2.5，+3，+3.5，+4，水平仪的气泡运动方向和工作台的移动方向相反，证明该导轨呈凸，如图 2-47 所示。按公式计算如下：

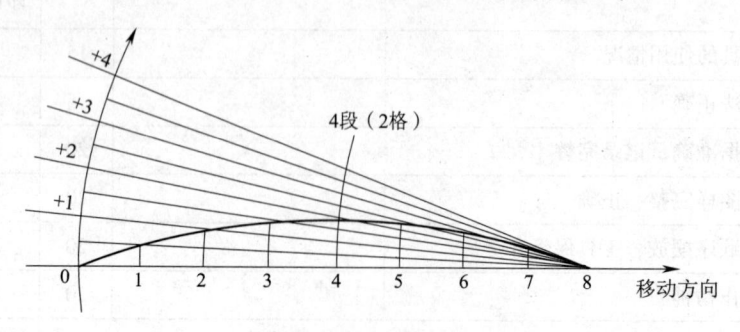

图 2-47 计算图

导轨直线度误差值 = 4 × 2 × 0.02/1 000 × 4 000 = 0.16（mm），不合格

如果按照书中的计算方法，采用移动距离 500 mm 作为计算尺寸，那么该导轨的直

线度误差值是 0.04 mm。在导轨直线度误差值（曲线图）中，却表示出一条倾斜的直线，假如该导轨的形状是一条倾斜的直线，那么水平仪的气泡在导轨的任何位置上没有变化。

（2）对某一导轨磨床 M50100 进行精度调整，该导轨长 5 m，工作台长度 1.6 m，使用 200 mm×200 mm 的框式水平仪，精度为 0.02 mm/1 000 mm，测量调整后的导轨直线度误差值（精度的技术要求标准是机床导轨全部长度 0.02 mm，只许凸），按照约 500 mm 将导轨分为 7 段进行测量，逐段测量读数为 0，-0.5，-1，-1.5，-2，-2.5，-3，-3.5，水平仪的气泡运动方向与工作台的移动方向相同，证明该导轨呈凹，如图 2-48 所示。按公式计算如下：

$$导轨全长直线度误差值 = \frac{3.5 \times 0.02/1\,000 \times 1\,600 \times 5\,000}{(5\,000 - 1\,600) \times 2}$$

$$\approx 0.082\,(\text{mm})，不合格$$

经过测量后该导轨直线度误差值约 0.082 mm，超过了技术要求的精度标准。如果按照书中的计算方法，以移动距离为计算尺寸，则该导轨的直线度误差值应是 0.035 mm。在导轨直线度误差值（曲线图）中，该导轨却表示出一条倾斜的直线（与水平面），误认为导轨直线度误差值为 0，所以导轨直线度误差值曲线图是不能证明机床导轨的误差和形状的。其基本原理上检查的是导轨的不弧度，在实际工作中是不能应用的。

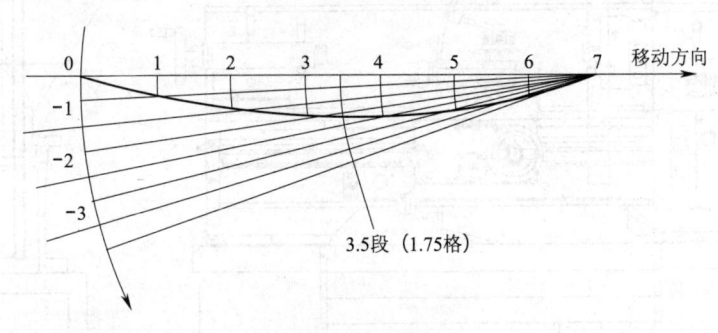

图 2-48 计算图

上面两例题是在实际生产工作中发生的具体问题，最后的结论却都被误认为合格，使机床的导轨精度得不到保证，给正常的生产工作造成了困难。

正确地使用水平仪，才能使机械设备的精度更高、更准确。为加快机械工业的发展，使机械产品的质量满足更高的技术精度，这一方面是很重要的。

二、CDS6132 卧式车床的搬运与安装

1. 机床的运输和存放

机床在包装过程时采用了适宜的防锈及防振、抗冲击措施，能够保障经受住 -250℃ ~ 550℃ 温度范围的运输和存放，并能经受温度高达 70℃、时间不超过 24 h 的短期运输和存放。

机床在运输和存放时应注意，不得使机床及外包装直接淋雨、淋水，不得损坏外包装。

本机床所采用的包装材料对环境无污染。

2. 机床的吊运

用起重机吊运有包装箱的机床，应按包装箱上的标志套上钢丝绳，在搬运和卸放时不得使箱底或侧面受到冲击或剧烈振动，在任何情况下不得使机床过度倾斜。

拆箱时，首先检查机床的外部情况，按"装箱单"检查附件、工具和技术文件是否齐全。

用起重机吊运已打开包装箱的机床时，应在床身靠近主轴箱的第一条加强筋处设置吊具起吊，在任何情况下不得使包装箱（或机床）过度倾斜，起吊时应将木块或橡胶套垫在吊具靠近导轨或机床的地方，以防止碰伤机床，参见图 2-49。

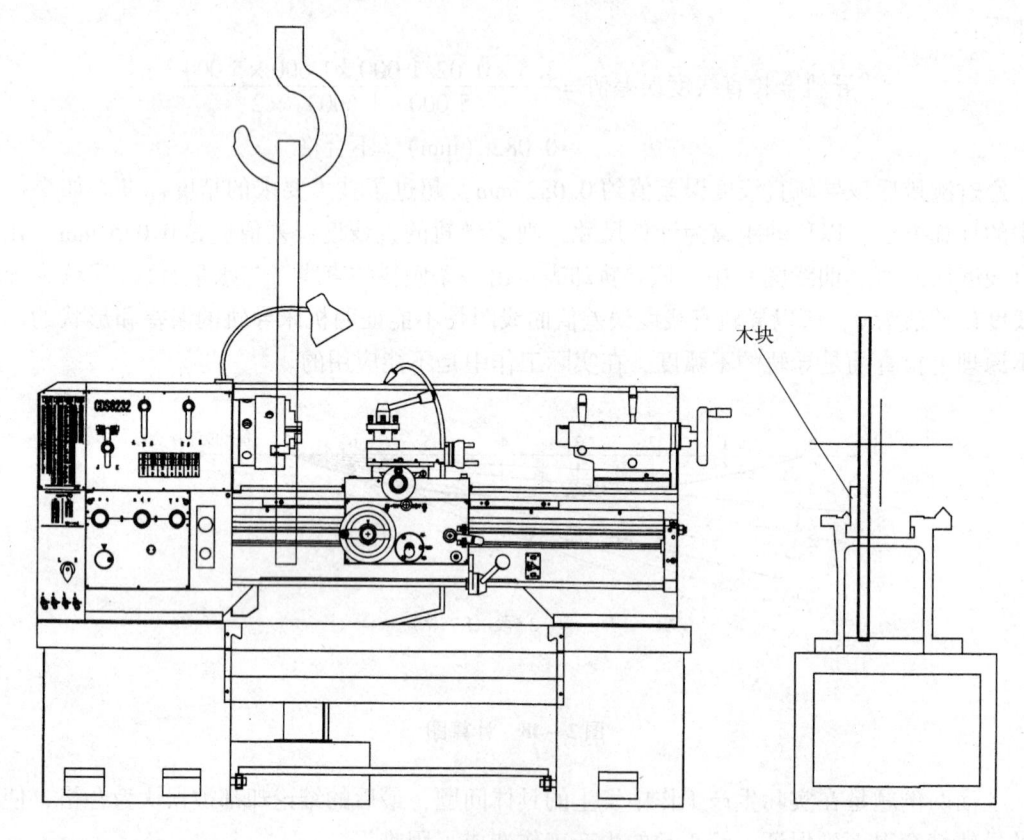

图 2-49 机床的吊运

吊运机床时使用的钢丝应牢固，其直径不得小于 16 mm，起重机的吊运能力不得小于 2.5 t。

起吊时应轻轻吊离地面，必要时再进一步调整并定位床鞍的位置，以便获取更好的平衡效果。

警告：吊车起吊能力必须大于 2.5 t，吊绳直径必须大于 16 mm。

注意：

（1）要保持被吊机床在纵横向上保持平衡，因此，在机床刚刚调离地面时就应使机床确保平衡。

（2）吊运钢丝绳角度不得大于 60°。

（3）无论何时吊运机床，只要不是一个人来执行，就应相互间给出信号，协同工作。

（4）用绳索起吊前，应先检查绳索是否结实可靠。

（5）所用吊具应清晰地标有安全工作负荷，安全系数为 6∶1。

3．安装

1）安装前的准备工作

机床的安装应符合本机床《使用说明书》中规定的使用环境。此外还应注意：

（1）机床应放置在坚固地基的水平地面上，周围要留有足够的空间以便进行加工和维修。机床使用螺栓固定在地基上可充分发挥其性能，经水平调整后即可使用。

（2）机床应安装在具备避雷装置的厂房区内。

（3）机床应安装在具有充分照明设施、无污染物、没有放置杂物、具有良好通风条件而且通道畅通的车间中。

（4）安装机床的地面要避开软而不坚实的地方。如果机床只能在软而不坚实的地面上安装，必须采取打桩的形式或类似措施以增强土层的支撑能力，这样才能防止机床下沉或倾斜。

（5）如果机床在不得已的情况下一定要安装在振源附近，则必须在机床周围挖槽沟或类似的措施以防振。

2）动力接口

电源接线端子位于机床电箱内的电盘上。

3）总电源

机床所用电源电压及频率按订货合同而定。

电压及频率允许波动范围：

（1）电源电压的波动范围不得大于其额定电压的 ±10%。

（2）电气部分的详细说明见说明书。

4）安装

对于机床来说，安装的方法对机床的功能有极大的影响。如果一台机床的导轨是精密加工的，而该机床安装得不好，则不会达到最初的加工精度。这样就很难获得所需要的加工精度。大多数故障都是因安装不当引起的。

必须仔细地阅读安装步骤，并按照规定的安装要求来安装机床，否则将影响机床精度及使用寿命。

机床应安装在具有充分照明设施、无污染物、没有放置杂物、具有良好通风条件而且通道畅通的车间中。

（1）地基。

安装机床首先应选择一块平整的地方，然后根据规定的环境要求和地基图（图 2-50 和图 2-51）决定安装空间并做好地基。占地面积除机床操作所需的空间外，还要考虑维修所需的空间。

（2）安装程序。

① 水箱在运输过程中安装在床腿上，使用时应卸下，放在合适位置。

② 用与地脚螺栓相同数量的多组垫块支撑，每组两块放在地脚螺栓附近，钢板垫块的厚度为 10 mm，直径为 60~80 mm。

③ 粗调机床安装精度。用水平仪在导轨两端检查安装精度，纵向及横向水平仪均不得超过 0.02 mm/1 000 mm。如安装达不到要求，则应当调节调整螺钉，如图 2-52 所示。

④ 机床粗调完毕，在地脚螺孔内灌入水泥，待水泥干透再进行精调。

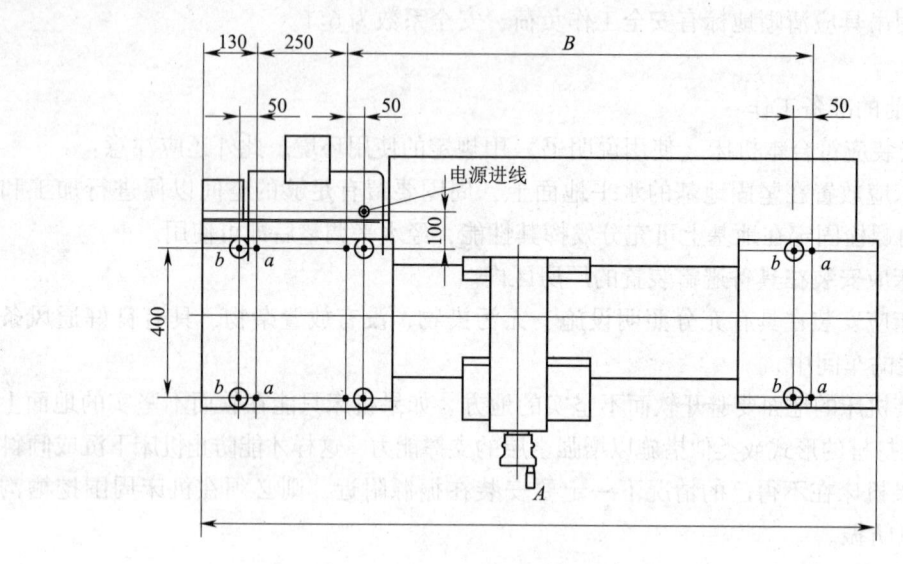

图 2-50 机床布置

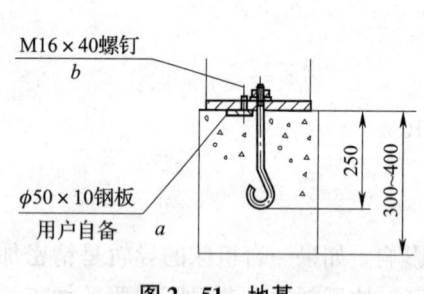

图 2-51 地基

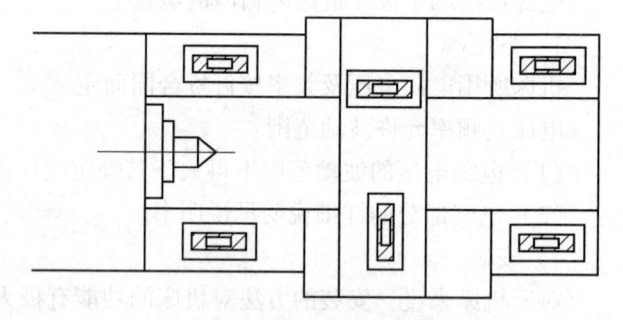

图 2-52 水平仪布置

⑤ 精调机床安装精度。一方面调整楔形垫铁，一方面调整地脚螺栓，直至机床精度达到要求为止。

⑥ 所有地脚螺栓均匀拧紧，但不得影响安装精度。

⑦ 精度合格后用水泥固定垫块并修好地基表面，床脚周围必须抹平，以免润滑油渗入。

⑧ 一周后重新用精密水平仪将机床调平，即可正式投入使用。

（3）内部设备连接。

引入每台机床的电源，应经过一个独立的配有熔断器的外部配电箱，从配电箱出来的电线引入本机床的电器柜，并与柜内的接线端子相连，如图 2-53 所示。必须使用接地线，电气部分的详细说明见说明书。

推荐的熔断器为 30 A（220～600 V）。用户使用的电源建议自配过压保护装置，电源引线为

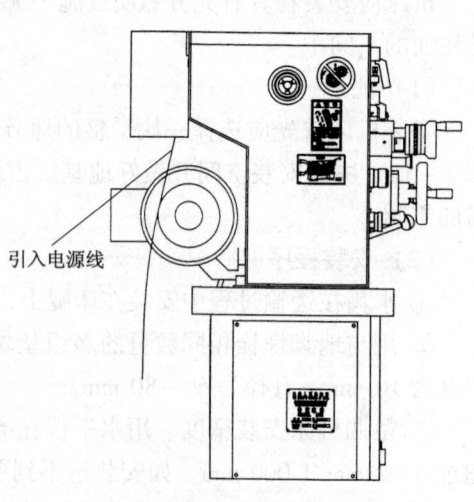

图 2-53 设备连接

5 芯 ×6 mm²，完成调水平工作后，在接通机床之前，应做以下工作：

① 重新检查各连接器是否接紧。

② 检查并确保输入电源相位正确。如果电源为反相位，那么电动机旋转方向与规定的旋转方向将不一致。

正确的主电动机旋转方向可用以下方法确定：将床头箱上的左/右螺纹手柄置于右螺纹位置，抬起启动杠，主轴应朝常规的正转方向旋转。如果主轴的转向错误，则应关断总电源，交换引入电器柜接线端子的三相线中的任意两根相线。

（4）清洗。

机床在安装调整期间，用清洗剂清洗机床各部的防锈涂料，然后将导轨、丝杠、光杠表面及其他经过机械加工的外露表面涂以机油，以防生锈。待机床各部分都确实清洗干净后，按机床润滑系统图的规定加足润滑油。

（5）润滑检查。

要确保本机床的床头箱与进给箱的良好润滑，从床头箱盖上面的油塞孔处给床头箱内加注 5 升 L-HN32 液压油（或 MOBIL 24）；给进给箱内加注 2.0 升 L-HM32 液压油（或 MOBIL 24）；给溜板箱加注 L-HM68（或 MOBIL D.T.E.26）抗磨液压油，油位不要超过视油窗。

在每个班前，用配备的油枪给床鞍、横滑板及床尾注油。

（6）试车。

试车前必须参看本机床使用说明书，了解机床的结构，熟悉各操纵机构的作用和使用方法，手动检查各部分的工作情况；机床接通电源前应检查电气系统是否完好、电动机是否受潮；接通电源后应检查电动机旋转方向是否正确。

各部分检查完毕后，可进行空运转试验。首先，应使主轴开停车手柄处于停车位置，启动主电动机，当观察到床头箱正面有油后，以主轴最低转速运转一段时间后再逐渐提高转速。新机床必须经过上述空运转后才可用于切削工作。

建议的运转时间及转速：

① 以最高转速的 15% 运车 1 小时；

② 以最高转速的 50% 运车 30 min；

③ 以最高转速的 80% 运车 30 min。

4）卡盘及卡盘的安装

装配卡盘及平面盘时，首先要保证主轴头及卡盘锥部的清洁。

对于 C 型主轴头，应检查卡盘的插销螺栓安装是否可靠，安装卡盘时应确保锁紧螺母锁紧可靠；对 D 型凸轮锁紧主轴应确保凸轮锁紧在正确位置。安装新卡盘时，如图 2-54 所示，应重新调节卡盘的凸轮锁紧螺栓（A），为此，应先去掉锁紧螺钉（B），依次调节每个锁紧螺栓，使其上的刻线与卡盘后端面平齐且圆扇形与锁紧螺钉孔一致。然后安装锁紧螺钉（B），将卡盘安装在主轴上，并依次顺时针方向锁紧主轴头上的 6 个凸轮。

正确的凸轮锁紧位置，应该使每个凸轮上的锁紧刻线位于主轴头上的两个 V 字之间，如图 2-55 所示。如果凸轮锁紧不在这个位置，应拆除卡盘或平面盘，按以上步骤重新调整。

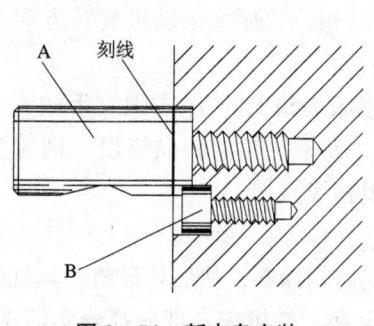

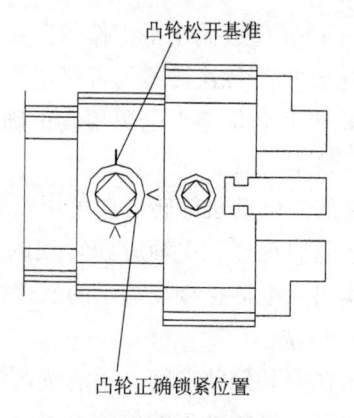

图 2-54　新卡盘安装　　　　　　　图 2-55　凸轮锁紧位置

　　三爪卡盘和四爪卡盘应标明允许的最高转速，以卡盘上的标记或提供的卡盘说明书为准。

　　对马鞍车床使用的平面盘，主轴转速不允许大于 600 r/min。

　　注意：

　　（1）使用三爪卡盘、四爪卡盘及平面盘时，一定要注意主轴转速限制。

　　（2）更换安装卡盘时应遵循其制造商提供的《卡盘说明书》的要求进行卡盘的平衡、润滑与安装。卡盘只能按卡盘制造商说明书中推荐的调整方法进行调整。

　　5）加工不平衡工件时，用户应在使用的卡具上增加平衡块

　　机床启动前，首先应检查卡具、卡盘、平衡块安装必须牢固，然后选用适宜的切削参数，降低主轴转速，并选用适宜的切削刀具等。

　　6）机床的噪声

　　机床的噪声除了与机床的制造因素有关外，还与操作者使用的方法有关。

　　降低机床噪声的主要方法有：改变刀具的选择，改变切削参数，检查并提高工件、工具以及刀架的夹紧方式等。

　　注意：

　　（1）对有裂纹等缺陷的卡盘不得安装在本机床上使用。

　　（2）安装卡盘后机床的主轴转速不得超过卡盘标明允许的最高转速。

　　（3）D-6 主轴，卡盘安装在主轴上时应使扳手按顺时针方向依次转动主轴径向孔中的六个凸轮；拆下时按逆时针方向依次转动。否则可能出现机床损坏或人身伤亡事故。

项目3　机床电动机皮带更换

带传动是机床传动的主要形式之一。随着机床功率和转速的提高，对传动提出了更高的要求，同时也促进了传动带的改进，各种新材料及新型传动带不断涌现，以满足机床工业发展的需要。

带传动是利用张紧在带轮上的带，借助它们的摩擦或啮合，在两轴（或多轴）间传递运动或动力。带传动具有结构简单、传动平稳、造价低廉、无须润滑以及缓冲、吸振等特点。

本项目针对机床的主电动机皮带进行检修，完成电动机皮带的更换。

项目描述

机床经过长时间的使用，主电动机皮带会发生磨损，需要及时更换。

学习目标

一、知识目标

1. 了解带传动的基本知识；
2. 理解带轮张紧机构的工作原理。

二、技能目标

1. 能进行皮带的更换；
2. 能进行张紧机构的调整。

任务描述

一、观察机床主电机带传动机构，认识其组成

1. 查阅资料，观察带传动机构，了解工作原理。
2. 绘制机床主电动机带传动机构简图。

二、进行主电动机皮带的更换

1. 拆卸主电动机皮带机构。
2. 正确安装主电动机皮带机构和皮带。

3. 调整主电动机皮带张紧机构。

必备知识

一、带传动的功率损失

1. 滑动损失

带在工作时,由于带轮两边的拉力差以及相应的变形差形成的弹性滑动,导致带与从动轮的速度损失。弹性滑动与载荷、速度、带轮直径和带的结构有关。弹性滑动率通常为1%~2%,有的带传动还有几何滑动。

过载时将引起打滑,使带的运动处于不稳定状态,效率急剧下降,磨损加剧,严重影响带的寿命。

2. 滞后损失

带在运行中会产生反复伸缩,特别是在带轮上的挠曲会使带体内部产生摩擦而引起功率损失。

3. 空气阻力

高速传动时,运行中的风阻将引起转矩损耗,其损耗值与速度的平方成正比。因此,设计高速带传动时,带的表面积宜小,尽量用厚而窄的带,带轮的轮辐表面要平滑,或用辐板以减小风阻。

4. 轴承的摩擦损失

轴承受带拉力的作用,其也是引起转矩损失的重要因素。滑动轴承的损失为2%~5%,滚动轴承的损失为1%~2%。

考虑上述损失,带传动的效率为80%~90%,根据带的种类而定。进行传动设计时,可按表3-1选取。

表3-1 带传动的效率

带的种类	效率/%
平带①	83~98
有张紧轮的平带	80~95
普通V带②	
帘布结构	87~92
绳芯结构	92~96
窄V带	90~95
同步带	92~98

注 ① 复合平带取高值。
② V带传动的效率与d_1/h有关,当$d_1/h≈9$时取低值,当$d_1/h≈19$时取高值。式中d_1为小带轮直径,h为带高

二、V带传动

V带和带轮有两种尺寸制,即基准宽度制和有效宽度制。

基准宽度制是以基准线的位置和基准宽度来定义带轮的槽型、基准直径和 V 带在轮槽中的位置。带轮的基准宽度定义为 V 带的节面在轮槽内相应位置的槽宽，用以表示轮槽截面的特征值，其不受公差的影响，是带轮与带标准化的基本尺寸。在轮槽基准宽度处的直径是带轮的基准尺寸。

有效宽度制表示带轮轮槽截面最外端的有效宽度，它定义为轮槽直边侧面最外端的槽宽，不受公差影响。在轮槽有效宽度处的直径为有效直径。

由于尺寸制的不同，带的长度分别以基准长度和有效长度来表示。基准长度是在规定的张紧力下，V 带位于测量带轮基准直径处的周长；有效长度则是在规定的张紧力下，位于测量带轮有效直径处的周长。

普通 V 带和窄 V 带的截面如图 3-1 所示，相关尺寸可以通过查阅手册获得。

三、V 带传动主要失效形式

1) 带在带轮上打滑，不能传递动力。
2) 带由于疲劳产生脱层、撕裂和拉断。
3) 带的工作面磨损。

保证带在工作中不打滑，并具有一定的疲劳强度和使用寿命是 V 带传动设计的主要依据，也是靠摩擦传动的其他带传动设计的主要依据。

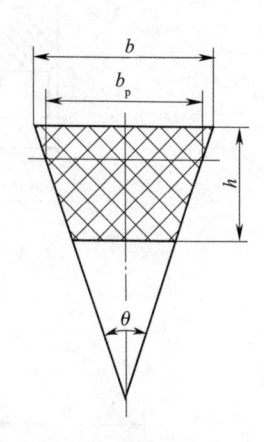

图 3-1　普通 V 带和窄 V 带的截面

四、带轮

1. 带轮的设计要求

带轮要避免在铸造或焊接时产生过大的内应力。带轮质量应分布均匀，重量轻并便于制造。带轮的工作面应进行精加工，以减少胶带的磨损。当 $v > 5$ m/s 时要进行静平衡，$v > 25$ m/s 时应进行动平衡。

2. 带轮材料要求

常采用铸铁、铸钢、钢板（焊接）、铝合金、夹布胶木和工程塑料等，其中铸铁应用最广。当 $v \leqslant 30$ m/s 时用 HT200，$v \geqslant 25 \sim 45$ m/s 时宜用孕育铸铁或铸钢。当用非金属材料，如夹布胶木、工程塑料等制作带轮时，具有重量轻、与胶带的摩擦因数大的优点，但其强度较低，因此，一般用于轻载、高速的场合。

3. 带轮的结构要求

带轮通常由轮缘、轮辐和轮毂三部分组成。V 带轮的轮缘尺寸如图 3-2 所示，V 带轮的典型结构如图 3-3 ~ 图 3-6 所示。

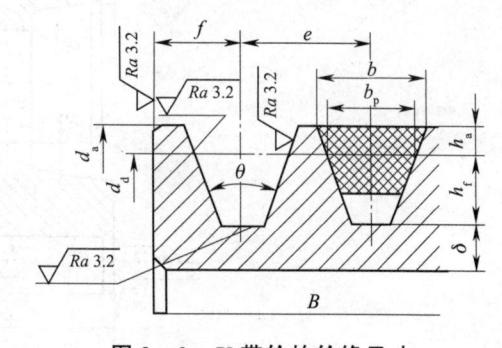

图 3-2　V 带轮的轮缘尺寸

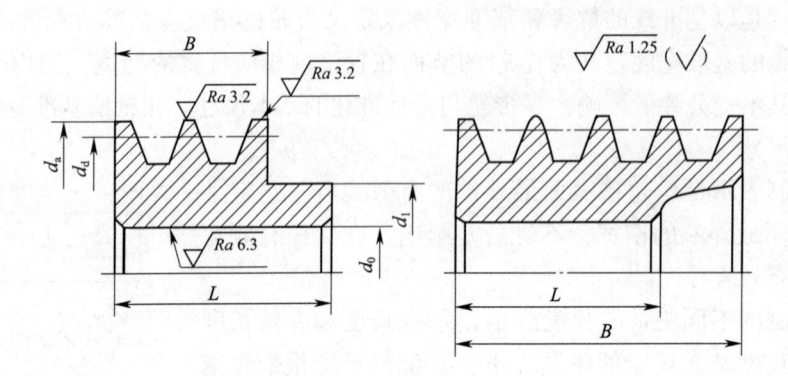

图 3-3 实心轮的典型结构

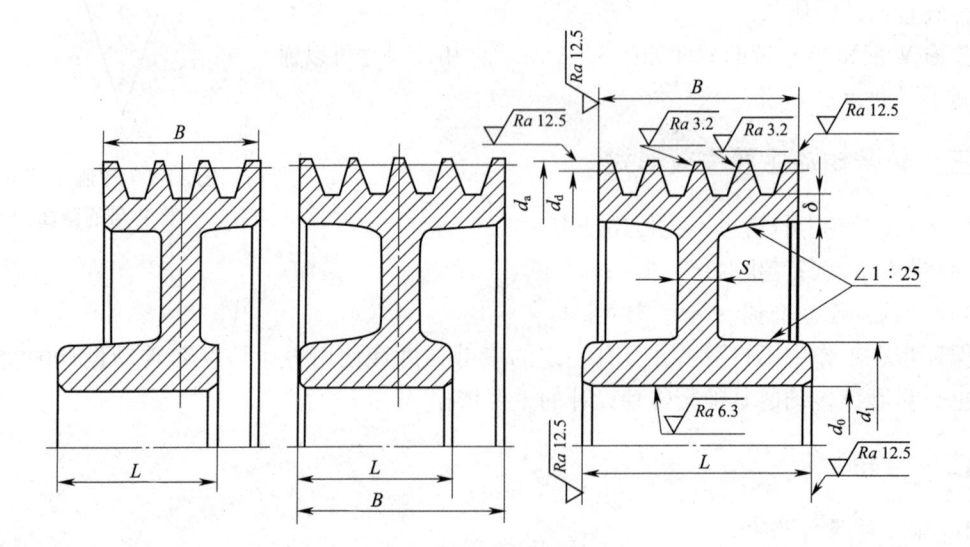

图 3-4 辐板轮的典型结构

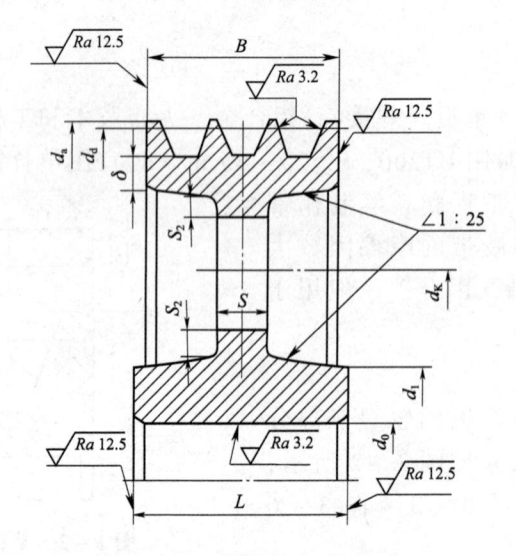

图 3-5 孔板轮的典型结构

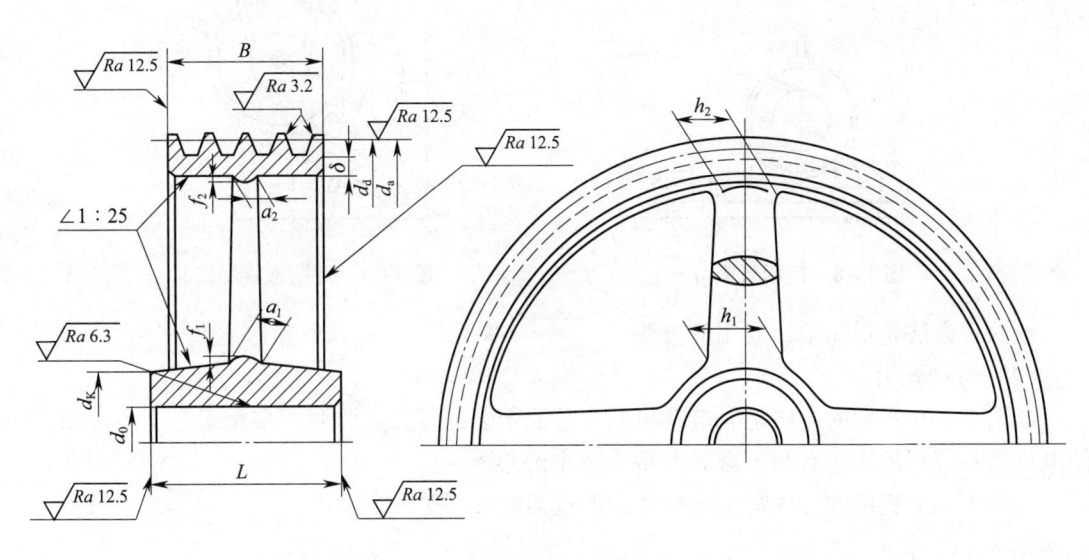

图 3-6　椭圆辐轮的典型结构

4. 带轮的技术要求

（1）带轮轮槽工作面的表面粗糙度 Ra 为 2.2 μm，轮缘轴孔端面的 Ra 为 12.5 μm，轮槽的棱边要倒圆或倒钝。

（2）带轮的圆跳动公差应符合规定要求。轮辐部分有实心、辐板（或板孔）和椭圆轮辐三种，可根据带轮的基准直径决定。

（3）轮槽对称平面与带轮轴线垂直度为 ±30′。

（4）带轮的平衡按 GB/T 11357—1989 的有关规定确定。

5. V 带传动应注意的问题

（1）V 带通常都做成无端环带，为便于安装、调整轴间距和预紧力，要求轴承的位置能够移动。轴间距的调整距离可以由设计计算求得。

（2）多根 V 带传动时，为避免各根 V 带的载荷分布不均匀，带的配组公差应满足要求。

（3）采用张紧轮传动，会增加带的挠曲次数，使带的寿命缩短。

（4）传动装置中，各带轮轴线应相互平行，带轮对应轮槽的对称平面应重合，其公差不得超过 ±20′，如图 3-7 所示。

五、带传动的张紧

1. 张紧方法

带传动可以通过调节轴间距或张紧轮的方法进行调整。

（1）定期张紧。

如图 3-8 所示的方法多用于水平或接近水平的传动。
如图 3-9 所示的方法多用于垂直或接近垂直的传动。

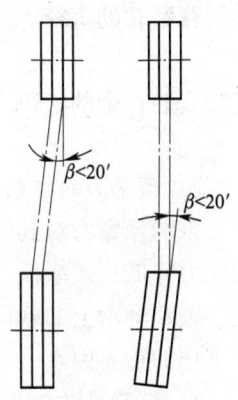

图 3-7　带轮装置安装的公差

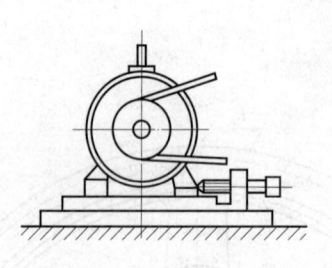

图 3-8　定期张紧（一）　　　　图 3-9　定期张紧（二）

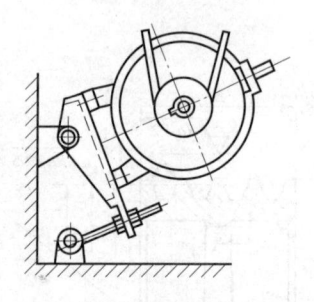

这两种方法是最简单、通用的方法。

（2）自动张紧。

如图 3-10 所示的方法是靠电动机的自重或定子的反力矩张紧，多用于小功率传动，应使电动机和带轮的转向有利于减轻配重或减小偏心距。

如图 3-11 所示的方法常用于带传动的试验装置。

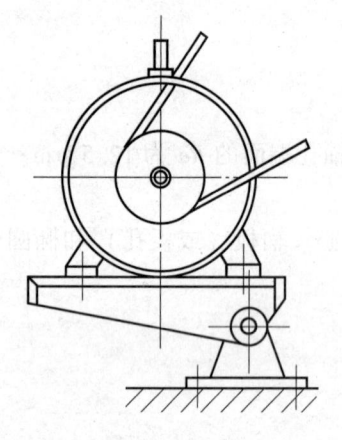

图 3-10　自动张紧（一）　　　　图 3-11　自动张紧（二）

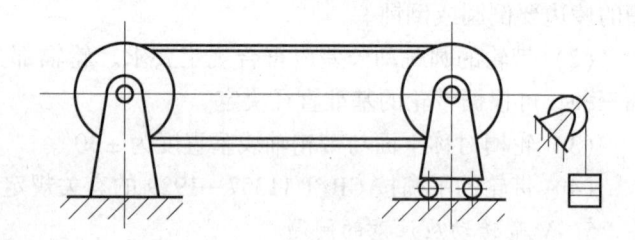

（3）张紧轮。

张紧轮可任意调节预紧力的大小，增大包角，容易装卸，但会影响带的寿命，不能逆转。张紧轮的直径

$$d_z \geq (0.8 \sim 1)d_1$$

其应安装在带的松边，图 3-12 所示为定期张紧，图 3-13 所示为自动张紧，应使

$$a_1 \geq d_1 + d_z, \alpha_z \leq 120°$$

2. 预紧力的控制

带的预紧力对其传动能力、寿命和轴压力都有很大影响。预紧力不足，则会使传递载荷的能力降低、效率低，且会使小带轮急剧发热、胶带磨损；预紧力过大，则会使带的寿命降低、轴和轴承上的载荷增大，增加轴承的发热和磨损。因此，适当的预紧力是保证传动带正常工作的重要因素。

3. 张紧器结构及应用

张紧器是一种结构简单、用途广泛、低成本、性能可靠的基础件。不同的应用方案可以起到多种作用，如弹性支撑、振摆、吸收或阻断冲击、张紧、减少噪声、仿形等，特别适合

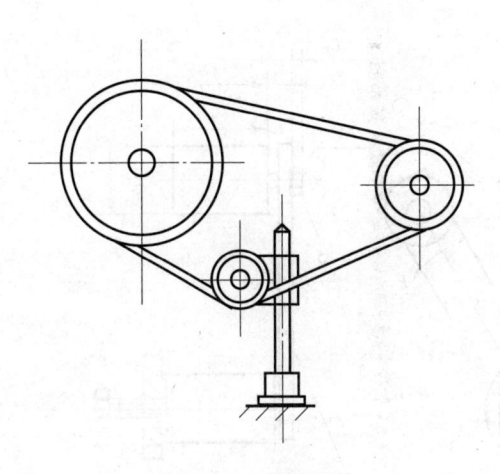

图 3-12 定期张紧　　　　图 3-13 自动张紧

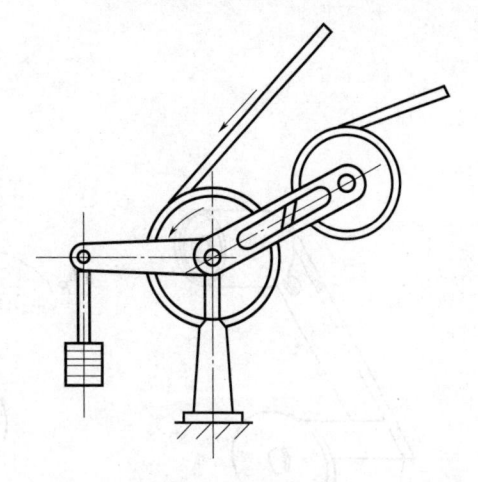

于带、链轮传动系统张紧。带传动常用的张紧方法是调节中心距，若中心距不能调节，则可采用具有张紧辊轮的张紧器；链传动的两轴应平行，两链轮应位于同一平面内，一般宜采用水平或接近水平的布置，并使松边在下边。若两轮轴线在同一铅垂面内，下垂量增大会减少下链轮有效啮合齿数，降低传动能力，为此可采用具有张紧链轮的张紧器。

张紧器的弹性元件为橡胶，变形过程中内摩擦很大，因此能吸收各种频率的冲击，减小共振及噪声。橡胶弹性元件，有良好的弹性，非线性曲线，同时在封闭容积内又是不可压缩的，因此，它的扭转角度、变形范围受到限制，一般不超过30°，超过此限制过度挤压会影响其使用寿命，选用时应予以注意。

常见的张紧器有 SE 型（见图 3-14 和图 3-15）、RSE 型（见图 3-16 和图 3-17）和 NSE 型（见图 3-18 和图 3-19）三种。

图 3-14 SE 型张紧器外形

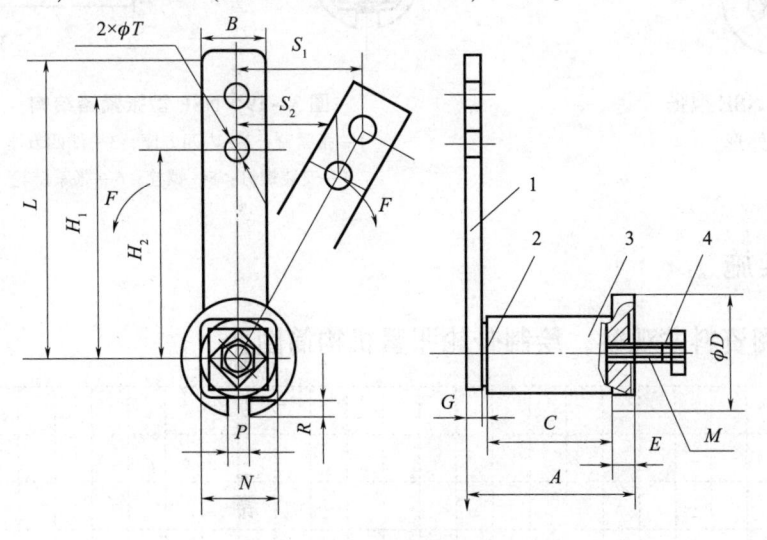

图 3-15 SE 型张紧器结构
1—张紧臂；2—内四方座；3—外四方座；4—安装螺钉

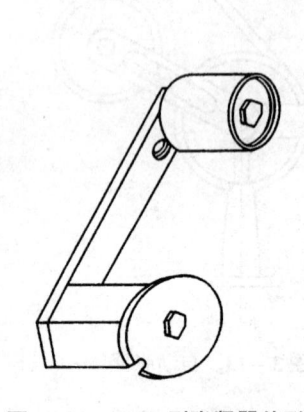

图 3-16 RSE 型张紧器外形

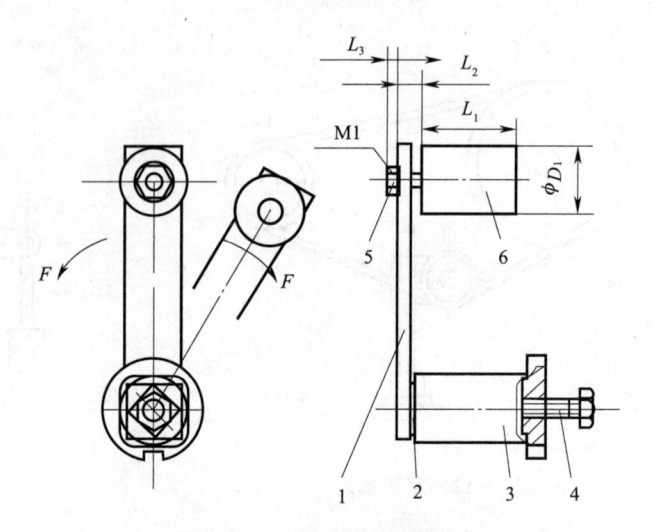

图 3-17 RSE 型张紧器结构
1—张紧臂；2—内四方座；3—外四方座；
4—安装螺钉；5—螺栓；6—张紧链轮

图 3-18 NSE 型张紧器外形

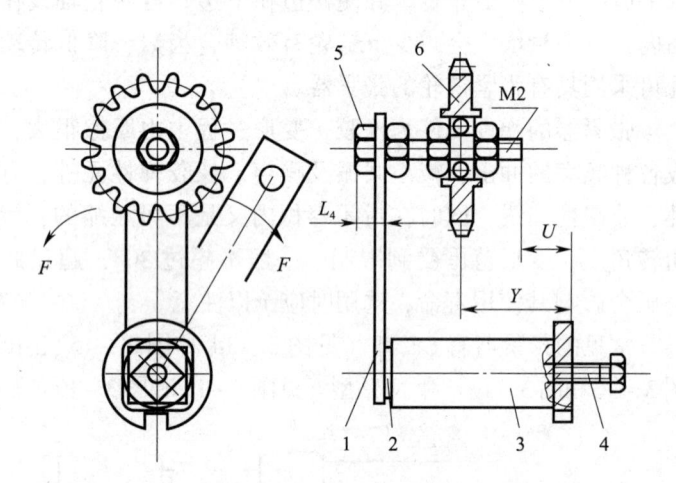

图 3-19 NSE 型张紧器结构
1—张紧臂；2—内四方座；3—外四方座；
4—安装螺钉；5—螺栓；6—张紧链轮

任务实施

一、查阅资料并观察，绘制带轮张紧机构简图

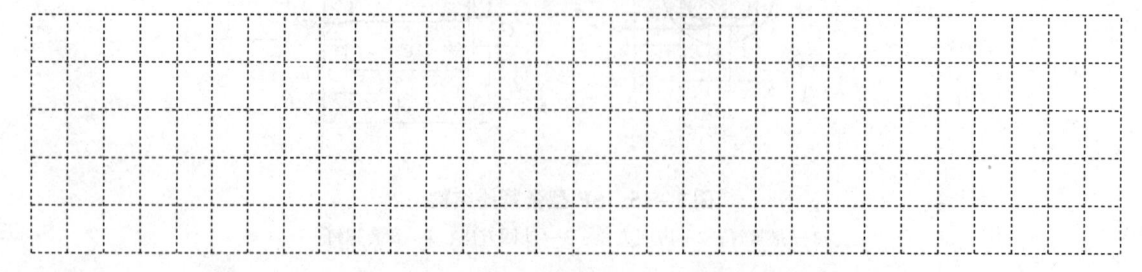

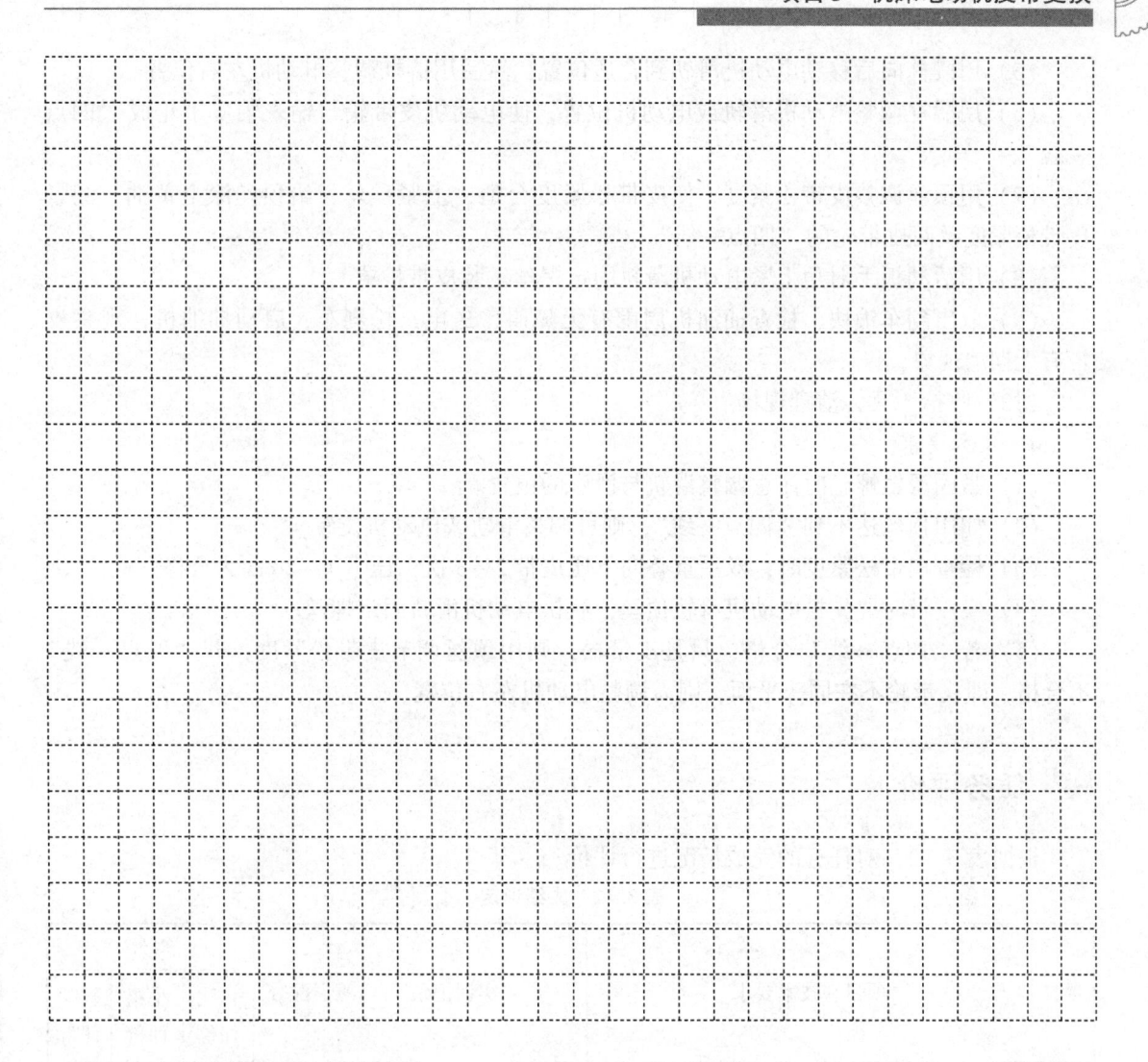

二、更换主电动机皮带

1. 准备工作

(1) 工具、用具、材料准备:300 mm 活动扳手、375 mm 活动扳手各一把,150 mm 平口螺丝刀 1 把,棉纱少许,细线 5 m。

(2) 劳保用品准备齐全,穿戴整齐。

2. 人员组织

本项目所需人数为 3 人。

3. 操作步骤

(1) 检查刹车装置,保证灵活好用。

(2) 停车,刹车,将驴头停在接近上死点便于操作的位置,切断电源,锁死刹车锁块。

(3) 摘下皮带护罩,松开电动机滑轨顶丝和固定螺丝,用撬杠向前移动电动机,使皮带松弛。

(4) 摘下旧皮带,换上新皮带。

（5）用撬杠向后移动电动机滑轨到合适位置，然后用撬杠调整电动机左右位置。

（6）用撬杠调整电动机滑轨或电动机位置，使电动机皮带轮与输入轴皮带轮成"四点一线"。

（7）用顶丝调整皮带松紧度，使皮带松紧度合适，上紧顶丝，给顶丝涂上黄油，测量皮带松紧度及两皮带轮的"四点一线"。

（8）用活动扳手对角上紧电动机滑轨固定螺丝，装皮带护罩。

（9）取出刹车锁块，检查抽油机周围有无障碍，送电，松刹车，启动抽油机，观察皮带有无摆动现象。

（10）收拾工具，清理现场。

4. 技术要求

（1）紧固滑轨螺丝时注意调整滑轨与滑座的位置。

（2）如用顶丝达不到"四点一线"，则可调整滑轨或电动机位置。

（3）检查皮带松紧度时，双手重叠向下压皮带 2~3 次，压下 1~2 cm 为合格。

（4）换皮带时要先松电动机滑轨顶丝，后松电动机滑轨固定螺丝。

（5）若"四点一线"合格，只是皮带松，则用顶丝调节皮带松紧度；若"四点一线"不合格，即皮带轮不在同一平面，则需调整电动机左右位置。

任务评价

根据表 3-2，对任务的完成情况进行评价。

表 3-2　成绩评定

项次	项目和技术要求	实训记录	配分	得分 自我评价	得分 小组评价	得分 教师评价
1	测量工具的使用情况		15			
2	测量方法正确		15			
3	测量数据准确、记录完整		20			
4	绘制的图样完整、正确		20			
5	零件按顺序摆放，工具保管齐全		20			
6	团队合作精神		20			
	小计					
	总计					

注：自我评价占 30%，小组评价占 30%，教师评价占 40%

总结提高

列出在本任务中认识的专业词汇、学习到的知识点、会使用的工具、掌握的技能。

1. 新的专业词汇。
_____
_____

2. 新的知识点。
_____
_____

3. 新的工具。
_____
_____

4. 新的技能。
_____
_____

项目拓展

一、思考以下问题

1. V 带传动有哪些特点？为什么 V 带传动有这些特点？
2. V 带传动有什么要求？条件是什么？
3. 水平仪有哪些用处？

二、看图认识电动机及皮带罩的结构

电动机及皮带罩的结构如图 3-20 和表 3-3 所示。

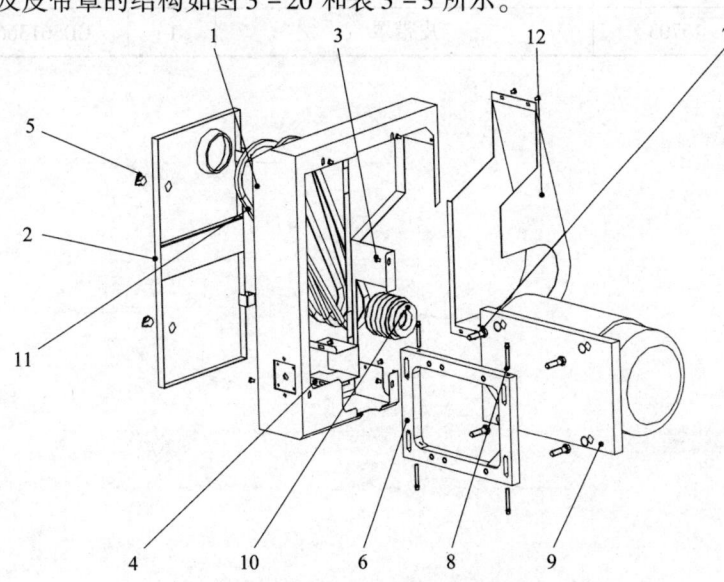

图 3-20　电动机及皮带罩

表 3-3 序号解释说明

序号	零件编号	零件名称	数量	备注
1	CDS6132-15710	皮带罩	1	
	CDS6136-15712	皮带罩	1	
2	CDS6132-15711	门盖	1	
	CDS6136-15713	门盖	1	
3	DB1034	螺钉	10	
4	CDS6136-15702	开关罩	1	
5	MS919	门锁	2	
6	CDS6132-15101	电动机安装板	1	
7	GB5782	螺栓	4	
8	CDS6132-15704	螺钉	4	
9	CDS6132-15705	电动机	1	
10	CDS6132-15102	电动机皮带轮	1	
11	A1092	皮带	1	CDS6132/CDS6232
	A1016	皮带	1	
	A1067	皮带	1	
	A1118	皮带	1	CDS6136/CDS6236
	A1067	皮带	1	
	A1092	皮带	1	
12	CDS6132-15701	皮带罩	1	CDS61327CDS6232
	CDS6136-15703	皮带罩	1	CDS61366/CDS6236

项目4　车床大、中、小托板间隙调整

机械工程各运动副的零件之间存在间隙。机械传动间隙主要是传动件间的间隙，包括滚动与滑动间隙，但一般情况下这些间隙是必须存在的。间隙的大小与工件的使用条件有关，其主要是靠提高加工精度及装配精度来保证的。零件磨损后有了间隙，一是更换；二是"长肉"，即用焊接或电镀的方法"长肉"然后加工。合理的间隙能保证零件正常运转，比如齿轮侧隙、轴承游隙、气缸在气缸套中的滑动间隙，等等。有人讲，玩机械就是玩间隙，虽然这个说法过于极端，但也客观地说明了机械间隙在机械中的地位。

项目描述

本项目通过调整车床大、中、小托板间隙，认识机械间隙在机械中的地位，理解基本间隙调整的结构。

学习目标

一、知识目标

1. 理解机械间隙的作用；
2. 掌握间隙调整的基本结构。

二、技能目标

1. 会分析机床的托板间隙调整机构；
2. 能调整大、中、小托板间隙。

任务描述

通过认识机械间隙的作用，分析及熟悉机床的托板间隙调整机构，并进行相关操作。

必备知识

一、间隙的作用

（1）使运动副的零件能相对运转，实现做功或发挥功能。如齿轮副的齿轮间有一定的间隙才能转动；离合器片间有一定的间隙才能使离合器能正常离、合；制动器的制动鼓和制动闸皮之间的合理间隙是保证制动良好的必要条件之一。

（2）使零件间可以存油（脂），从而保证润滑，减小运动阻力和磨损。

（3）使零件有热膨胀的余地。如铝合金活塞（ϕ100 mm）温度上升100℃会膨胀0.222 mm，实际上运行的铝合金活塞温度可达250℃~300℃，所以内燃机中的缸套和铝合金活塞间应留有0.7~1.0 mm的间隙，否则会发生烧结现象。

（4）保持密封性。对静密封和动密封的零件而言，必须有合适的间隙（装配紧度）才能防止油（气）泄漏。

应当指出，这里指的间隙是合理的间隙，间隙超、差（过大或过小）都会带来不良的后果。间隙过小会使上述作用不能实现；间隙过大则会使零件产生松旷、振动、偏磨、磨损加剧、断裂、运动精度下降等恶果。

二、间隙超差的原因

1. 制造误差

生产厂制造运动副的配合件时，其间隙超差。

2. 装配误差

生产厂或修理厂在装配运动副的配合件时，其间隙超差。

3. 磨损

零件磨损是造成间隙增大的主要原因之一。造成零件磨损的原因有很多，可运用弹性力学理论和大量试验数据，得出工程机械工作装置运动副磨损速度的计算公式。对运动副的磨损可以进行定性分析。

以轴套—轴这一运动副为例进行分析。运动副零件的磨损速度与零件的运动速度及相对压力、振动力、润滑情况、零件材质、零件表面粗糙度和硬度等因素有关，在缺油、油中杂质（磨料）过多、零件表面加工粗糙度过大、硬度过小、振动力大等情况下，零件的磨损会加快，使运动副的零件间隙超差。

4. 超负荷运行

工程机械超负荷运行，运动副的零件过热，其零件热膨胀过大，间隙会瞬时过小，此时极易发生机械事故，如烧粉、咬死等。在机械恢复正常运行时，运动副零件间隙可恢复正常。

5. 锈蚀

当维护保养不良（特别是在潮湿环境作业的工程机械）时，运动副产生锈斑。当锈斑黏结时，间隙变小，脱落后间隙变大。

6. 变形

运动副的零件在冲击、振动等外力作用下变形过大时，会使零件间隙过大或过小。

7. 杂物堵塞

因装配、维修保养时误使杂物（铁屑、泥沙等）黏附在零件间隙中，或润滑油（脂）中混有杂物，都会使零件间隙产生变化。

三、减少间隙超差的措施

对于零件间隙超差的零件,可以从设计、制造、使用和维修四个环节采取措施。

1. 设计结构优良的运动副

结构优良的运动副应具备下列条件:

（1）便于加油且易在摩擦面形成油膜。

（2）能顺利地排除磨屑及摩擦而产生的热量。

（3）较好地防灰尘。

（4）具有较小的接触应力。

2. 改进润滑结构

举例说明,普通的铲斗与斗杆的轴—轴套运动副、履带销—履带板孔运动副采用敞开式结构。俄罗斯设计了一种密封式结构,可防止灰尘和杂质进入,又利于存油,从而减小了运动副配合件的磨损,使间隙不易超差。据介绍,以液压挖掘机的铲斗与斗杆的轴—轴套运动副为例,密封式的磨损速度仅为敞开式的1/3~1/4,保养费用降低了10%~15%。

3. 运动副配合件材质合理匹配

运动副配合件的材质不同,其磨损速度也不同。苏联亚历山大煤炭联合体的挖掘机斗链,原采用55号钢制销子,65号锰钢做配套,后改用高强度铸铁制销套。由于高强度铸铁中的球状石墨,在钢销不大的压力作用下会产生塑性变形,并沿摩擦表面生成石墨间层。这种石墨间层面积的加大,降低了摩擦表面相互间的直接作用,从而降低了磨损,故使用寿命较以前提高了1.25倍。因此,在设计轴—轴瓦、齿轮副等运动副时,应根据其工况等参数,正确选定配合件的材质及以后热处理的硬度值。

4. 合理使用

统计资料表明,没有按规定进行磨合的工程机械,导致运动副零件严重磨损而使间隙早期超差,一般会使机械寿命缩短20%~40%。所以,使用新的或大修后的机械设备,要按要求进行规定的磨合和走合后才可满负荷作业。另外,应严禁超载,适时转动（或更换位置）偏磨件,使各部分磨损均衡,以防止间隙早期超差。

5. 恰当选用润滑油（脂）

工程机械的各种运动副,由于工况和所处环境不同,所以必须选用不同性质的润滑油（脂）。如露天作业的敞开式运动副,在作业时会受到雨淋或有时在水中作业,这类运动副则不能选用耐水性差的钠基润滑脂,而应选用钙基或锂基脂。此外,性能优良的新型润滑油,如二硫化钨、钼等润滑油脂可供用户来选用,以提高润滑效果,降低运动副零件的磨损速度。

6. 加强维修管理

（1）推行预防维修,防故障于未然。

（2）推行改善性修理,改进运动副的结构。

（3）成套更换配合件。在更换配合件（齿轮副、缸套—活塞等）时,一些施工单位往往只更换磨损严重的一只,对磨损较轻（已超差）的一只不更换,结果修后运动副的间隙达不到规定的要求,新、旧件均超差磨损。

（4）注意加工工艺的不同。如修理日产发动机时应注意日产发动机轴瓦的更换工艺与我国不同。当轴瓦与曲轴轴颈的间隙超差时，我国采用以轴颈（含磨削后的轴颈）为基准件，用手工（或撞瓦机）刮研轴瓦来保证轴颈和轴瓦的标准间隙；而日本则采用以轴瓦为基准件，即通过磨削轴颈到标准或缩小的尺寸，再配以无须刮研的标准轴瓦或缩小尺寸的轴瓦，所以又称为不撞瓦工艺。与刮瓦工艺相比，装配工艺精度高，工效也高。另外，若将其铜铅合金轴瓦表面极薄的"铟"金属层刮去，轴瓦就会报废。

四、恢复合理间隙的方法

当运动副配合件的间隙超差时，可采用下列方法恢复到合理的间隙：堆焊、镶套、电镀、刷镀、氧乙炔喷焊、喷涂、喷胶、电化学沉积、抗磨自润滑胶膜、选配法等。如日立建机产的 EX 系列液压挖掘机适用于抽取垫片法。EX 系列液压挖掘机的斗杆和铲斗铰接结构的间隙采用可调结构，当斗杆与铲斗铰接处侧壁磨损后，只需拆下护板，视磨损量抽出 1~2 片垫片，然后旋紧调节螺栓，衬套随之右移，铲斗和斗杆侧壁间隙恢复正常即可。

五、间隙调整设计案例

在机械结构中，经常有严格的配合间隙要求，这种间隙只靠加工精度保证是难以实现的，即使能够实现也是不经济的。这里有一种泵产品（见图 4-1），叶轮的前盖板设计成单独一个零件，称为耐磨板，泵在运行时叶轮旋转而耐磨板静止，二者之间的间隙是必需的。由于此间隙的存在，必然降低泵的容积效率。为了提高泵的运行效率，总希望二者之间的间隙越小越好。间隙小可提高泵的效率，但会给制造增加困难。又由于零部件几何误差的存在，间隙太小会引起摩擦，所以在设计中要求二者之间的间隙为 0.2~0.3 mm。大于此间

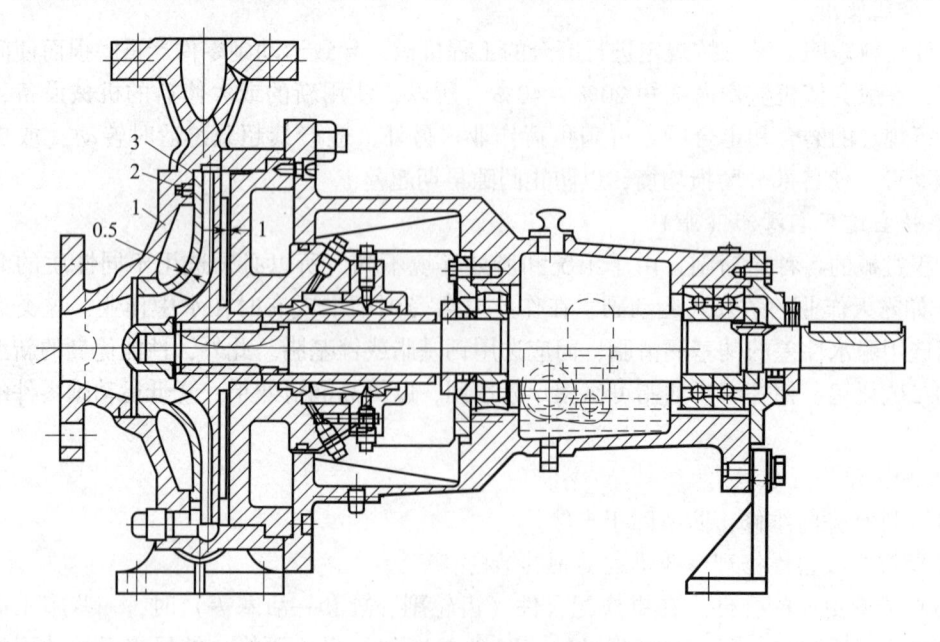

图 4-1 泵
1—泵体；2—固定螺钉；3—耐磨板

隙，泵的效率会急剧下降，小于此间隙又极易发生摩擦。只靠提高泵零部件的制造精度来保证此间隙不现实也不经济，设计间隙调整机构是明智的选择。有了间隙调整机构，零部件的加工精度可以降低，而间隙却能很容易地达到设计要求。根据泵的大小和结构形式的不同，设计了以下三种调整结构。

1. 六点调整结构

六点调整结构，如图4-2所示。在耐磨板的非工作面上，圆周均布加工三个螺纹孔，在泵体上与耐磨板相对应的部位加工三个通孔，其直径比螺纹孔的公称直径大1 mm即可，以方便螺钉穿过。在泵体上三个通孔的同一圆周上，均布加工三个螺纹孔，三个螺纹孔与三个通孔相间布置。在泵体的三个螺纹孔上各安装一个调整螺钉，在耐磨板的三个螺孔上也各安装一个螺钉，耐磨板与泵体安装之后的形式如图4-2所示。调整方法：如果想减小叶轮和耐磨板之间的间隙，则先松开向后和向前调整螺钉上的固定螺母，转动三个向前调整螺钉，即可将耐磨板向前移，当到达期望的间隙后，锁紧固定螺母，然后转动向后调整螺钉上的固定螺母，将耐磨板向后拉，向后拉不会改变耐磨板的位置，只是使耐磨板更稳定。这样耐磨板就有三个螺钉向前顶、三个螺钉向后拉，从而将其固定在理想位置。

由于叶轮和耐磨板之间的间隙不好测量，所以在调整间隙时一般是先用三个向前调整螺钉将耐磨板顶死（耐磨板和叶轮叶片接触），然后根据要求的间隙，反向转动向前调整螺钉，根据螺纹的螺距和耐磨板与叶轮叶片之间要求的间隙，确定向前调整螺钉反向转动的角度。比如间隙要求调整到0.3 mm，向前调整螺钉的螺距是1.5 mm，那么向前调整螺钉反向转动的角度为72°，反向转动后，向前调整螺钉和耐磨板之间便形成了0.3 mm的间隙，然后用固定螺母将向前调整螺钉锁紧。向前调整螺钉固定之后，转动向后调整螺钉上的固定螺母（此时向后调整螺钉不许转动），将耐磨板向后拉，直至无法转动为止，最后用固定螺母锁紧，保证了间隙0.3 mm的要求。这种调整方法结构简单，调整方便。

2. 螺套调整结构

这种结构（见图4-3）是将向前调整螺钉与向后调整螺钉组合到一起，用调整螺套代替了向前调整螺钉部分，使其结构更加紧凑。调整螺套一端的外表面有螺纹，中间为光孔，外螺纹与泵体上的螺纹孔匹配，中间孔可使调整螺钉穿过。工作原理是转动调整螺套可使耐磨板向前移动，固定螺母通过调整螺钉可使耐磨板向后移动，从而达到调整耐磨板间隙的目的。调整时先松开固定螺母，转动调整螺套，使耐磨板向前移动直至和叶轮接触，然后根据要求的间隙和螺套的螺距，反向转动调整螺套，确定反向转动的角度与六点式调整结构确定方法相同。然后旋转固定螺母，通过调整螺钉将耐磨板向后拉，直至无法转动为止。需要注意，在转动固定螺母时，要控制调整螺钉和调整螺套不要同时转动。这种调整结构本质与六点式结构相同，只是结构更紧凑、外形更美观。

3. 螺钉调整法

这种调整结构（见图4-4和图4-5）主要是由一个特制的调整螺钉来实现的。特制的调整螺钉中部有一凸台肩，调整螺钉一端旋入耐磨板，和耐磨板的螺纹孔成间隙配合，调整螺钉在耐磨板的螺孔内应转动灵活且不允许有太大的间隙，否则会影响调整精度。泵体上对应加工三个光孔，供调整螺钉穿过。调整间隙时，首先松开固定螺母，然后转动调整螺钉，调

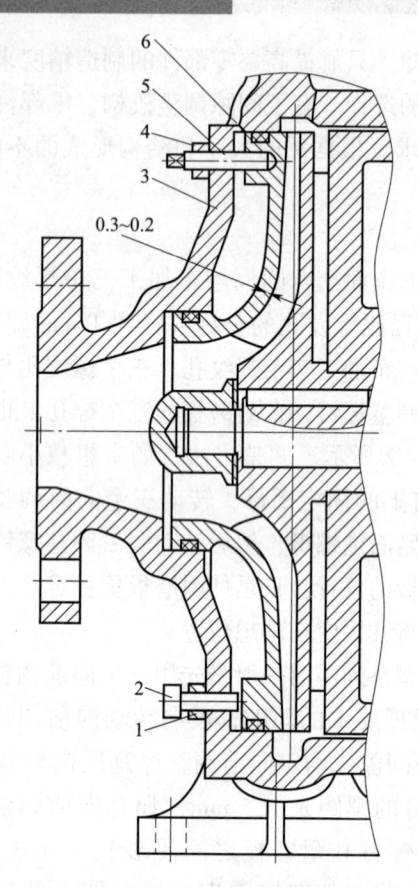

图 4-2 六点调整结构
1,4—固定螺母；2—向前调整螺钉；3—泵体；
5—向后调整螺钉；6—耐磨板

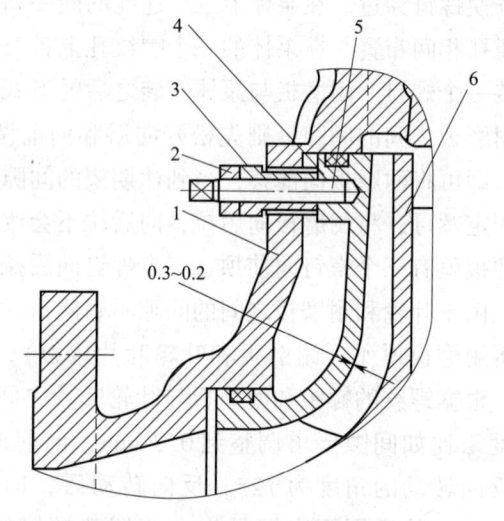

图 4-3 螺套间隙调整结构
1—泵体；2—固定螺母；3—调整螺套；
4—耐磨板；5—调整螺钉；6—叶轮

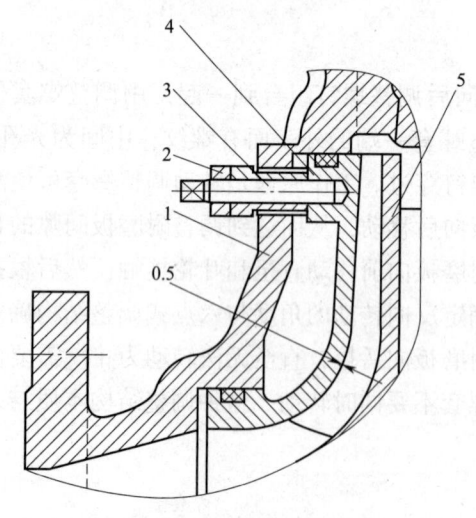

图 4-4 螺钉调整结构（减小耐磨板间隙调整状态）
1—泵体；2—固定螺母；3—调整螺钉；
4—耐磨板；5—叶轮

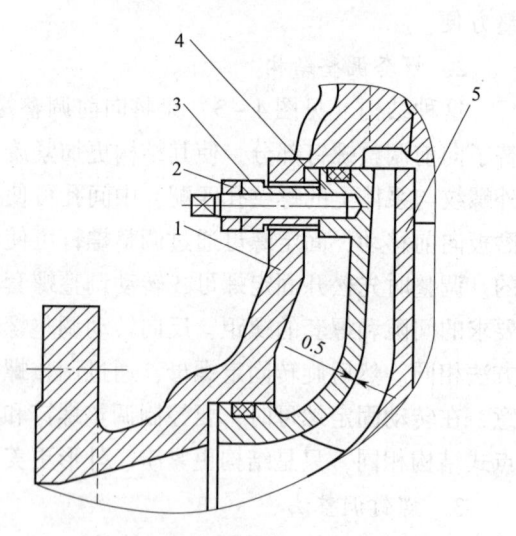

图 4-5 螺钉调整结构（增大耐磨板间隙调整状态）
1—泵体；2—固定螺母；3—调整螺钉；
4—耐磨板；5—叶轮

整螺钉上的凸台肩和泵体接触后，继续转动，调整螺钉就将耐磨板向前移，当达到要求的间隙后，锁紧固定螺母，调整完成后的状态如图 4-4 所示。加大间隙的调整，也要先松开固定螺母，反向转动调整螺钉，使调整螺钉旋入耐磨板，调整螺钉上的凸台肩离开泵体后，（见图 4-5），转动固定螺母（此时调整螺钉不能转动），通过调整螺钉就将耐磨板拉动后移。当间隙达到要求后，反向转动调整螺钉，使调整螺钉从耐磨板中后退（此时耐磨板并不动），当调整螺钉上的凸台肩和泵体接触后，调整螺钉停止转动（此时如果继续转动调整螺钉将拉动耐磨板向后移动），锁紧固定螺母，间隙调整完成。这种调整结构外形最美观，但调整过程也最复杂，要有一定的实践经验方能达到理想的调整效果。

各种结构都能实现对耐磨板的间隙调整，应根据配合零部件的实际形状、大小和操作工人的技术水平，选择最合适的结构形式。

任务实施

一、分析图 4-6（序号解释说明见表 4-1）、图 4-7（序号解释说明见表 4-2），并进行现场观察，回答下面的问题。

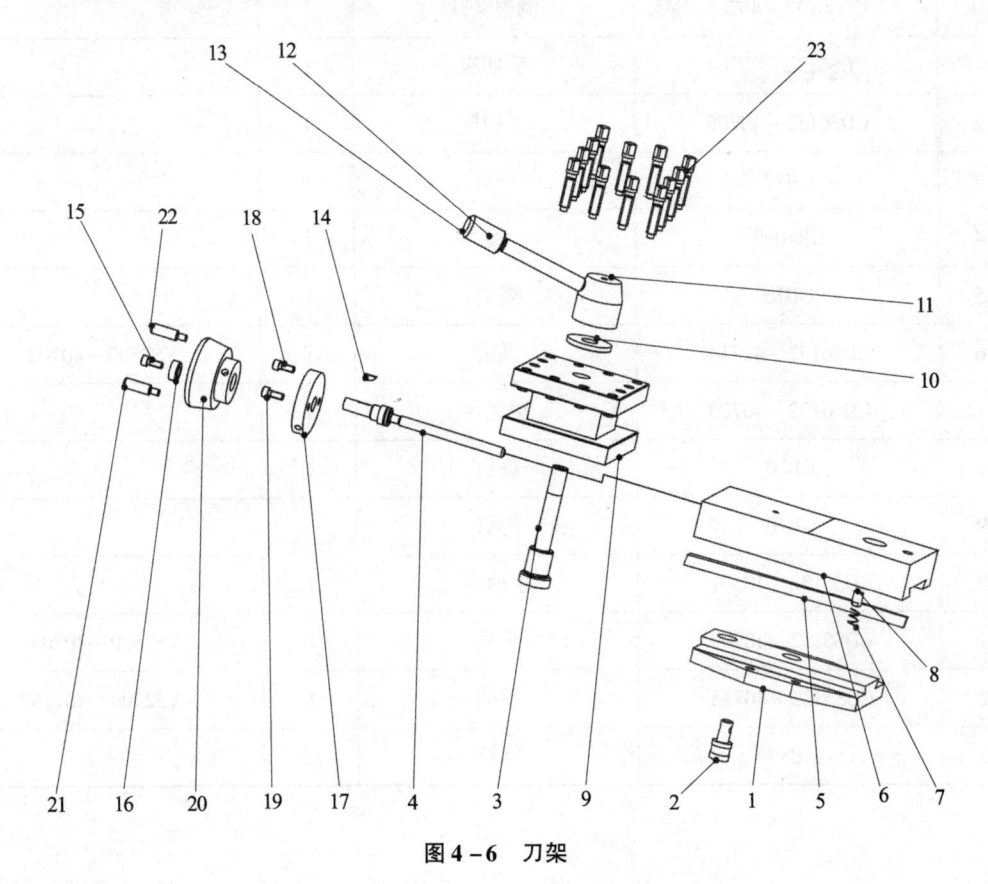

图 4-6 刀架

表 4-1 序号解释说明（图 4-6）

序号	零件编号	零件名称	数量	备注
1	CDS6132-40102	转盘	1	CDS6132用
2	CDS6132-40114	螺母	1	英制
3	CDS6132-40702	刀架螺钉	1	
4	CDS6132-40713	丝杠	1	英制
	CDS6132-40703	丝杠	1	公制
5	CDS6132-40115	镶条	1	
6	CDS6132-40101	滑板	1	
7	GB2089	弹簧	3	
8	CDS6132-40706	定位销	1	
9	CDS6132-40701	方刀架	1	
10	CDS6132-40705	调整垫片	1	
11	CDS6132-40704	手柄座	1	
12	CDS6132-40708	手柄杆	1	
13	GB77	螺钉	1	
14	GB1099	键	1	
15	GB70	螺钉	1	
16	CDS6132-40714	压套	1	VS2500—40702
17	CDS6132-40103	法兰盘	1	
18	GB70	螺钉	1	
19	GB70	螺钉	1	
20	CDS6132-40501	手柄座	1	
21	CDS6132-40709	手柄	1	VS2500—40709
22	CDS6132-40715	手柄	1	VS2500—40715
23	GB83	螺钉	12	

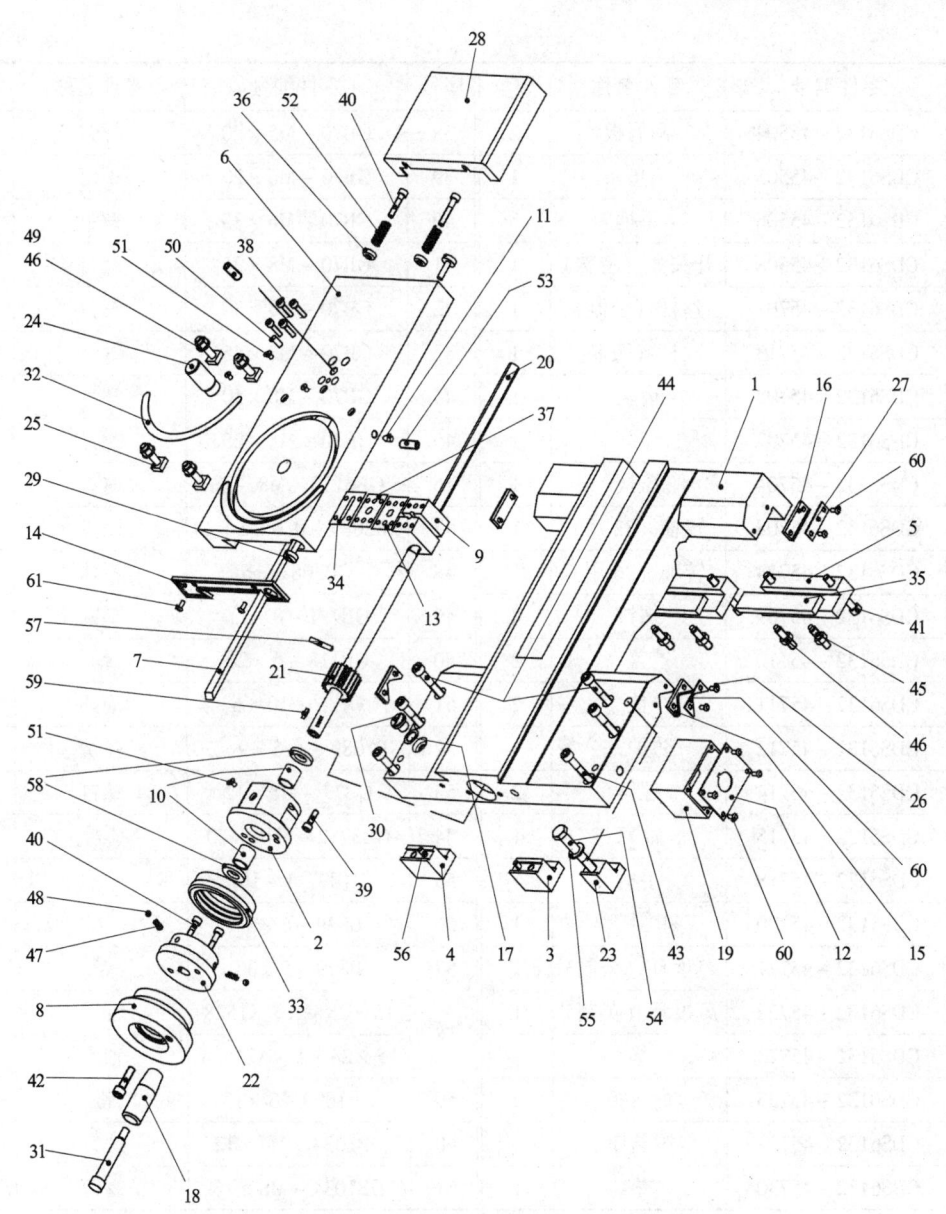

图 4-7　床鞍

表 4-2　序号解释说明（图 4-7）

序号	零件编号	零件名称	数量	序号	零件编号	零件名称	数量
1	CDS6132-45101	床鞍	1	9	CDS6132-45301	螺母（公制）	1
2	CDS6132-45102	支座	1		CDS6132-45307	螺母（英制）	1
3	CDS6132-45103	前压板	1	10	CDS6132-45305	轴套	2
4	CDS6132-45104	前压板	1	11	CDS6132-45306	销	1
5	CDS6132-45105	后压板	2	12	CDS6132-45308	标牌（特殊）	1
6	CDS6132-45106	滑板	1	13	CDS6132-45309	垫	1
7	CDS6132-45107	镶条	1	14	CDS6132-45502	刮屑板	1
8	CDS6132-45108	手轮	1	15	CDS6132-45503	刮屑板	2

续表

序号	零件编号	零件名称	数量	序号	零件编号	零件名称	数量
16	CDS6132-45504	刮屑板	2	38	GB70-M5×20	螺钉	4
17	CDS6132-45505	垫	1	39	GB70-M6×20	螺钉	2
18	CDS6132-45506	手柄	1	40	GB70-M6×35	螺钉	4
19	CDS6132-45508	开关盒（特殊）	1	41	GB70-M8×25	螺钉	4
20	CDS6132-45701	丝杠（公制）	1	42	GB70-M8×30	螺钉	1
20	CDS6132-45713	丝杠（英制）	1	43	GB70-M8×45	螺钉	4
21	CDS6132-45702	齿轮	1	44	GB70-M8×50	螺钉	2
22	CDS6132-45703	套	1	45	GB70-M8×25	螺钉	1
23	CDS6132-45704	压板	1	46	GB6170-M8-Zn	螺母	8
24	CDS6132-45708	转轴（32用）	1	47	GB2089-0.6×5×14	弹簧	3
24	CDS6132-45724	转轴（36用）	1	48	GB308-φ6	钢球	3
25	CDS6132-45709	螺钉	4	49	GB7.1-8-Zn	垫圈	4
26	CDS6132-45710	盖	2	50	GB118-6×26	销	1
27	CDS6132-45711	盖	2	51	OC-0010-6	油杯	4
28	CDS6132-45712	防护罩	1	52	GB2089-1.6×9×30	弹簧	2
29	CDS6132-45714	螺钉	2	53	GB77-M8×12	螺钉	1
30	CDS6132-45715	油塞	1	54	GB5782-M10×70	螺栓	1
31	CDS6132-45718	手柄	1	55	GB97.1-10	螺栓	1
32	CDS6132-45720	刻度标牌	1	56	B879-6×35	销	2
33	CDS6132-45721	刻度环（公制）	1	57	B879-5×35	销	2
33	CDS6132-45722	刻度环（英制）	1	58	15×28-A×K1528	轴承	2
34	CDS6132-45723	垫	1	58	15×28×1-AS1528	轴承	4
35	CDS6132-45725	后压板	2	59	GB1099-3×13	键	1
36	CDS6132-45727	弹簧座	2	60	DB1034-M4×12	螺钉	12
37	CDS6132-45730	垫	1	61	DB1034-M6×16	螺钉	2

1. 说说图4-6中10（调整垫片）的作用。

2. 观察图4-6中5（镶条）的结构特点，说说为什么要这样设计。

3. 观察图4-7中7（镶条）的结构特点，说说为什么要这样设计。

4. 说说图 4-7 中 35（压板）的作用。

二、调整托板间隙

1. 分别观察大托板、中托板、小托板的松紧程度。
2. 从结构图分析各托板间隙的调整方法。
3. 试一试将各托板分别调松和调紧。
4. 按照使用要求将各托板调试至合适松紧。

任务评价

根据表 4-3，对任务的完成情况进行评价。

表 4-3 成绩评定

项次	项目和技术要求	实训记录	配分	自我评价	小组评价	教师评价
1	正确回答任务实施第一部分中的问题 1、2		15			
2	正确回答任务实施第一部分中的问题 3、4		15			
3	能正确将各托板调松、调紧		20			
4	调试各托板到合适松紧		2			
5	现场 5S 规范		20			
6	团队合作精神		20			
小计						
总计						

注：自我评价占 30%，小组评价占 30%，教师评价占 40%

总结提高

列出在本任务中认识的专业词汇、学习到的知识点、会使用的工具、掌握的技能。

1. 新的专业词汇。

2. 新的知识点。

3. 新的工具。

4. 新的技能。

项目拓展

一、看图认识溜板箱的结构

溜板箱的结构如图4-8所示，其序号解释说明见表4-4。

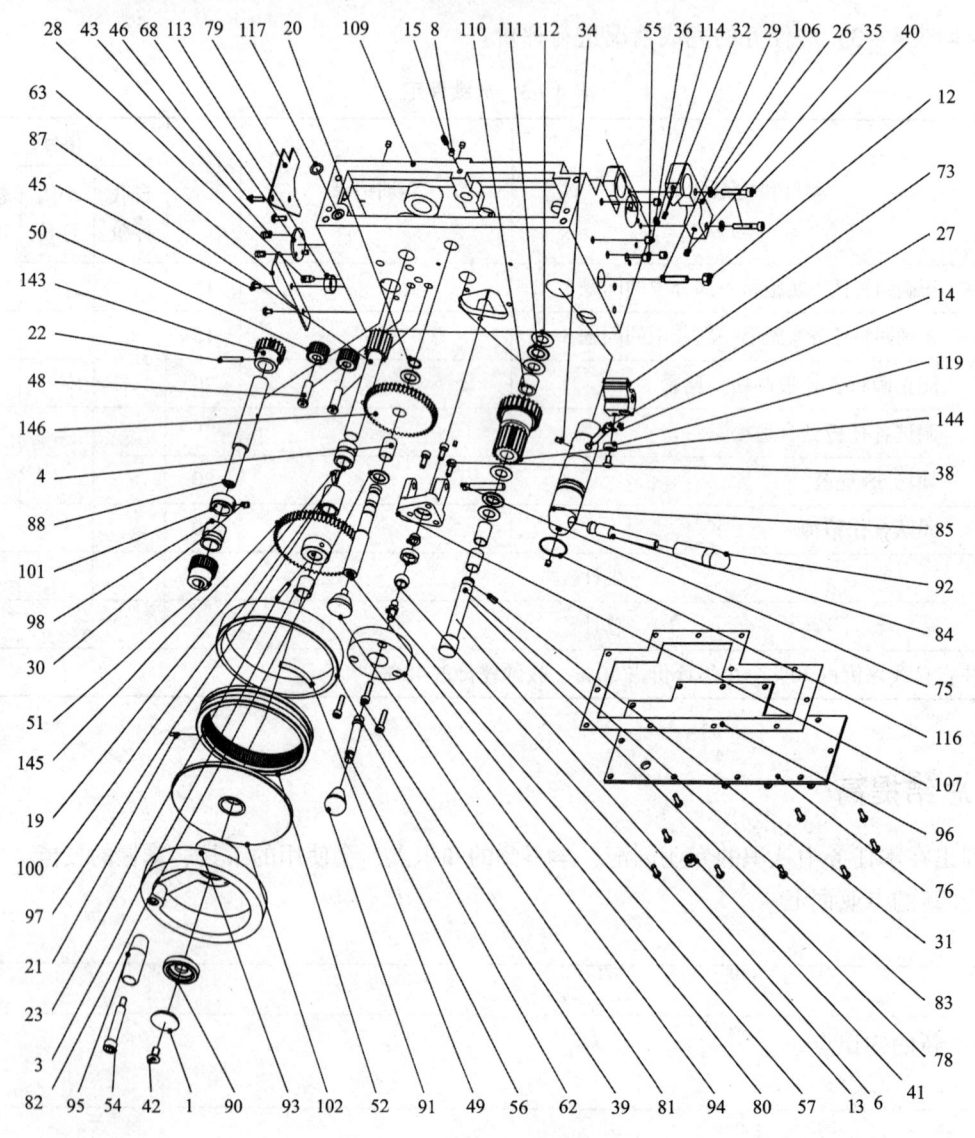

图4-8 溜板箱

项目4 车床大、中、小托板间隙调整

图 4-8 溜板箱（续）

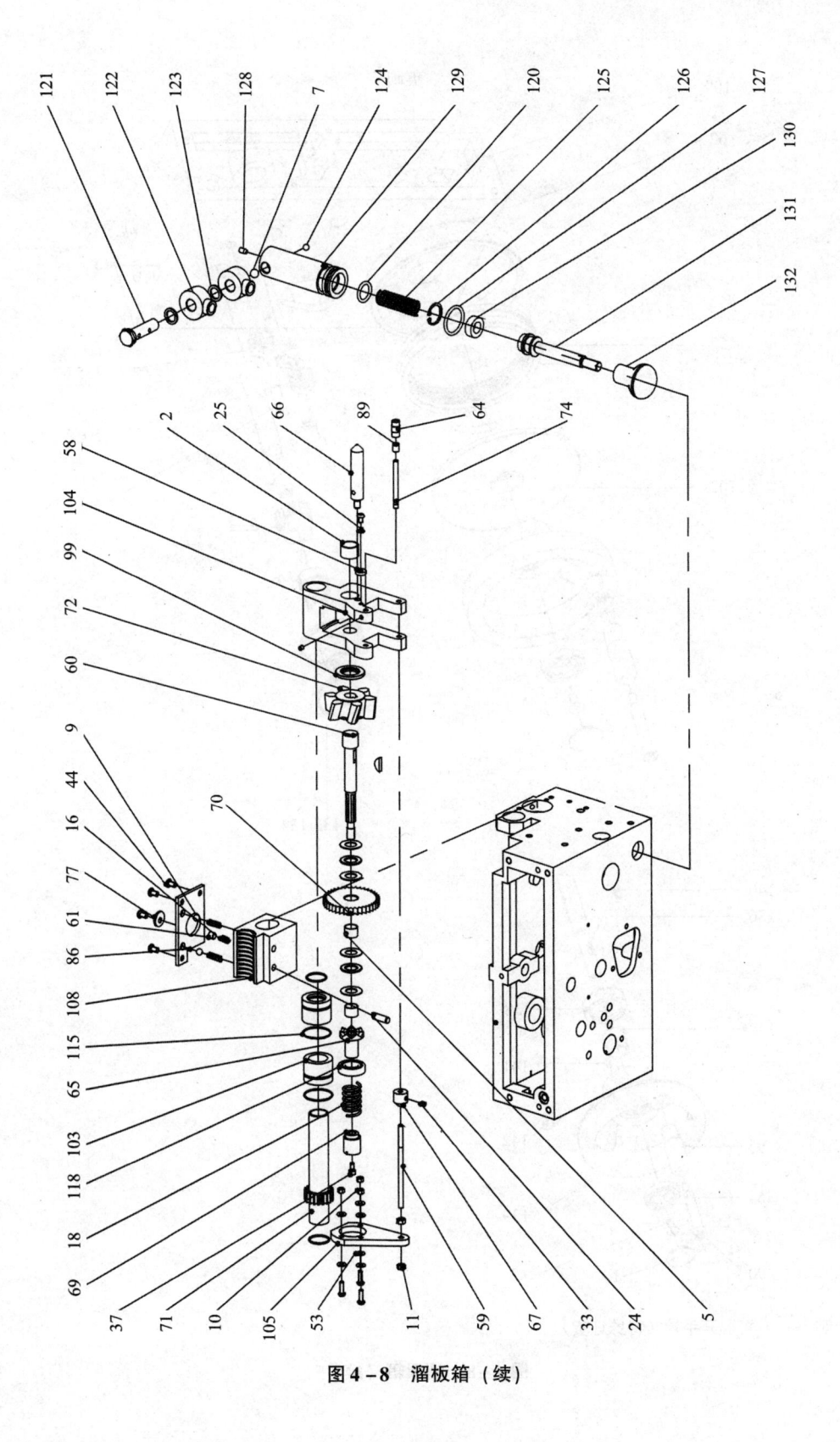

077

英制

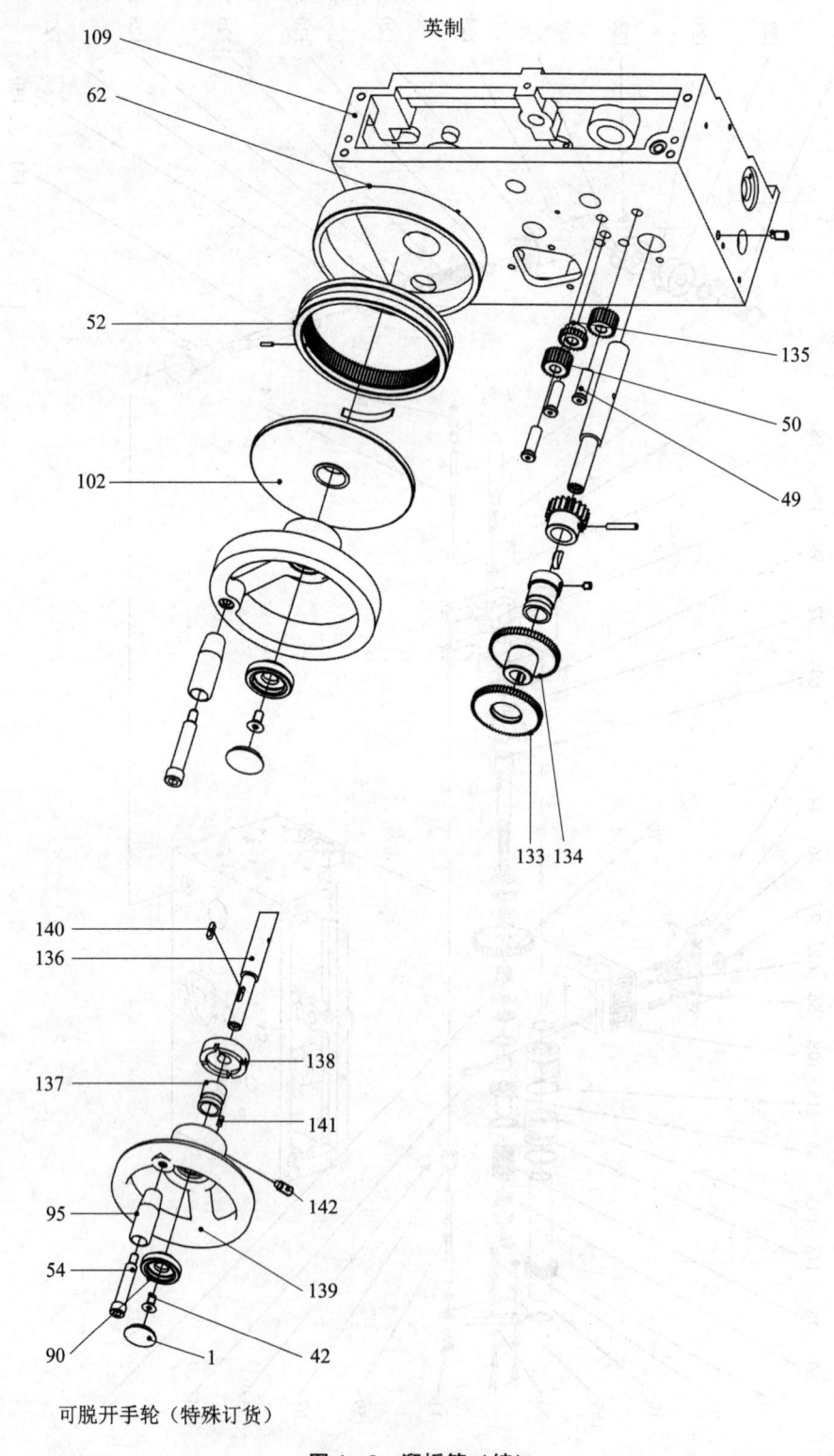

可脱开手轮（特殊订货）

图 4-8　溜板箱（续）

表4-4 序号解释说明（图4-8）

序号	零件编号	零件名称	数量	序号	零件编号	零件名称	数量
1	CDS6132-00509	标牌	1	26	6-Zn；GB97.1	挡圈	2
2	SF-1-2015	套	1	27	M8×40；GB85	螺钉	1
3	SF-1-1820	套	1	28	M8×16；GB79	螺钉	1
4	SF-1-1525	套	3	29	M8×35；GB79	螺钉	1
5	SF-1-1512	套	2	30	M6×8；GB78	螺钉	4
6	12×22×10×7；GE12E	关节轴承	1	31	M6×16；GB78	螺钉	1
7	7；GB308-64	钢球	1	32	M4×6；GB77	螺钉	2
8	6；GB308-64	钢球	1	33	M5×6；GB77	螺钉	2
9	8；GB308-64	钢球	2	34	M5×8；GB77	螺钉	1
10	M5-Zn；GB6170	螺母	3	35	M6×6；GB77	螺钉	1
11	M6-Zn；GB6170	螺母	2	36	M8×8；GB77	螺钉	3
12	M8-Zn；GB6170	螺母	1	37	M5×10；GB70	螺钉	1
13	25×1.8；GB3452.	密封圈	2	38	M6×16；GB70	螺钉	3
14	0.8×5×10；GB2089	弹簧	1	39	M6×25；GB70	螺钉	3
15	0.8×5×19；GB2089	弹簧	1	40	M6×35；GB70	螺钉	2
16	1×6×17；GB2089	弹簧	1	41	Z1/4；G38-3A	油塞	1
17	1×6×28；GB2089	弹簧	2	42	M8×16；DB1035	螺钉	1
18	2.5×22×52；GB2089	弹簧	1	43	M4×8；DB1035	螺钉	2
19	5×19；GB1099	键	2	44	M6×10；DB1034	螺钉	5
20	15；GB894.1	挡圈	1	45	M5×10；DB1034	螺钉	3
21	3×12；GB879	销	1	46	M6×10；DB1034	螺钉	17
22	5×30；GB879	销	1	48	CDS6132-26766	轴	2/3
23	3×35；GB879	销	1	49	CDS6132-26765	弹簧	1
24	B8×24；GB120	销	1	50	CDS6132-26764	齿轮	2
25	5-Zn；GB97.1	挡圈	2	51	CDS6132-26763	齿轮	1

续表

序号	零件编号	零件名称	数量	序号	零件编号	零件名称	数量
52	CDS6132-26760	内齿轮	1	75	CDS6132-26726	销	1
53	CDS6132-26753	垫圈	6	76	CDS6132-26725	底座	1
54	CDS6132-26752	手柄	1	77	CDS6132-26724	挡圈	1
55	CDS6132-26751	1/8 堵	1	78	CDS6132-26722	垫	1
56	CDS6132-26750	手柄杆	1	79	CDS6132-26721	挡板	1
57	CDS6132-26749	球面螺栓	1	80	CDS6132-26720	轴	1
58	CDS6132-26748	垫圈	1	81	CDS6132-26719	手柄	1
59	CDS6132-26747	螺柱	1	82	CDS6132-26718	垫圈	2
60	CDS6132-26746	轴	1	83	CDS6132-26716	销	1
61	CDS6132-26743	销轴	1	84	CDS6132-26715	手柄杆	1
62	CDS6132-26742	刻度环（公制）	1	85	CDS6132-26714	半开螺母操纵轴（右）	1
62	CDS6132-26744	刻度环（英制）	1	85	CDS6132-26713	半开螺母操纵轴（左）	1
63	CDS6132-26741	挡板	1	86	CDS6132-26711	连接盘（右）	1
63	CDS6132-26745	挡板	1	86	CDS6132-26710	连接盘（左）	1
64	CDS6132-26740	隔套	1	87	CDS6132-26706	齿轮轴	1
65	CDS6132-26737	离合器	1	88	CDS6132-26704	手轮轴	1
66	CDS6132-26736	锁销	1	89	CDS6132-26703	隔套	1
67	CDS6132-26735	轴环	1	90	CDS6132-26701	隔套	1
68	CDS6132-26734	盖	1	91	CDS6132-26507	手柄	1
69	CDS6132-26733	螺母	1	92	CDS6132-26505	手柄	1
70	CDS6132-26732	齿轮	1	93	CDS6132-26504	手轮	1
71	CDS6132-26731	进给齿轮轴	1	94	CDS6132-26503	盖	1
72	CDS6132-26730	螺旋齿轮	1	95	CDS6132-26502	手柄	1
73	CDS6132-26729	拨杆（右）	1	96	CDS6132-26501	垫	1
73	CDS6132-26728	拨杆（左）	1	97	CDS6132-26306	衬套	1
74	CDS6132-26727	定位销	1	98	CDS6132-26305	衬套	1

续表

序号	零件编号	零件名称	数量	序号	零件编号	零件名称	数量
99	CDS6132-26302	隔垫	1	121	20B000018	螺栓	1
100	CDS6132-26301	衬套	1	122	180510418	万向头	2
101	CDS6132-26114	套	1	123	48-0213-01	铜垫	3
102	CDS6132-26113	法兰盘	1	124	5；GB308-64	钢球	1
103	CDS6132-26112	轴承盖	2	125	1.2×12×75；GB2089	弹簧	1
104	CDS6132-26111	蜗杆座（右）	1	126	18；GB893.1	挡圈	1
104	CDS6132-26110	蜗杆座（左）	1	127	21.6×2.4	"O"形密封圈	1
105	CDS6132-26115	盘（右）	1	128	CDS6132-26303	柱销	1
105	CDS6132-26109	盘（左）	1	129	CDS6132-26739	泵体	1
106	CDS6132-26108	丝杠托架（右）	1	130	CDS6132-26723	挡圈	1
106	CDS6132-26107	丝杠托架（左）	1	131	CDS6132-26738	活塞	1
107	CDS6132-26106	支座	1	132	CDS6132-26506	手柄	1
108	CDS6132-26105	半开螺母（英制）	1	133	CDS6132-26769	齿轮	1
108	CDS6132-26104	半开螺母（公制）	1	134	CDS6132-26768	齿轮	1
109	CDS6132-26102	溜板箱体（右）	1	135	CDS6132-26767	齿轮	1
109	CDS6132-26101	溜板箱体（左）	1	136	CDS6132-26780	手轮轴	1
110	CDS6132-26708	套	1	137	CDS6132-26781	套	1
111	AXK-1528	轴承	4	138	CDS6132-26782	套	1
112	AS-1528	轴承垫	8	139	CDS6132-26116	手柄	1
113	7/8；WA-0010	油窗	1	140	5×20；GB1096	键	1
114	6.3×2	"O"形密封圈	1	141	A5×12；GB119	销	1
115	35.1×1.6	"O"形密封圈	2	142	M10；FS-0048	钢球螺钉	1
116	32.1×1.6	"O"形密封圈	1	143	CDS6132-26705	齿轮	1
117	11.6×2.4	"O"形密封圈	1	144	CDS6132-26709	齿轮	1
118	17×35×8；16003	轴承	1	145	CDS6132-26707	齿轮	1
119	5×16×5；625	轴承	1	146	CDS6132-26717	齿轮	1
120	13.6×2.4	"O"形密封圈	1				

二、看图认识进给箱的结构

进给箱的结构如图4-9（序号解释说明见表4-5）、图4-10（序号解释说明见表4-6）和图4-11（序号解释说明见表4-7）所示。

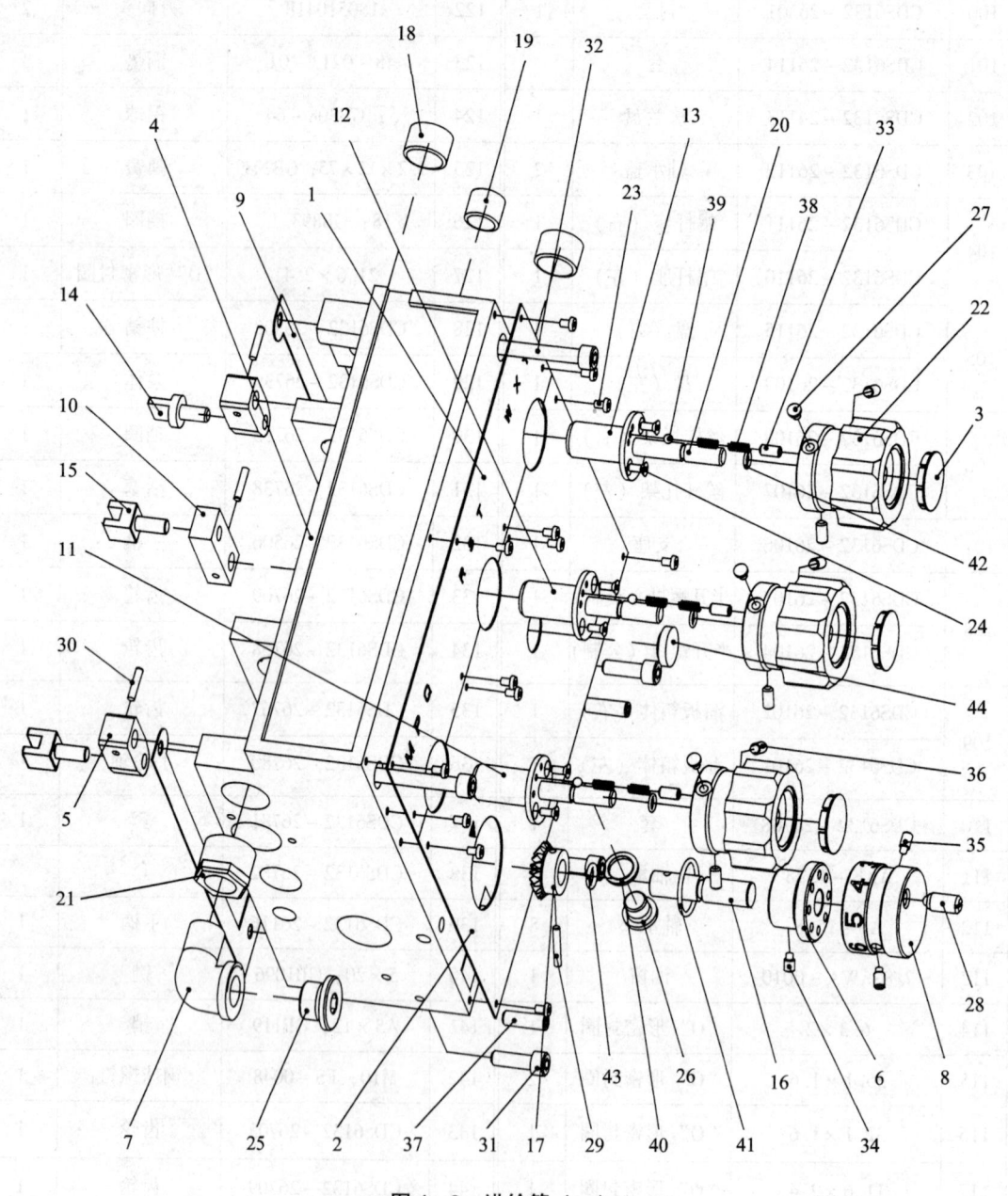

图4-9 进给箱（一）

表4–5 序号解释说明（图4–9）

序号	零件编号	零件名称	数量	序号	零件编号	零件名称	数量
1	CDS6132-00309	进给标牌	1	23	M4×6；DB1034	螺钉	13
2	CDS6132-00310	进给标牌	1	24	M4×10；DB1035	螺钉	6
3	CDS6132-00509	盖	3	25	G1/2；DB1673	油塞	1
4	CDS6132-27101	进给箱体	1	26	G1/4；DB1673	油塞	1
5	CDS6132-27102	拨杆	2	27	ED-0275	堵	3
6	CDS6132-27105	轴套	1	28	M10；FS-0048	钢球螺钉	1
7	CDS6132-27106	管接头	1	29	4×24；FT-0180	螺旋弹簧销	1
8	CDS6132-27301	刻度手轮	1	30	4×20；FT-0150	螺旋弹簧销	3
9	CDS6132-27501	垫	1	31	M8×25；GB70	螺钉	3
10	CDS6132-27701	拨杆	1	32	M8×65；GB70	螺钉	2
11	CDS6132-27702	轴套	1	33	M6×12；GB77	螺钉	6
12	CDS6132-27703	轴套	1	34	M6×10；GB79	螺钉	1
13	CDS6132-27704	轴套	1	35	M6×12；GB79	螺钉	2
14	CDS6132-27705	拨块	1	36	M6×16；GB79	螺钉	3
15	CDS6132-27706	拨块	2	37	A8×26；GB118	销	2
16	CDS6132-27709	小轴	1	38	0.8×4×15；GB2089	弹簧	6
17	CDS6132-27716	伞齿轮	1	39	5；GB308-64	钢球	3
18	CDS6132-27726	堵	2	40	14；JB982	垫圈	1
19	CDS6132-27727	堵	1	41	27.6×2.4；O-RING	密封圈	1
20	CDS6132-27734	拨叉轴	3	42	7.1×1.6；O-RING	密封圈	3
21	CDS6132-27753	管接头	1	43	9.6×2.4；O-RING	密封圈	1
22	CDS6132-27762	旋钮	3	44	WA-0010	油窗	1

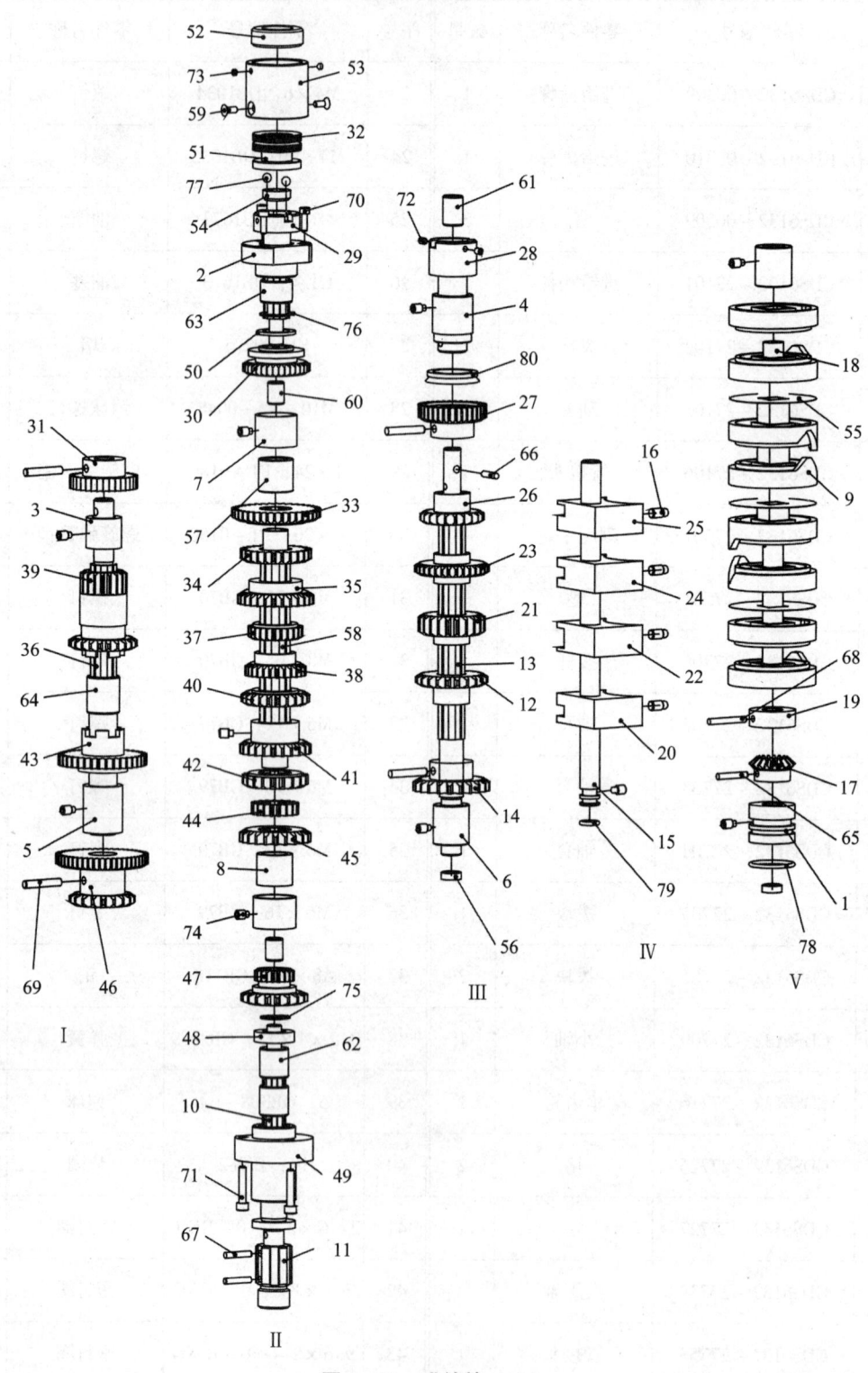

图 4-10 进给箱（二）

表4-6 序号解释说明（图4-10）

序号	零件编号	零件名称	数量	序号	零件编号	零件名称	数量
1	CDS6132-27103	轴套	1	32	CDS6132-27736	碟形弹簧	18
2	CDS6132-27104	法兰盘	1	33	CDS6132-27737	齿轮	1
3	CDS6132-27113	轴套	1	34	CDS6132-27738	齿轮	1
4	CDS6132-27114	轴套	1	35	CDS6132-27739	齿轮	1
5	CDS6132-27115	轴套	1	36	CDS6132-27740	轴	1
6	CDS6132-27117	轴套	2	37	CDS6132-27741	齿轮	1
7	CDS6132-27304	轴套	2	38	CDS6132-27742	齿轮	1
8	CDS6132-27306	轴套	1	39	CDS6132-27743	齿轮	1
9	CDS6132-27502	交挡凸轮	8	40	CDS6132-27744	齿轮	1
10	CDS6132-27707	输入轴	1	41	CDS6132-27745	齿轮	1
11	CDS6132-27708	花键套	1	42	CDS6132-27746	齿轮	1
12	CDS6132-27710	齿轮	1	43	CDS6132-27747	齿轮	1
13	CDS6132-27711	花键轴	1	44	CDS6132-27748	齿轮	8
14	CDS6132-27713	齿轮	1	45	CDS6132-27749	齿轮	1
15	CDS6132-27714	光轴	1	46	CDS6132-27750	齿轮	1
16	CDS6132-27715	小轴	1	47	CDS6132-27751	齿轮	1
17	CDS6132-27716	伞齿轮	1	48	CDS6132-27752	垫	1
18	CDS6132-27717	小轴	1	49	CDS6132-27754	套	1
19	CDS6132-27718	挡圈	1	50	CDS6132-27755	垫	1
20	CDS6132-27719	拨叉	1	51	CDS6132-27756	连接套	1
21	CDS6132-27720	齿轮	1	52	CDS6132-27757	螺母	1
22	CDS6132-27721	拨叉	1	53	CDS6132-27758	防护套	1
23	CDS6132-27722	齿轮	1	54	CDS6132-27759	套	1
24	CDS6132-27723	拨叉	1	55	CDS6132-27761	垫	3
25	CDS6132-27724	拨叉	1	56	CDS6132-27763	堵	2
26	CDS6132-27728	齿轮	1	57	CDS6132-27760/1	套	1
27	CDS6132-27729	齿轮	1	58	CDS6132-27760/2	轴	1
28	CDS6132-27730	连接套	1	59	M4×10；DB1035	螺钉	2
29	CDS6132-27731	输出轴	1	60	DU 1015	轴承套	2
30	CDS6132-27732	齿轮	1	61	DU 1220	轴承套	1
30	CDS6132-27733	齿轮	1	62	DU 1820	轴承套	2
31	CDS6132-27735	齿轮	1	63	DU 2015	轴承套	1

续表

序号	零件编号	零件名称	数量	序号	零件编号	零件名称	数量
64	DU 2025	轴承套	1	73	M4×4；GB78	螺钉	2
65	4×24；FT-0810	螺旋弹簧销	1	74	M6×10；GB79	螺钉	10
66	4×18；FT-0140	螺旋弹簧销	1	75	16；GB894.1	挡圈	1
67	4×22；FT-0170	螺旋弹簧销	2	76	19；GB894.1	挡圈	1
68	4×30；FT-0190	螺旋弹簧销	1	77	6；GB308-64	钢球	2
69	5×30；FT-0260	螺旋弹簧销	4	78	27.6×2.4；O-RING	密封圈	1
70	M4×12；GB70	螺钉	3	79	9.6×2.4；O-RING	密封圈	1
71	M5×25；GB70	螺钉	3	80	ϕ27×35×7.5；V-28A	A型V形圈	1
72	M4×6；GB77	螺钉	2				

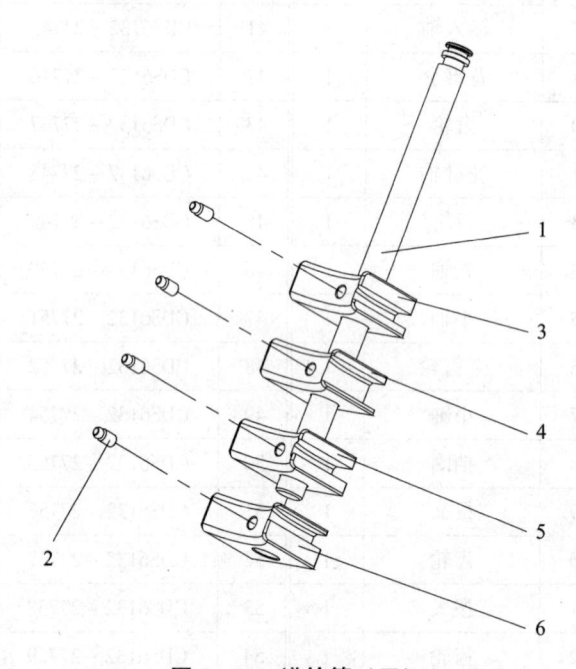

图4-11 进给箱（三）

表4-7 序号解释说明（图4-11）

序号	零件编号	零件名称	数量
1	CD6123-27714	光轴	1
2	CD6123-27715	小轴	4
3	CD6123-27719	拨叉	1
4	CD6123-27721	拨叉	1
5	CD6123-27723	拨叉	1
6	CD6123-27724	拨叉	1

项目5　机床冷却系统的拆装

在金属切削过程中，切削液起到润滑、冷却和清洗的作用，同时还具有防锈、抗腐蚀、消泡性、漆适性、抗腐蚀、无气味、无毒和无刺激性。因此，在金属切削过程中添加切削液非常重要。冷却液的加注是通过冷却系统来完成的。

项目描述

机床冷却系统通常由下列几部分组成。
（1）冷却液泵：以一定的流量和压力向切削区供给冷却液。
（2）冷却液箱：沉淀用过的并储存待用的冷却液。
（3）输液装置：管道、喷嘴等，把冷却液送到切削区。
（4）净化装置：清除冷却液中的机械杂质，使供应到切削区的冷却液保持清洁。
（5）防护装置：防护罩、挡板等，防止冷却液到处飞溅。

单独的冷却系统是采用最广泛的冷却系统，每台机床各有一套。每台机床均采用最合适的冷却液。集中的冷却系统，可用于自动线或很多机床均采用同一种冷却液的生产线。冷却液由液压泵从总冷却液箱经总管道和分配器分别输送到各机床上去，用过的冷却液由集液槽及总回液管道（通常在地下）返回总冷却箱，集中进行净化处理。总管道向总冷却箱方向的倾斜度为1∶40。每台冷却液的流量应能单独调节。

本项目主要完成单独的冷却系统的拆装。

学习目标

一、知识目标

1. 了解冷却系统各个组成部分的特点及工作原理；
2. 掌握冷却系统的典型结构。

二、技能目标

1. 能绘制冷却系统的原理简图；
2. 能拆装冷却系统。

任务描述

通过学习冷却系统的工作原理和组成结构,绘制冷却系统原理简图,完成冷却系统的拆装。

必备知识

一、切削液的加注方法

如图 5-1 所示的浇注加注方法是以一定的流速和流量将液体浇注到切削区的间隙内,并完全覆盖刀具和工件,从而起到冷却润滑作用的。当采用不同的加工方式,以不同的刀具进行切削时,应根据具体情况考虑浇注口的形状、口径大小和数目。

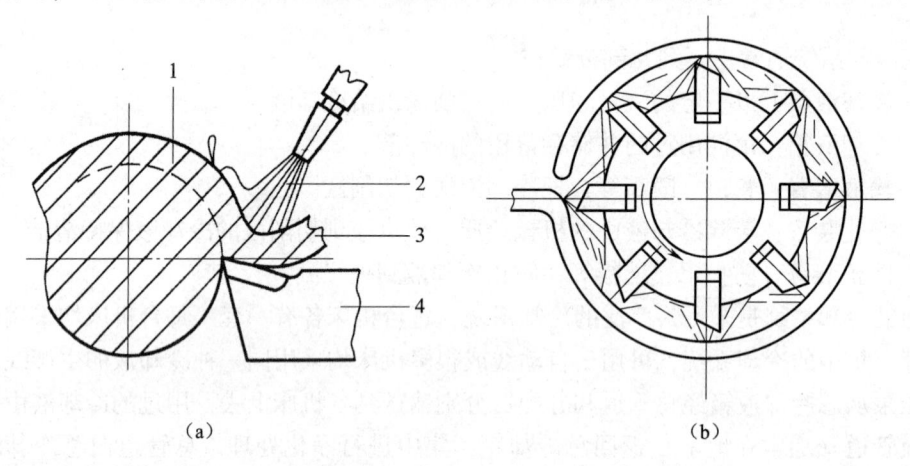

图 5-1 浇注加注方法
(a) 单刀齿加工;(b) 多刀齿加工
1—工件;2—切削液;3—切屑;4—刀具

车削时,喷嘴的大小应不小于切削宽度的 3/4。对于铣床操作应该使用扇形喷嘴,其大小也应保持上述比例。在使用车刀等单刃刀具进行切削加工时,只需一个浇注口;而多刃刀具,由于有多个刀齿同时工作(见图 5-1(b)),故最好多设置几个浇注口。如端面铣,应使用环形分配器,以使铣刀的每个齿均能被切削液浸没。为了提高冷却润滑效果,浇注量不宜太小,一般为 5~20 L/min,随加工种类、切削液品种和加工条件的不同而不同。

1. 高压喷射冷却加注方法

高压喷射冷却加注是使切削液在 1.5~3.0 MPa 的压力下,以约 40 m/min 的高速经直径为 0.3~0.7 mm 的喷嘴直接喷射到后刀面与工件加工表面接触处。如图 5-2 所示

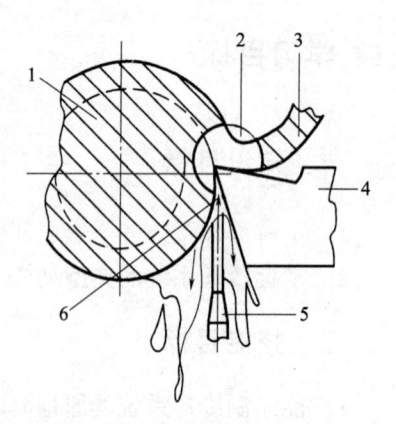

图 5-2 高压喷流加注方法
1—工件;2—高温区;3—切屑;
4—刀具;5—喷嘴;6—冷却液

的高温区，能迅速将切削时所产生的热量从切削区域带走，从而大大降低切削温度。同时，这种加注方法很容易使切削液浸入到前、后刀面与切屑接触处，并产生润滑作用，降低摩擦因数，防止工件材料与刀具的熔着黏结，大大提高了刀具的使用寿命。

这种高压喷射方法应用于不锈钢、耐热钢、钛合金等难加工材料效果特别明显。例如，车削钛合金采用防锈乳化液或极压乳化液时，使用高压喷射加注方法比干切、一般冷却的效果好得多，如图5-3所示。用于磨削时效果也较好，如图5-4所示，可以增加磨削比（磨削量与砂轮损耗量之比），并能减少磨削力。

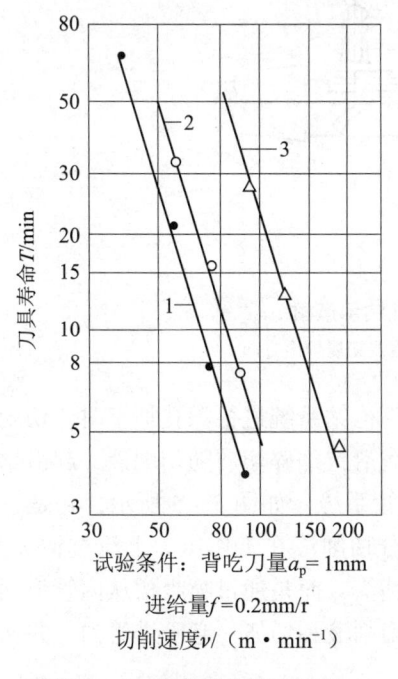

图5-3 切削液使用方法对刀具寿命的影响

1—干切；2——般冷却；3—高压喷流冷却

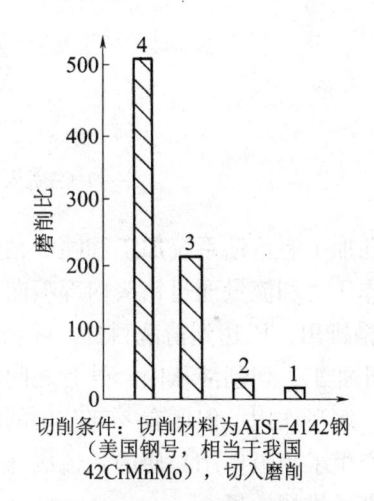

试验条件：背吃刀量a_p=1mm
进给量f=0.2mm/r
切削速度v/(m·min^{-1})

图5-4 喷射供给加注方法对磨削比的影响

1—普通乳化液；2—喷射状乳化液；
3—普通磨削液；4—喷射状磨削液

切削条件：切削材料为AISI-4142钢（美国钢号，相当于我国42CrMnMo），切入磨削

为保证切削液准确无误地喷流到前、后刀面与金属的摩擦部位，喷嘴一定要对准切削区。切削液一定要经过很好的过滤，以免堵塞喷嘴，并有完善的防护装置。

2. 高压内冷却加注方法

高压液体通过钻头、深孔钻头、主铣刀和磨床砂轮的内部喷出。常见的套料刀、深孔钻、喷吸钻等一般均采用高压内冷却加注切削液。因为刀具均在半封闭的孔中进行切削，切屑沉积在刀具、工件和刀杆之间，很难排出，大量的切削热不易散发，造成刀具很快磨损、崩齿，甚至与工件壁咬死，使切削加工无法进行。故在加工深孔时，将具有良好冷却、润滑、清洗和防锈性能的切削液，通过比较高的工作压力（1.0~10.0 MPa）和较大的流量（30~200 L/min）迅速喷向切削区，将切屑冲刷出来，并带走大量的切削热，可提高刀具寿命和加工精度及表面质量，同时起到减振和消声作用。如图5-5所示的内、外排屑的深孔钻加工均采用高压内冷却加注法。

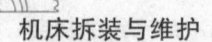

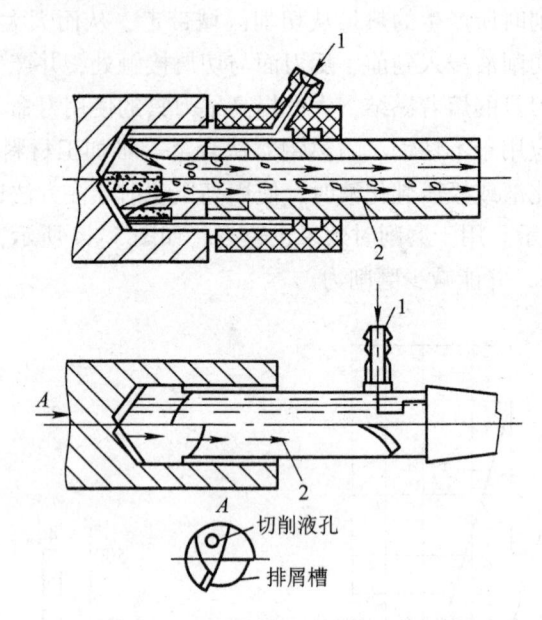

图 5-5 内外排屑深孔钻示意图
1—切削液进入方向；2—切削液及切屑排出方向

深孔加工有枪钻系统加工和喷吸钻加工两种。用枪钻系统进行深孔加工时，切削液以前述的工作压力和流量通过钻头内部喷向切削刃进行润滑，细碎切屑随切削液一起沿钻头外部的 V 形槽排出，以达到清洗目的。喷吸钻是一种双管系统，如图 5-5 所示，它是一种内排屑的深孔加工，切削液从内、外管之间通过，大部分切削液在工作压力下流过钻头上的孔，起冷却、润滑作用；但还有一部分切削液没有流到钻头，而是通过喷吸槽从内管流回，这部分回流产生了喷吸作用，使内管造成部分负压，将切削液和切屑一起吸进管内，并从出口流回，提高了排屑效果。

高压内冷却法有时也用于高速钢和高温合金钢等难切削材料的加工，能显著提高刀具寿命。与浇注法比较，在一定条件下刀具寿命可提高 3 倍左右。但此方法需使用高压泵，对切削液的过滤要求很严。

3. 低压内冷却加注方法

图 5-6 所示为低压内冷却加注切削液的方法。它是用一般机床所用的泵，以 0.05 ~ 0.20 MPa 的工作压力，将切削液经过直径为 2 ~ 5 mm 的喷嘴，从刀具后面喷射到刀具与被加工工件的接触区。该方法一般用于普通钻孔和车削。在同样条件下与浇注加注法比较，若使用得当，能使刀具寿命提高 1 ~ 3 倍。

4. 喷雾冷却加注方法

这种加注切削液的方法是将乳化液、合成液、微乳液等水基切削液，通过压力为 0.3 ~ 0.6 MPa 的压缩空气，使切削液雾化，以大于或等于 50 m/min 的高速喷向高温切削区，如图 5-7 所示。这种雾状的空气、液体混合物中的细小水珠很快被切削区的高温所汽化。由于汽化所吸收的热量大大超过传导和对流所吸收的热量，且混合流喷射的速度很高，

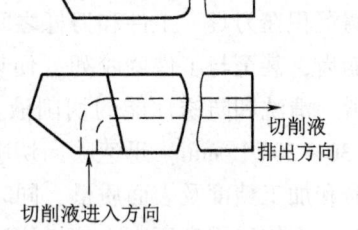

图 5-6 低压内冷却加注法

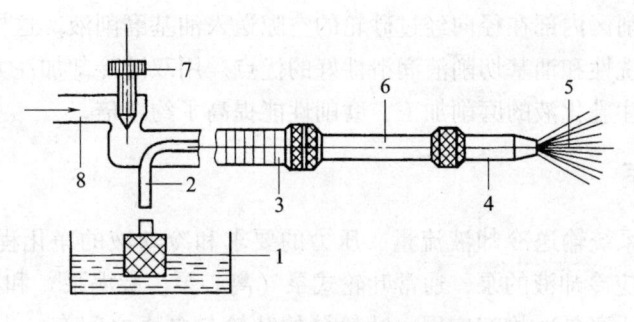

图 5-7 喷雾冷却装置原理图
1—过滤器；2—虹吸管；3—软管；4—喷嘴；5—喷雾锥；
6—调节杆；7—调节螺钉；8—压缩空气入口

因此能很快地吸收并带走大量的热，有效地降低了切削温度，冷却效果很好。同时，由于混合流中汽化的切削液分子活动性很强，能迅速渗透到刀刃及剪切面上许多具有高活性表面的微小龟裂里，产生物理或化学吸附，使龟裂的表面性能降低，同时防止龟裂的熔附，这将加强剪切面的脆性倾向、降低切削时的摩擦因数。

喷雾冷却加注方法的最大优点：不但综合了气体的高速、高渗透性和液体的汽化热高、内含各类添加剂的优良特性，而且以导热、对流和汽化形式来降低整个切削区域温度，还使切削区得到了良好的润滑。在冷却规范控制合适时，没有液体飞溅，工作场地也比较清洁。注意喷嘴直径不宜过大，一般为 3~4 mm，且喷嘴对准切削区，离刀刃越近越好（小于 40~50 mm），同时应选用润滑性、防锈性好的切削液。

采用喷雾冷却可以较高切削速度和较大进给量进行切削，且容易获得较好的工件表面质量。同时，由于不存在热变形，故无须担心工件冷却以后尺寸发生变化。

5. 砂轮内冷却加注方法

磨削速度约为切削加工的 10 倍，通过接触弧的时间约 0.04 μm。砂轮内冷却加注方法是用砂轮的空隙来传送切削液的一种冷却方法。其原理是在机床冷却泵所产生的压力作用下，切削液流入主轴套筒与砂轮之间的空隙（见图 5-8），在离心力作用下通到砂轮的圆周直接达到接触弧内，形成一层润滑膜，起到冷却、润滑作用，从而提高已加工表面质量、减少砂轮磨损、提高使用寿命。砂轮内冷却加注方法用于磨削耐热钢、硬质合金时效果明显。

砂轮内冷却加注方法只能用于由氧化铝、碳化硅和陶瓷黏合剂制造的砂轮，而不适用于由橡胶等黏合剂制造的砂轮，因为它没有足够的空隙传送液体。应用砂轮内冷却加注切削液，磨削液必须经过很好的过滤，以免磨削液中的细屑堵住砂轮的空隙。

6. 双冷却液加注方法

这种加注切削液的方法，是一面向整个工件外部切向送入一般流量的水基切削液，如乳化液、合成液或微

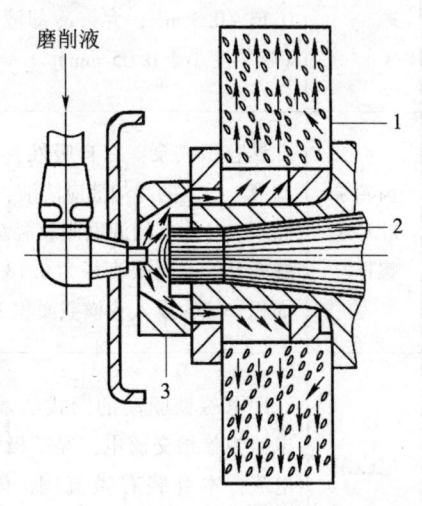

图 5-8 砂轮的内冷却加注切削液
1—砂轮；2—主轴；3—法兰盘

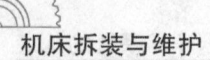

乳液等；一面向切削区内部在径向经过砂轮的空隙送入油基磨削液。这样可同时发挥水基切削液的冷却性、清洗性和油基切削液润滑性好的优点。用双液冷却加注方法，使用锭子油比以往的磨削供给加注乳化液的磨削加工，磨削性能提高了约3倍。

二、冷却液泵

根据机床冷却系统输送冷却液流量、压力的要求和冷却液的净化程度（机械杂质含量和颗粒度）选择供应冷却液的泵，通常叶轮式泵（离心泵、旋涡泵）和容积式泵（齿轮泵、叶片泵、螺杆泵、活塞泵）均有应用。叶轮泵的叶轮与泵壳之间有一定的间隙，允许机械杂质通过；过载时允许冷却液在泵内自成循环，无须设置溢流阀等安全装置；可用阀门方便地调节流量。容积式泵要求冷却液的净化程度高，否则很容易磨损；在冷却系统中需设置溢流阀，使多余的冷却液返回冷却液箱。

各种冷却液泵的特点和适用范围见表5-1。

表5-1 冷却液泵

类型	特点	适用范围
离心泵	叶轮与泵壳间有较大的间隙，允许脏物通过，对冷却液的净化精度要求低。一般单级离心泵的扬程较低，需要冷却液压力较高时可采用多级离心泵。结构形式以立式直联（电动机法兰安装）为好，可使安装方便、占地面积小	与电动机合成一整体的单级离心泵，称为电泵，是使用最为广泛的冷却液泵，适合浇注式冷却。立式直联多级离心泵，可用于高压喷射式冷却，如在强力磨削机床上供给高压冲洗冷却液
旋涡泵	在相同的叶轮直径和转速下，旋涡泵的扬程比离心泵高2~5倍；扬程、功率曲线下降较陡，压力波动对泵流量影响小。叶轮与泵体、泵盖间的轴向间隙为0.1~0.3 mm，径向间隙为0.15~0.3 mm，允许冷却液中有微小机械杂质（颗粒度小于0.05 mm）	适用于高压喷射式冷却和集中式冷却系统
齿轮泵 叶片泵 螺杆泵	属容积式泵，有自吸性，以一定压力输送冷却液。吸入的冷却液应清洁，入口设置滤网（齿轮泵、叶片泵的滤网眼直径为0.075~0.15 mm，螺杆泵的滤网眼直径为0.18~0.43 mm），滤过面积一般为吸入管横截面积2倍以上	适用于冷却液压力要求较高的冷却系统，如深孔加工、拉削时的高压喷射冷却
电磁泵	用电磁铁驱动的阀式活塞泵，俗称电磁泵，电源为单相交流电，经二极管半波整流成脉动电流，本身装有溢流阀，体积小，安装位置灵活	适用于低压、小流量的冷却系统

图 5-9~图 5-12 所示为常见的冷却泵,图 5-13 所示为 LX 型电磁泵的结构原理,图 5-14 所示为立式直联离心泵。

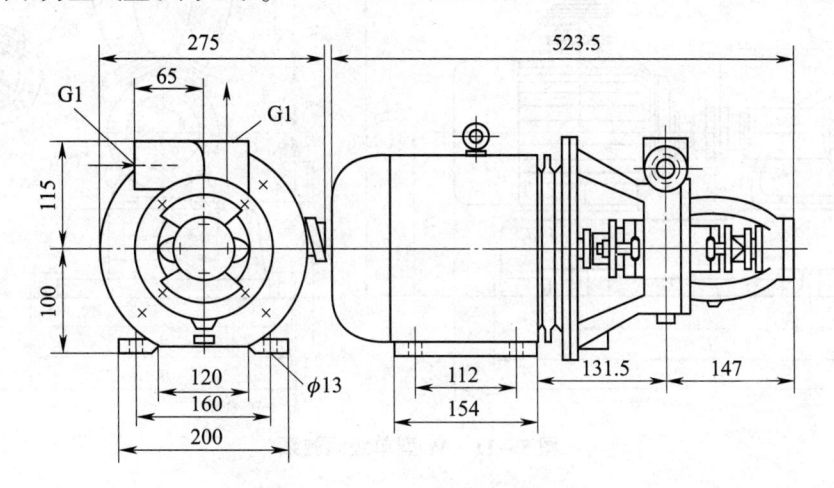

图 5-9　1W2.4-10.5 型单级涡旋泵

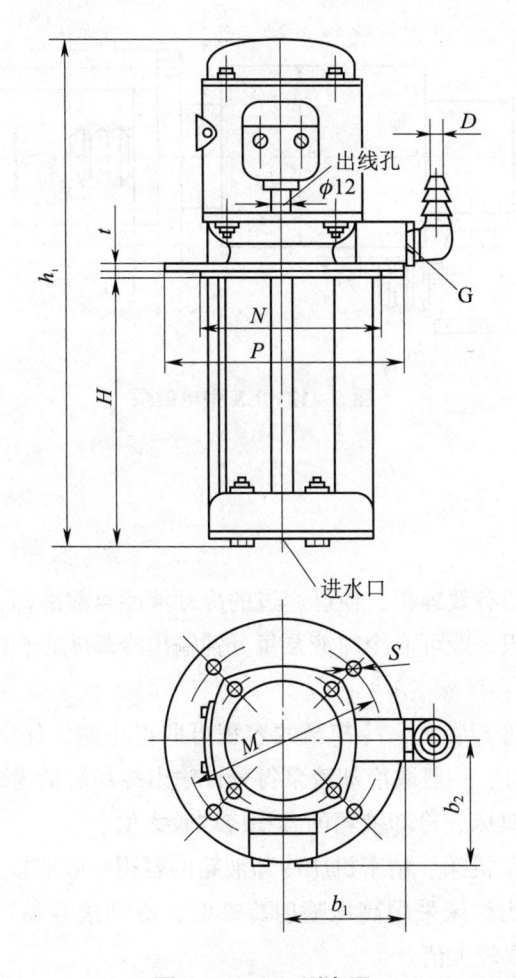

图 5-10　DB 型电泵

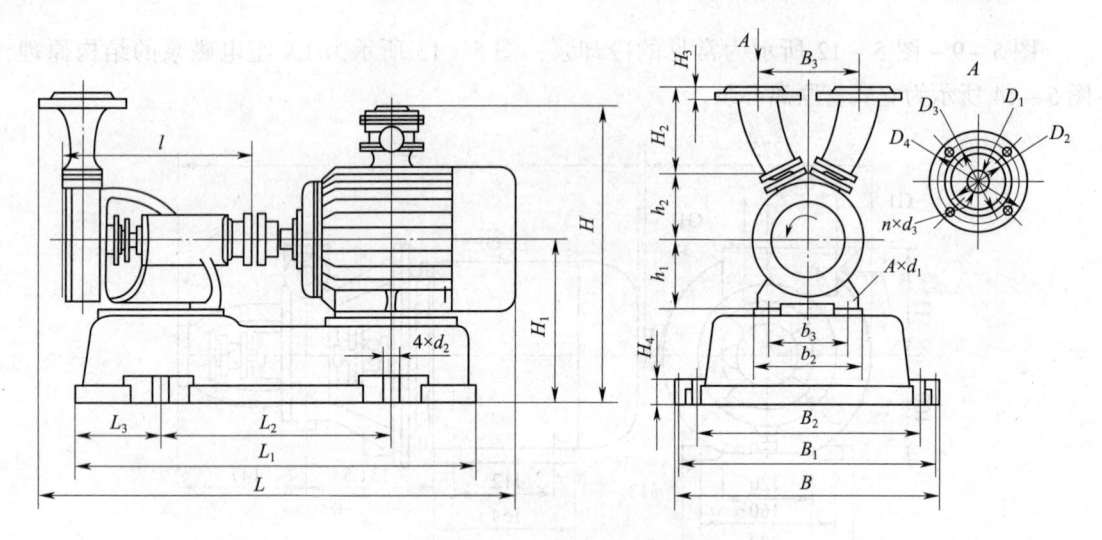

图 5-11　W 型单级涡旋泵

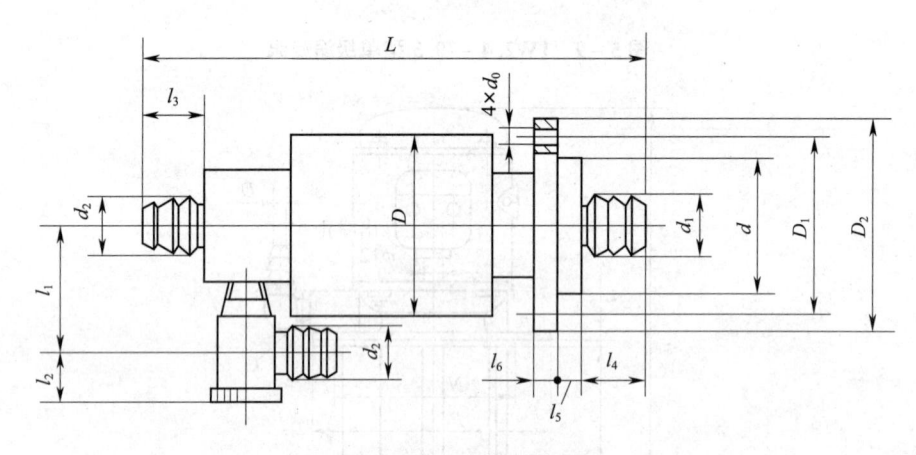

图 5-12　LX 型电磁泵

三、冷却液箱

1. 冷却液箱的容积

冷却液箱应有足够的有效容积，使已用过的冷却液能自然冷却，并将由切削区带来的热量散发掉。冷却箱的容积一般可取冷却液泵每分钟输出冷却液容积的 4～10 倍，计算容积时一般考虑下列因素：

（1）采用冷却液的冷却装置，冷却箱的容积可取得小些，保证有足够的沉淀停留时间使机械杂质充分沉淀即可，一般取冷却液泵每分钟输出冷却液量为冷却箱容积的 2～4 倍。

（2）编入自动线的机床，冷却液箱的容积应取较大值。

（3）磨床、深孔加工机床、精密机床冷却液箱的容积一般取较大值。

（4）高速磨床、强力磨床采用高压喷射冷却时，冷却液容易产生泡沫。为防止泡沫溢出，冷却液箱的容积应取较大值。

（5）主要用于切削铝合金等轻质材料的机床，冷却液箱的容积应取较大值。

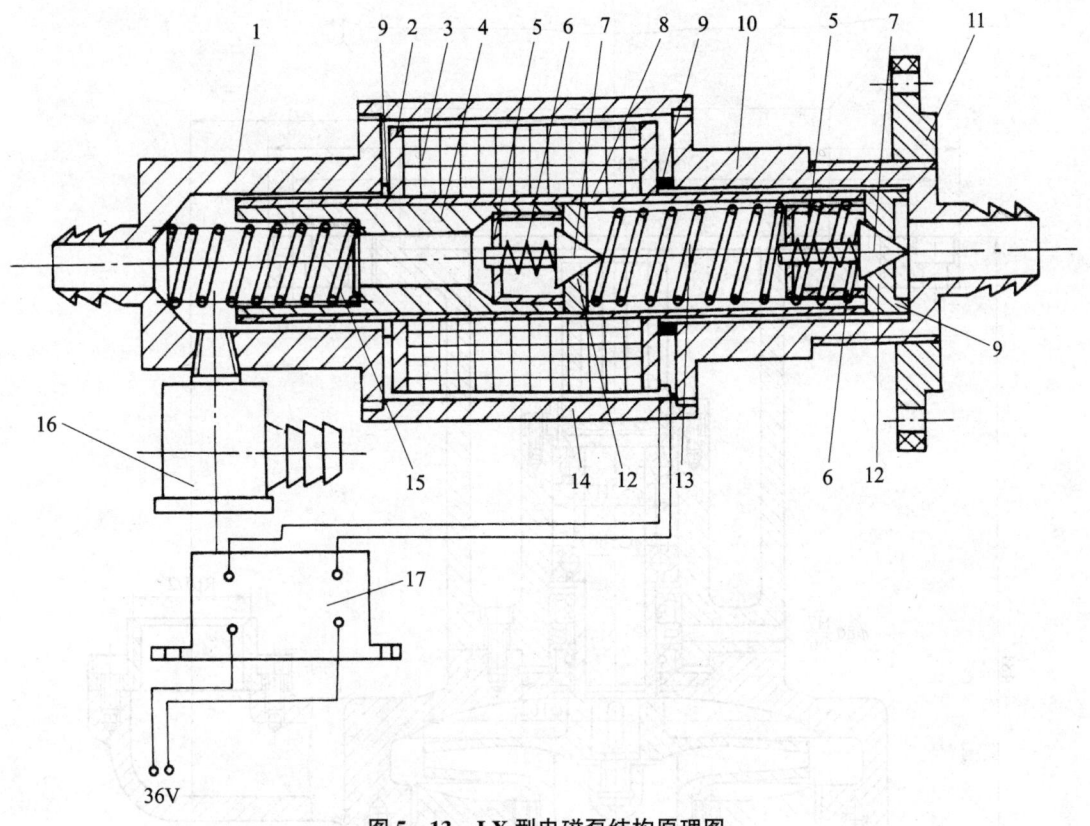

图 5-13　LX 型电磁泵结构原理图

1—上端盖；2—线圈挡板；3—线圈；4—活塞；5—三爪架；6—阀门弹簧；
7—单向阀；8—铜套；9—密封圈；10—下端盖；11—法兰；12—阀座；
13—复位弹簧；14—外壳；15—缓冲弹簧；16—溢流阀；17—整流器

2. 冷却液箱的结构形式和设计规范

冷却液箱通常有两种结构形式：

（1）利用床身或底座等铸件内一个足够大的空腔作为冷却液箱（池）。精密机床不宜采用这种结构形式，因为产生的热变形可能会影响机床的加工精度。此外，冷却液箱的清洗也不方便。

（2）用钢板焊接件（或铸件）单独做成冷却液箱。这种单独冷却液箱通常均与主机分离。对于精密机床，应使冷却液从切削区通过最短途径迅速地从机床排到冷却液箱。

当冷却液流回冷却液箱时，常先通过一个底部带滤网的过滤装置，将切屑等较大的脏物清除掉；然后经过净化装置或直接进入冷却液箱，清除或沉淀其他微细脏物。

使冷却液中脏物沉淀的隔板布置方式如图 5-15 所示。冷却液在冷却液箱内经较长时间的停留、缓慢的流速和急剧地改变流向，使微细脏物渐渐沉淀下来。这种自然沉淀，要求隔板的布置能使冷却液流经的路径最长。图 5-15 中（b）、（c）所示各隔间的液面高度是相同的；图 5-15（a）、（f）则有几层液面高度；图 5-15（d）、（e）可以有两层或一层液

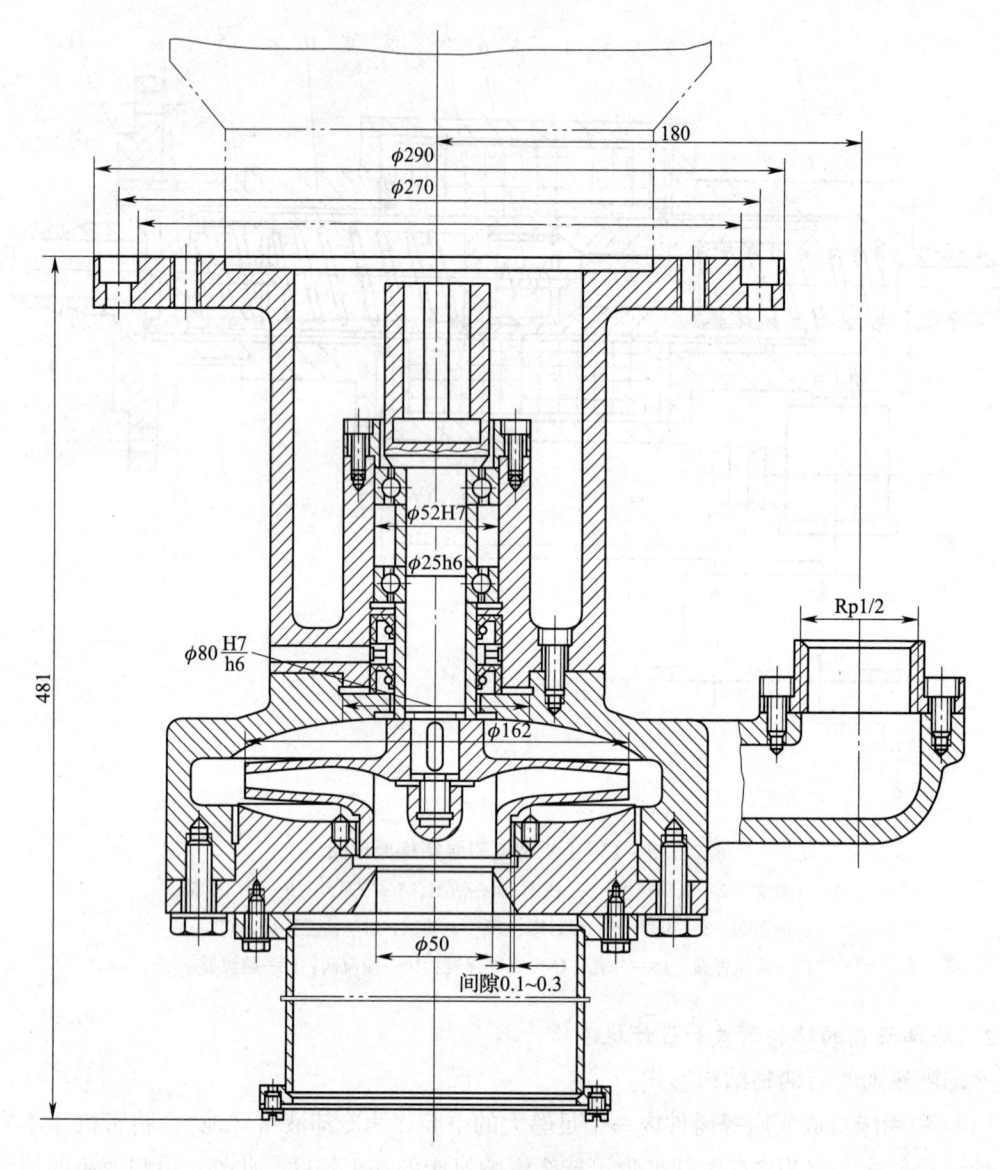

图 5-14 立式直联离心泵

面高度。当有不同的液面高度时，应特别注意冷却泵吸入口的位置至液面的距离，在这个距离内，冷却液的容量应大于直到冷却液返回这一隔间时冷却泵所排出的冷却液容量。

冷却液箱的高度必须低于床身回液槽（淌水槽）出口的高度，以便使冷却液顺利地流回冷却液箱，这一高度一般为 300~450 mm。当需要更高的冷却液箱时（如自动线的集中冷却系统、某些重型机床和强力磨削机床等），冷却液箱可放置于垃圾坑内；或放置于上、下两个冷却液箱，下箱接收、沉淀脏冷却液，上箱储存净化过的冷却液。

磨床用的钢板焊接的冷却液箱（见图 5-16），有效容积为 35~520 L，其外形尺寸和箱体钢板的厚度必须符合规定。

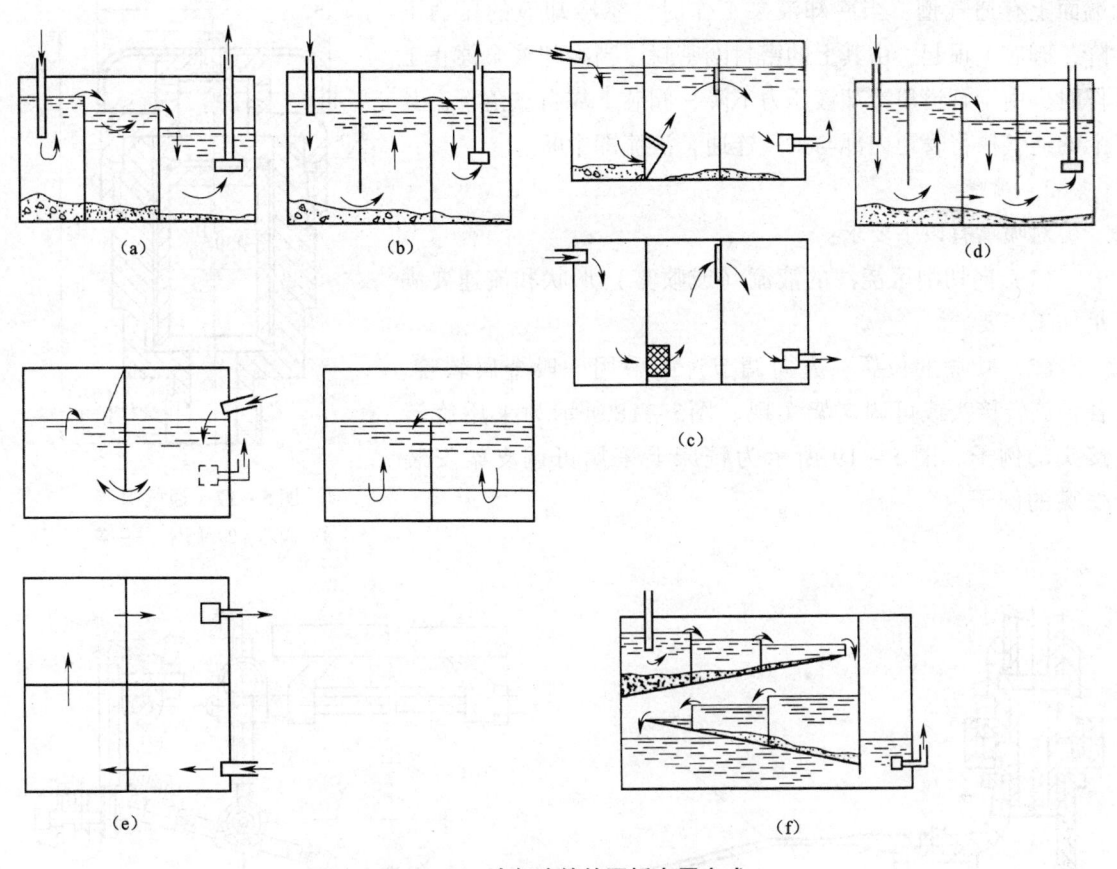

图 5-15　冷却液箱的隔板布置方式

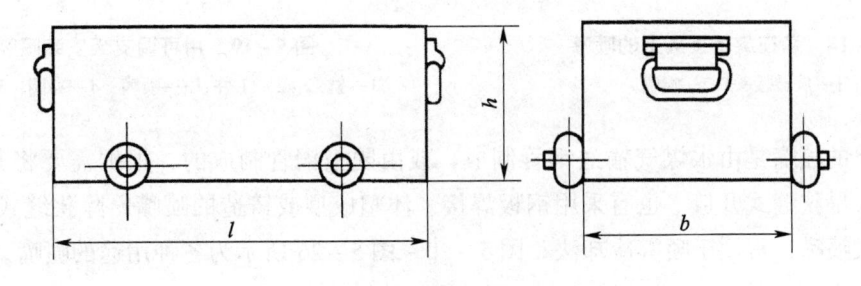

图 5-16　磨床用冷却箱体

四、输液装置

1. 管道

硬管用于连接固定的零部件，常采用水、煤气输送钢管。软管用于连接运动的零部件。有时为了安装方便，固定的零部件也可用一段软管连接。软管有夹布压力胶管、编织胶管、全胶管等及各种金属软管。

当喷嘴位置低于冷却液箱水位时，管道上应装设破坏虹吸现象的通气阀，以免在冷却液泵停止供液时冷却液继续自流。图 5-17 所示为这种通气阀的一种结构。阀芯 1 的外圆和下端面上有通气槽,当冷却液泵工作时,靠冷却液的压力下降,阀芯1顶起,由其上的密封圈密封。当冷却液泵停止工作时,由于管道里冷却液压力下降,阀芯1靠自重落下,其上的通气槽将管道内部与大气连通,液流即中断。

2. 喷嘴

对喷嘴有以下要求:

(1) 向切削区浇注的液流(或喷雾)形状和流速要满足加工需要。

(2) 喷嘴的位置、方向调节,可采用一段金属软管、各种旋转接头或可调支架实现。图5-18所示为采用旋转接头的例子。图5-19所示为铣床上采用可调支架安装喷嘴的例子。

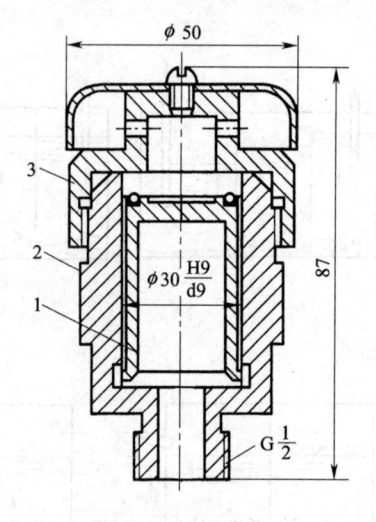

图5-17 通气阀
1—阀芯;2—阀体;3—盖

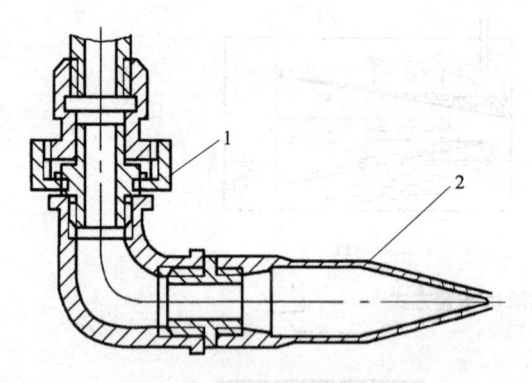

图5-18 装在旋转接头上的喷嘴
1—旋转接头;2—喷嘴

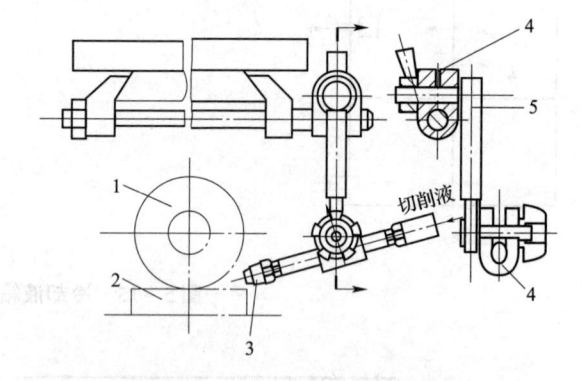

图5-19 用可调支架安装喷嘴
1—铣刀;2—工件;3—喷嘴;4—夹圈;5—支架

最简单的喷嘴是由水煤气输送钢管制成,或由阴极铜管制成的,根据需要将其一端压扁、展宽,呈狭缝式开口。也有采用钢板焊接、注塑成型或铸造的喷嘴。除狭缝式喷嘴外,还有小孔式喷嘴,常用于喷雾冷却法。图5-20~图5-26所示为各种用途的喷嘴。

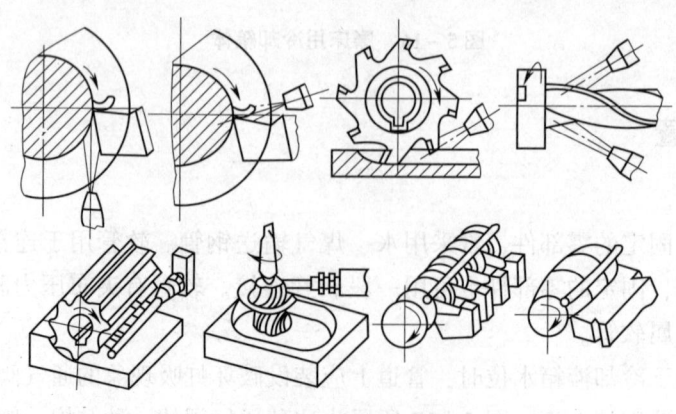

图5-20 冷却用喷嘴

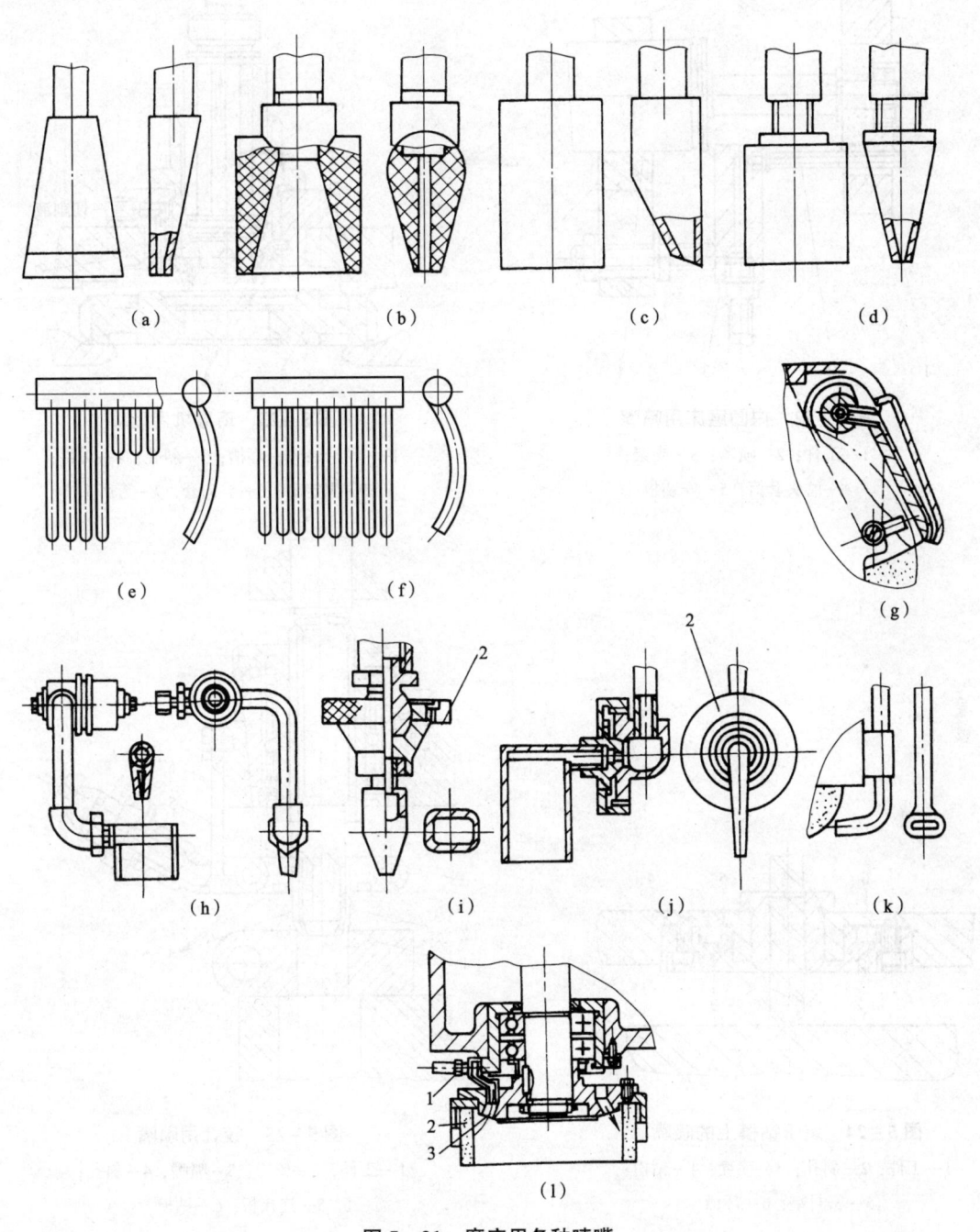

图 5-21 磨床用各种喷嘴
1—喷嘴；2—砂轮安装法兰；3—斜孔

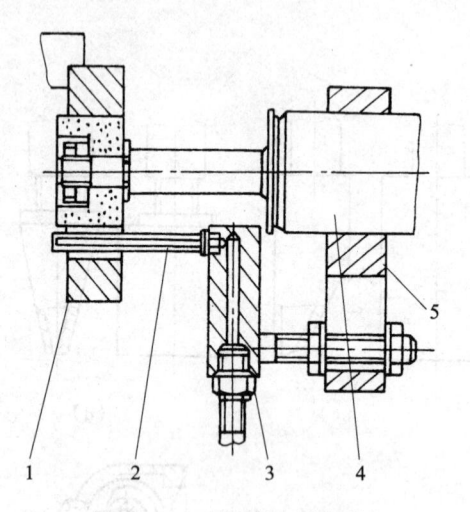

图 5-22　内圆磨床用喷嘴
1—工件；2—喷嘴；3—支架；
4—磨头套筒；5—安装板

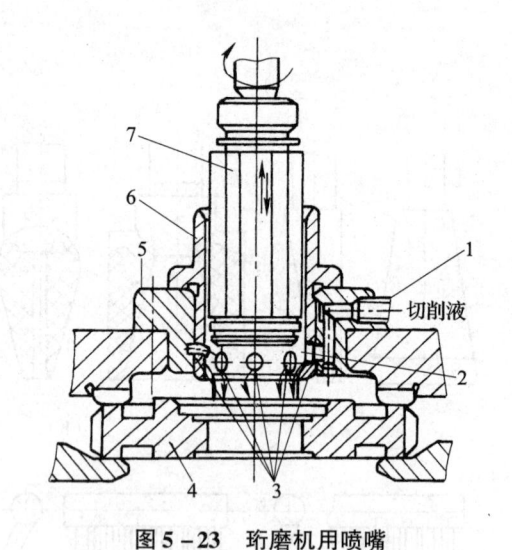

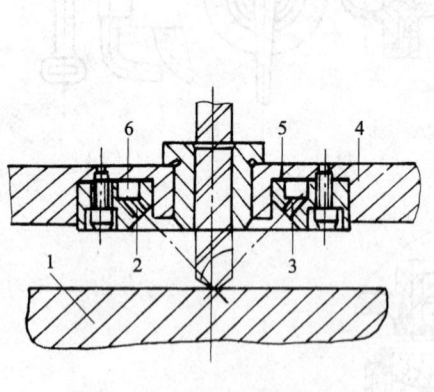

图 5-23　珩磨机用喷嘴
1—管接头；2—环槽；3—斜孔；4—工件；
5—固定套；6—导向套；7—珩磨头

图 5-24　装于钻模上的喷嘴
1—工件；2—斜孔；3—喷嘴；4—钻模；
5—密封垫；6—环槽

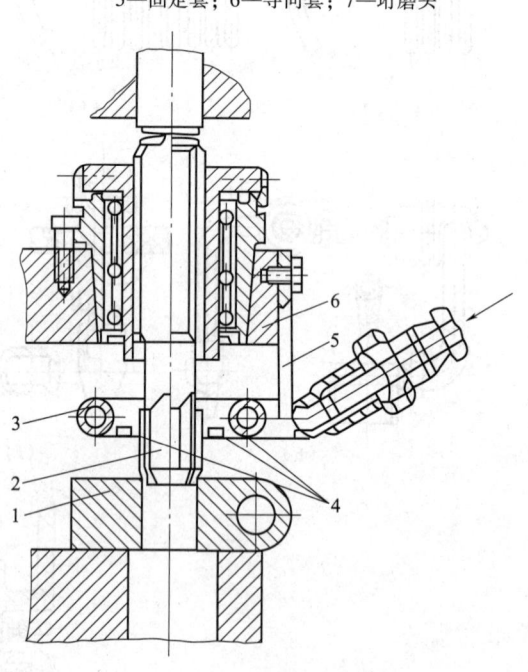

图 5-25　铰孔用喷嘴
1—工件；2—铰刀；3—喷嘴；4—斜孔；
5—连接板；6—钻模

五、净化装置

1. 对净化装置的要求

带隔板的冷却液箱靠重力沉淀法净化冷却液，但对于磨削加工、珩磨和超精加工靠重力沉淀不能满足要求。为了清除冷却液中的磨削杂质，还必须另设冷却液的净化装置，用以保证砂轮的磨削性能（特别是当采用砂轮内冷却时），以及延长冷却液的使用寿命。

净化装置的性能指标用净化效率、净化度和通过能力来评价。

2. 净化装置的类型

净化装置分过滤式和动力式两种类型。过滤式靠过滤介质清除渣屑；动力式靠某种力（如离心力、重力）分离出杂屑。采用一种净化装置不能保证冷却液的净化质量时，可采用几种净化装置的组合。如在加工铁磁性材料时，采用磁性分离器和涡旋分离器（或离心分离器，或纸质过滤器）；加工非磁性材料时，采用涡旋分离器和纸质过滤器。这种多级净化方式特别适合于高精度、表面粗糙度低的磨削。

3. 磁性分离器

磁性分离器利用磁性物体将冷却液中的导磁性杂质分离出来。图5-27所示为滚筒式磁性分离器的原理图。滚筒1内装有永久磁铁3，当冷却液流经滚筒下方的窄缝时，导磁性渣屑被吸附在滚筒的表面上。滚筒低速旋转，刮板4将渣屑刮下来落入渣屑箱5。橡胶压辊2可压下渣屑所携带的冷却液，以减少冷却液的损失。

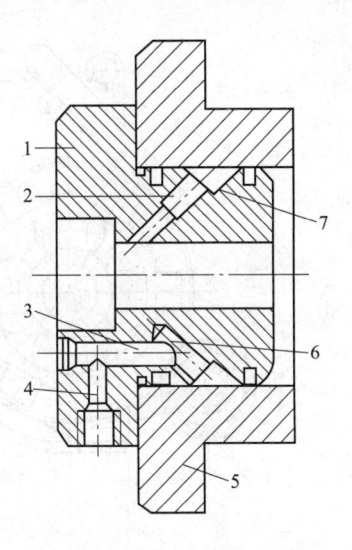

图5-26 卧式内拉床用的喷嘴
1—套；2—斜孔；3，4，6—孔；
5—花盘；7—环槽

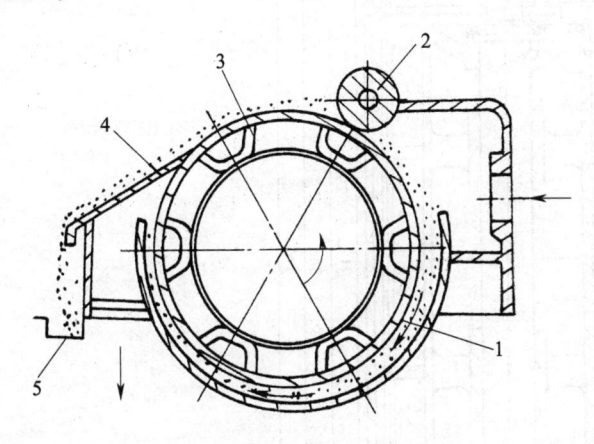

图5-27 滚筒式磁性分离器原理图
1—滚筒；2—橡胶压辊；3—永久磁铁；
4—刮板；5—渣屑箱

图5-28所示为CFTQ-50型磁性分离器，滚筒4由电动机12经两级蜗杆减速器11传动做低速旋转。24块永久磁铁2用聚氨酯黏结剂黏结在滚筒内的转鼓上，滚筒外套为薄壁黄铜套。刮板5（黄铜）可用螺钉调节，使之与滚筒表面相接触。橡胶压辊3（耐油橡胶，邵尔硬度50度）由弹簧9拉紧，靠在滚筒表面上，弹簧拉紧力（约50 N）可由调整螺母8调节。滚筒的轴支承在两个支架10上，滚筒位置可用把手7下面的调整螺钉6调整，使滚筒表面与壳体1圆弧面的距离适当（出水处约6 mm）。用把手7可将滚筒翻起，以便清理。该磁性

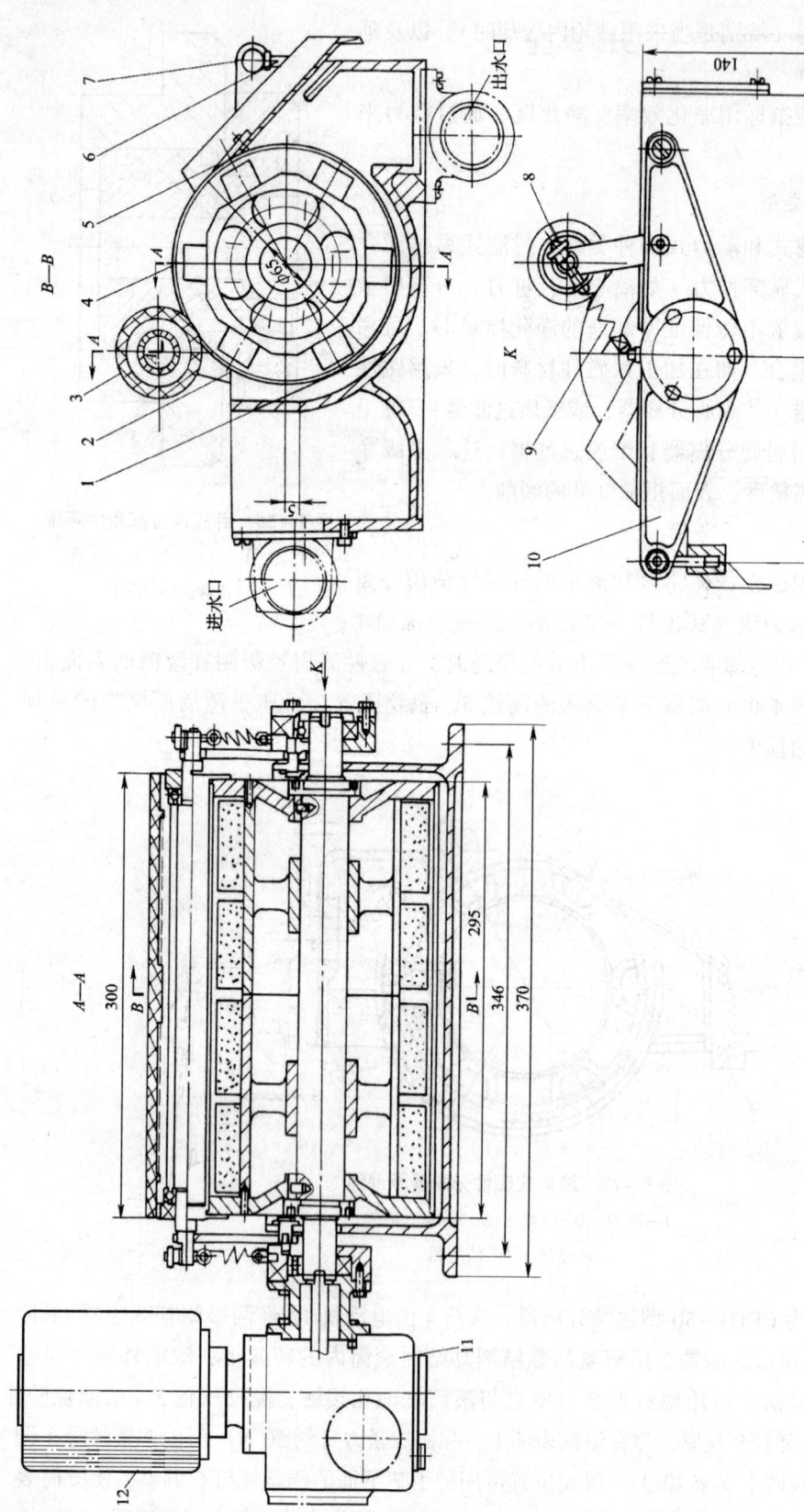

图 5-28 CFTQ-50 型磁性分离器

1—壳体；2—永久磁铁；3—橡胶压辊；4—滚筒；5—刮板；6—滚筒位置调整螺钉；7—把手；8—弹簧拉紧力调整螺母；9—弹簧；10—支架；11—蜗杆减速器；12—电动机

分离器可安装在冷却液箱上或其一侧（另配支架），可根据机床出水口和磁性分离器入水口、出水口位置配装软管。

图 5-29 所示为装有磁性分离器的冷却箱，机床出水口至磁性分离器用塑料伸缩管连接。

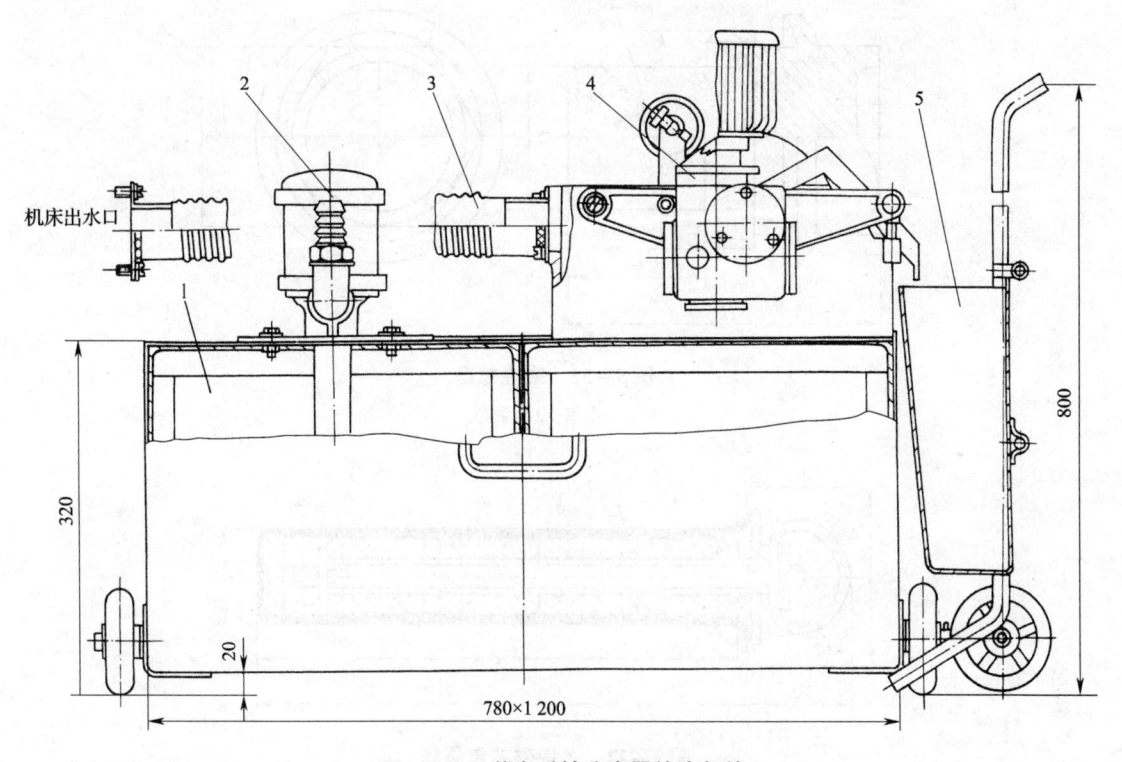

图 5-29　装有磁性分离器的冷却箱

1—冷却液箱；2—DB-50 型电泵；3—塑料伸缩管；4—CFTQ-50 型磁性分离器；5—渣屑车

4. 磁性集屑器

除了滚筒式磁性分离器外，还有些无须动力传动的简单磁性分离装置（见图 5-29）可安装在冷却液箱的出水处（应装卸方便、无振动），每工作 300~500 h，消除一次杂屑。图 5-30 所示为磁性集屑器的安装方式，磁性集屑器由磁性螺塞和磁芯组成。磁性螺塞的

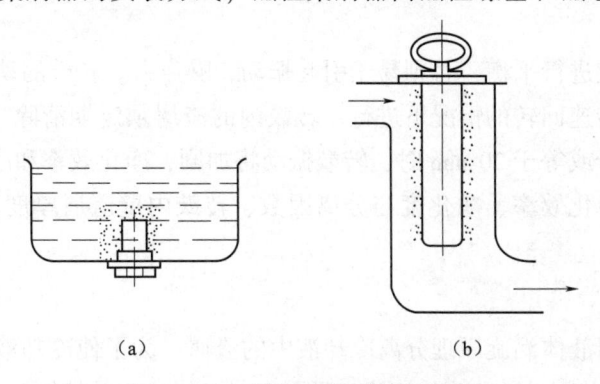

图 5-30　磁性集屑器的安装方式

(a) 磁性螺塞；(b) 多块磁芯集屑器

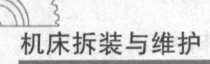

性能及结构参考图 5-31。如图 5-32 所示的多块磁芯集屑器由螺杆和螺母将磁芯和隔垫（电工纯铁）紧固在一起装在外壳内。清洗时可先从外壳中先拔出磁元件，然后取出外壳，用煤油洗掉其表面的铁屑。

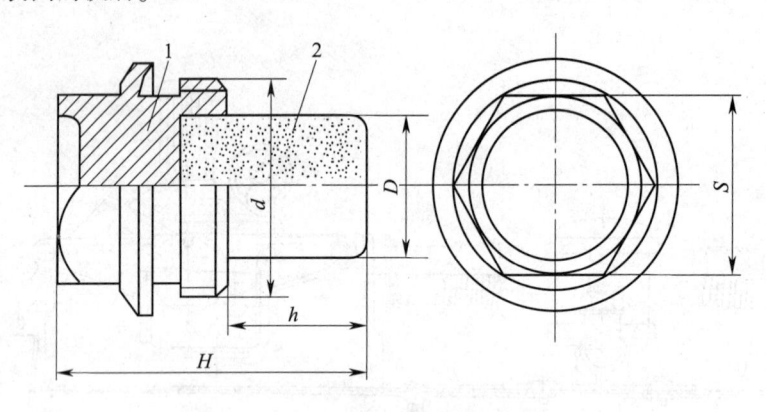

图 5-31　磁性螺塞
1—螺塞；2—磁芯

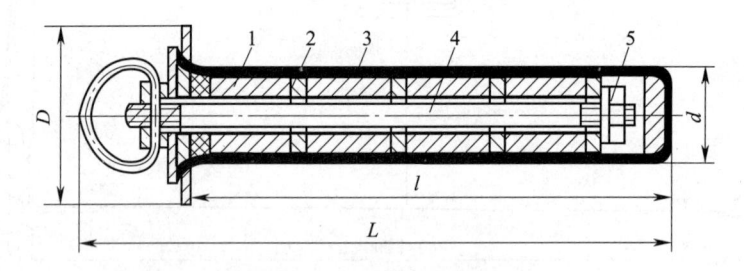

图 5-32　多块磁芯集屑器
1—磁芯；2—隔垫；3—外壳；4—螺杆；5—螺母

5．离心分离器

离心分离器利用离心作用，将冷却液中的渣屑分离出去。图 5-33 所示为与冷却液箱装在一起的离心分离器结构。电动机直接或经带传动，使转鼓高速旋转。冷却液经过滤网进入转鼓内，在离心力作用下，冷却液中的渣屑被甩向转鼓内壁四周，清洁冷却液沿箭头 B 向流入冷却液箱。

转鼓转速高，应进行平衡，否则易于引起振动，噪声大。转鼓的动平衡应在转鼓内充满冷却液时，以工作转速回转的情况下进行。转鼓内的渣屑须定期清除，每班 1～2 次。当转鼓内壁渣屑厚度大于或等于 20 mm 时，转鼓振动将加剧，净化效率和净化度下降。

离心分离器的净化效率、净化度与分离因数、转鼓内壁渣屑厚度及冷却液中渣屑含量有关。

6．涡旋分离器

涡旋分离器利用液体涡旋原理分离冷却液中的渣屑。为了使冷却液形成涡旋，这种净化装置采用了一个锥筒状元件，称为旋流管（见图 5-34），它由圆柱体 3、圆锥体 4、进液管 2、溢流管 1 及排渣口 5 组成。需要净化的冷却液以 0.2～0.3 MPa 的压力从进液管 2 呈切线

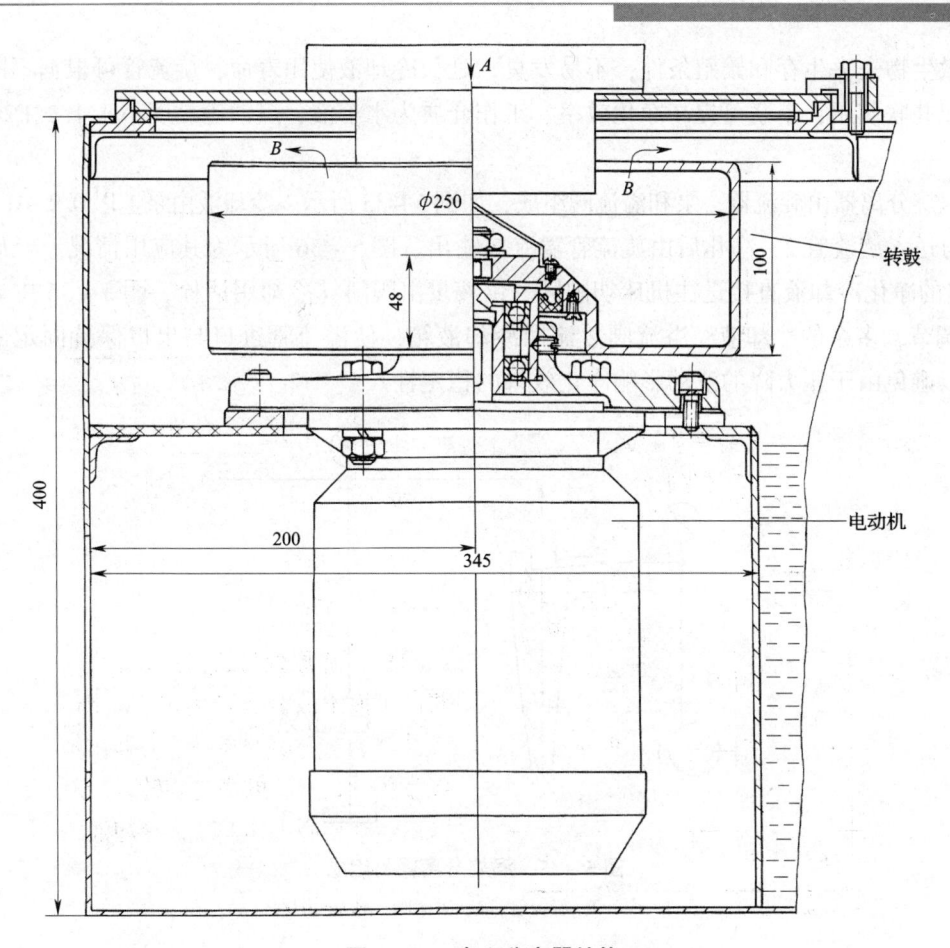

图 5-33 离心分离器结构

状喷入旋流管，遇筒壁开始向下做螺旋状旋转。由于圆锥体 4 直径逐渐变小，液流旋转加快。渣屑在离心力作用下被甩向筒壁，随液流旋转向下，到达排渣口 5 时，带着少量冷却液，呈伞形雾状喷出。上述过程称为"一次涡旋"。由于一次涡旋作用，在圆锥体 4 的中心部分形成一个呈负压力的低压区，促使从排渣口外吸入一股新鲜空气，沿中心轴线急速向上旋转。经过"一次涡旋"作用，位于液流内层从腔液中被分离出来的、旋转向下的净液，在到达排渣口 5 时，由于向上旋转的空气流的作用，其运动方向逆转并被卷吸上去，形成"二次涡旋"。净液围绕中央的空气柱旋转向上，经溢流管 1 输送出去。

涡旋分离器有很多优点：无活动元件和过滤介质，结构简单；能分离非导磁性渣屑，但分离轻质渣屑效果较差；"二次涡旋"的空气流能使冷却液中的

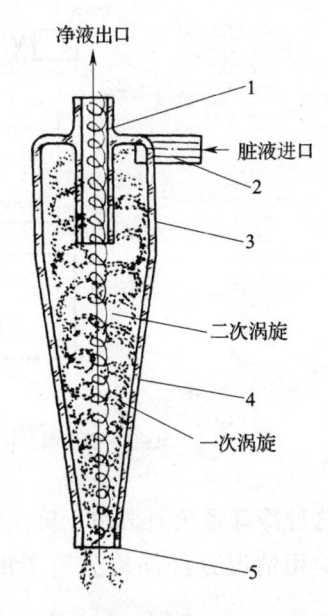

图 5-34 涡旋分离器旋流管工作原理
1—溢流管；2—进液管；3—圆柱体；
4—圆锥体；5—排渣口

有害微生物失去生存和繁殖条件，不易发臭，延长冷却液使用寿命；旋流管可根据不同需要串联或并联使用，串联可提高净化效率。工作介质为水溶液、煤油等黏度小于1.2°E20的冷却液。

涡旋分离器由旋流器、泵和溢流阀组成，如图5-35所示。冷却液由泵1以0.2~0.3 MPa的压力送入旋流管2，净化后由旋流管溢流口输出。图5-36所示为其应用情况。经旋流管3输出的净化冷却液直接送往机床切削区。供液量由阀门（冷却用活栓，图5-36中未表示出）调节，多余的冷却液经溢流阀2流回冷却液箱，使溢流管进口与出口保持固定的压力降，以避免由于压力降的波动影响净化效果的稳定性。

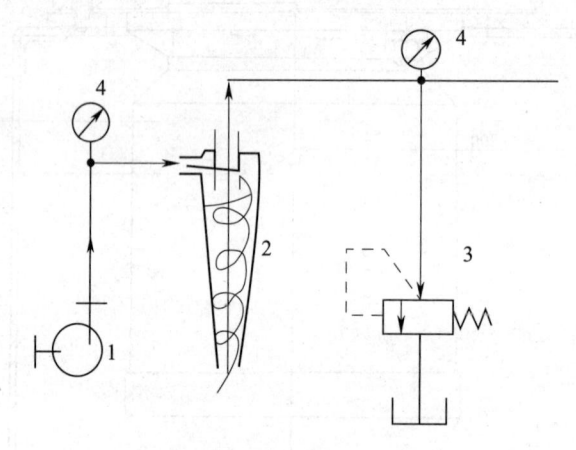

图5-35　涡旋分离器的组成
1—泵；2—旋流管；3—溢流阀；4—压力计

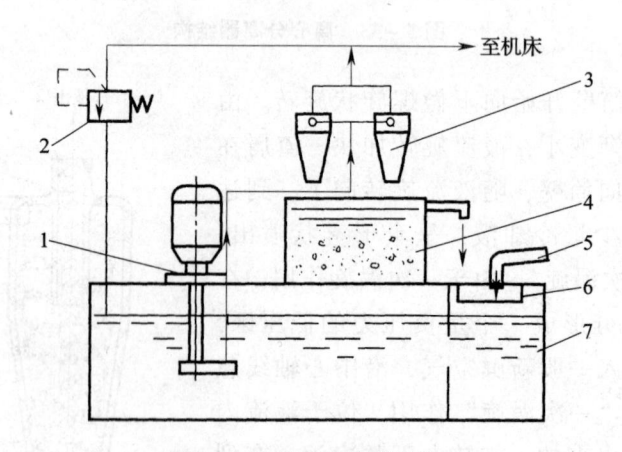

图5-36　涡旋分离器的应用
1—泵；2—溢流阀；3—旋流管；4—渣屑箱；5—污液；6—滤网；7—冷却液箱

这种冷却系统只适用于旋流管出口压力为0.03~0.05 MPa的低压浇注冷却系统。另一类应用情况是经涡旋分离器的净化冷却液，先进入净液箱，再由冷却泵输往机床切削区。

如图5-37和图5-38所示的冷却系统主要由旋流管及其供液泵、向机床供液的冷却泵和两个冷却液箱（污液箱、净液箱，净液箱多余的净液流回污液箱）等组成。在图5-37

中，净液经活门3由净液箱进入污液箱；在图5-38中，净液由溢流管口流回污液箱，这样可以降低污液中的杂质含量。图5-38中净液箱液面位置较高，通常高于喷嘴出口高度，图中通气阀10是为破坏虹吸现象而设置的（通气阀结构参见图5-17）。如果在净液箱上设置的泵是高压泵，则这种冷却系统可用于高压喷射式冷却法。

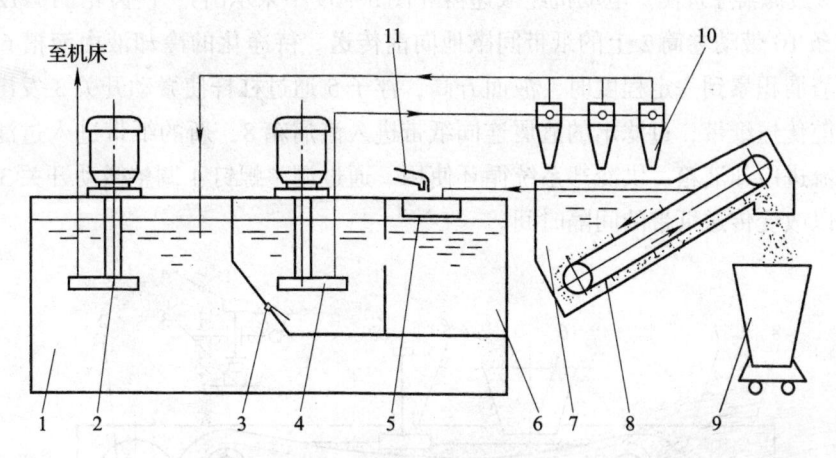

图5-37 采用涡旋分离器的冷却系统（一）
1—净液箱；2—向机床供液的泵；3—活门；4—向涡旋分离器供液的泵；
5—滤网；6—污液箱；7—渣屑箱；8—渣屑传送带；
9—渣屑车；10—旋流管；11—污液

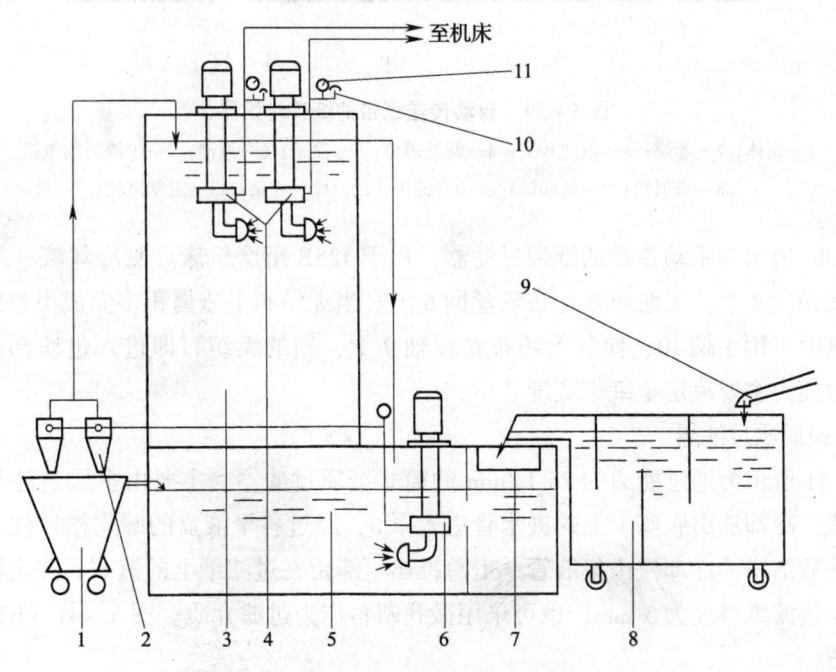

图5-38 采用涡旋分离器的冷却系统（二）
1—渣屑车；2—旋流管；3—净液箱；4—向机床供液的泵；5—污液箱；
6—向旋流管供液的泵；7—滤网；8—污液沉淀箱；
9—污液；10—通气阀；11—压力计

7. 纸质过滤器

1）纸带传送式过滤器（纸带过滤器）

纸带通常为亚麻纤维压制成的无纺布，其传送方式为自动或手动。图 5-39 所示为自动传送纸带的纸带过滤器原理图。电动机经减速器（图 5-39 中未示出），使齿轮 11、12 带动主动链轮 13，链条 10 带动卷筒 2 上的纸带间歇地向前传送。待净化的冷却液由液槽 6 浇到纸带上，纸带上渣屑积累到一定程度时，液面升高，浮子 5 通过杠杆使微动开关 3 发出信号，启动电动机向前传送纸带，过滤出的渣屑连同纸带进入渣屑箱 8，新的纸带进入过滤部位，洁净的冷却液流进冷却液箱，供冷却系统循环使用。通过调整螺钉 4 调整微动开关 3 发出信号的位置，可以改变传送纸带的间隔时间。

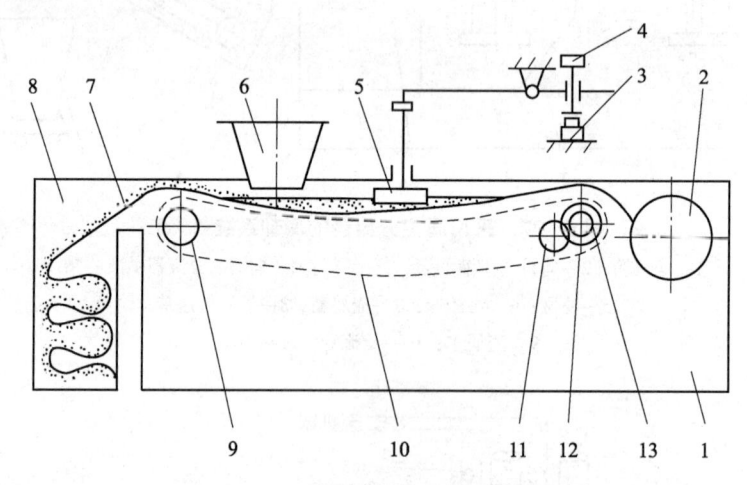

图 5-39　自动传送纸带的纸带过滤器

1—箱体；2—卷筒；3—微动开关；4—调整螺钉；5—浮子；6—液槽；7—带渣屑的纸带；
8—渣屑箱；9—从动链轮；10—链条；11，12—齿轮；13—主动链轮

图 5-40 所示为手动移带的纸带过滤器，用于 425B 珩磨机床。脏冷却液（煤油）经滤网 7 浇到无纺布 4 上，无纺布被托在铁丝网 6 上。当无纺布上渣屑积多而成黑色时，过滤能力下降。这时可用手柄 10，使脏无纺布卷在轴 9 上，新的无纺布即进入过滤部位。纸带过滤器的通过能力主要决定于纸带宽度。

2）筒式纸质过滤器

图 5-41 所示为通过能力为 25 L/min 的筒式纸质过滤器，主要由多层过滤纸 5 和聚液盘 4 等组成。冷却液由底座 1 上的进水管进入罩 6，经过各聚液盘的圆周槽口注入到过滤纸上面，过滤后洁净的冷却液由集液管 7 汇总推出。滞留在过滤纸上的渣屑，在定期更换过滤纸时剔除。过滤纸厚度为 5 mm，也可采用微孔塑料作为过滤介质。图 5-41（b）所示为聚液盘工作图。

这种筒式纸质过滤器净化度高，能适应磨削表面粗糙度 $Ra = 0.025\ \mu m$ 的要求。通常以涡旋分离器作为第一级净化装置。

过滤纸容易堵塞，需经常更换，为此可采用带助滤剂的筒式过滤器。

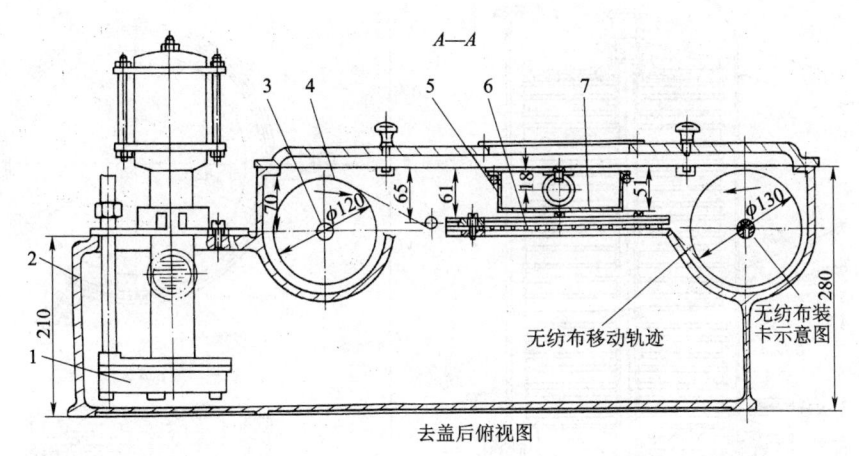

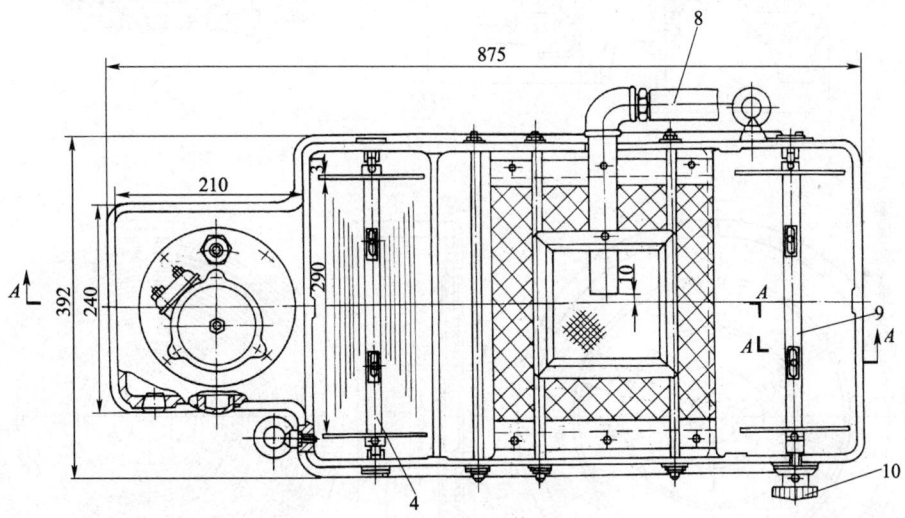

图 5-40 手动移带的纸带过滤器

1—电泵；2—冷却液箱；3—新无纺布卷轴；4—无纺布；5—滤液槽；6—铁丝网；
7—滤网（网眼直径 0.125 mm）；8—聚氯乙烯软管；9—脏无纺布卷轴；10—手柄

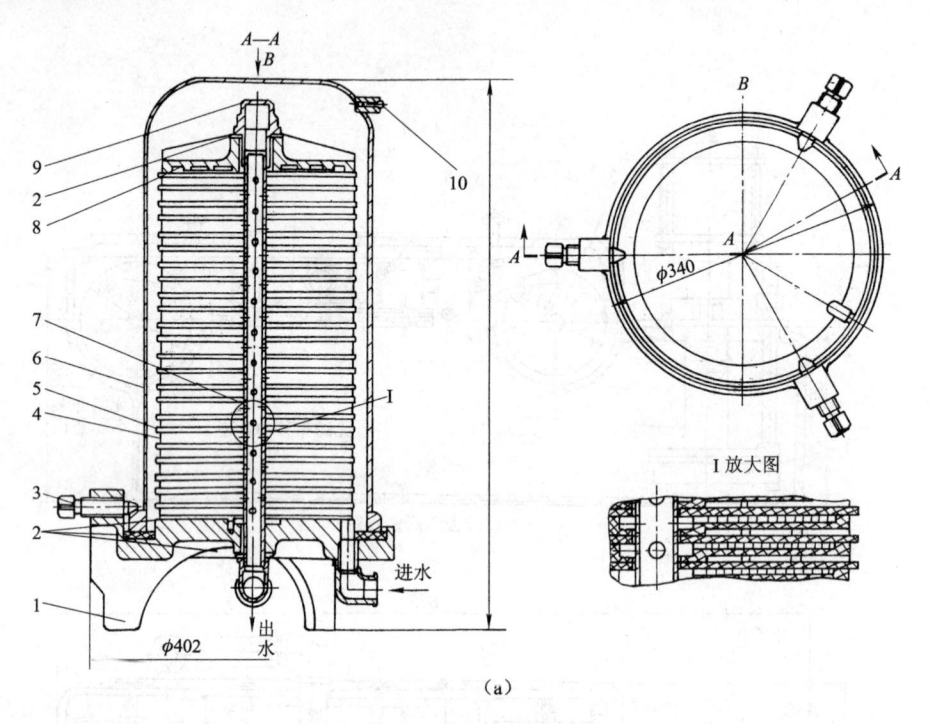

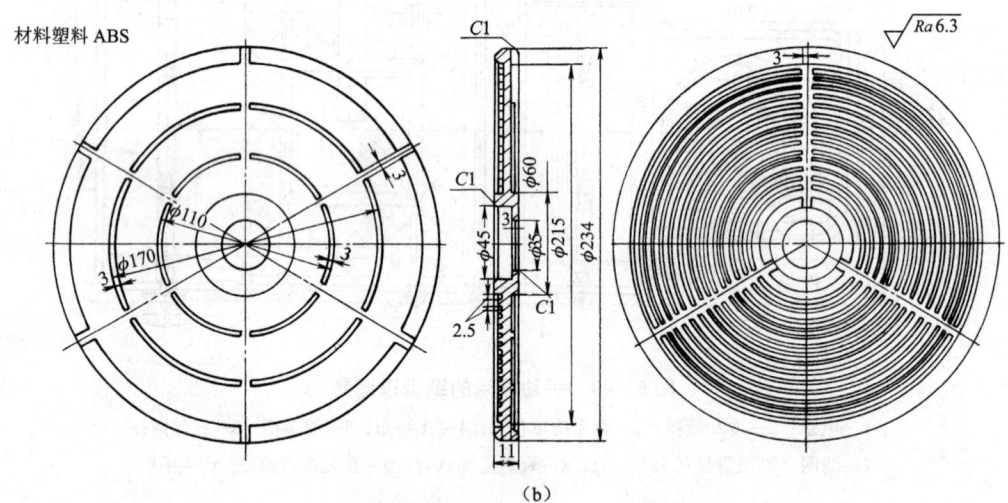

图 5-41 筒式纸质过滤器

（a）过滤器组成；（b）聚液盘工作图

1—底座；2—橡胶密封垫；3—压紧螺钉；4—聚液盘；5—过滤纸；6—罩；7—集液管；8—盖；9—螺帽；10—放气螺塞

任务实施

一、分析

分析图 5-42（序号解释说明见表 5-2），并回答问题。

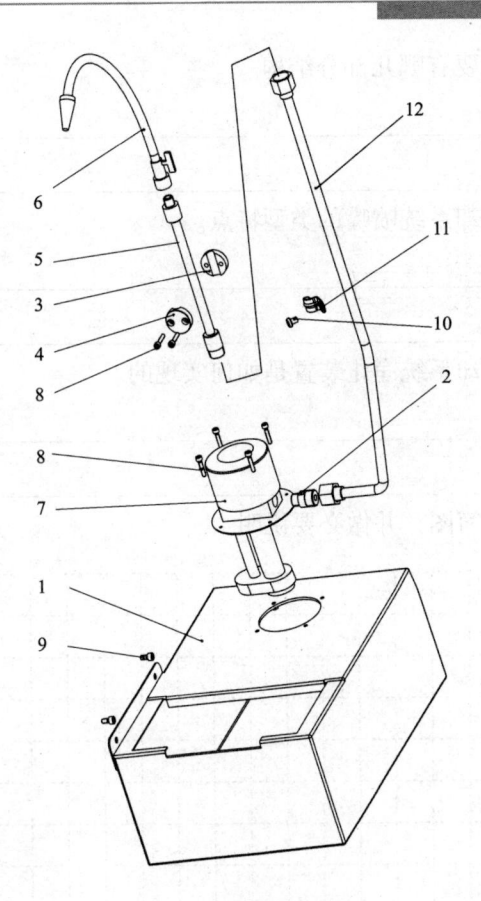

图 5-42 冷却系统

表 5-2 序号解释说明（图 5-42）

序号	零件编号	零件名称	数量	备注
1	CDS6132-84701	水箱	1	
2	CDS6132-84702	接头	1	
3	CDS6132-84703	支座	1	
4	CDS6132-84704	支座	1	
5	CDS6132-84705	钢管	1	
6	L31-5	G1/4 球阀	1	
7	AOB-12	水泵组件	1	380 V/50 Hz, 60 W, 0.24 A, 3 m, 接线盒出线 M16×1.5, 带出水管接头 G1/2
8	GB70-M5×25	螺钉	6	
9	GB70-M6×12	螺钉	2	运输时使用
10	DB1034-M6×8	螺钉	2	
11	DB1691-14	管夹	1	
12	G1/2×1 500	铠装软管	1	G1/2×1 500，两端为 G1/2 内螺纹

1. 说说图 5-42 中主要有哪几部分结构。

2. 说说图 5-42 中冷却系统喷嘴的类型特点。

3. 说说图 5-42 中冷却系统净化装置是如何实现的。

4. 绘制冷却系统原理简图，并做必要说明。

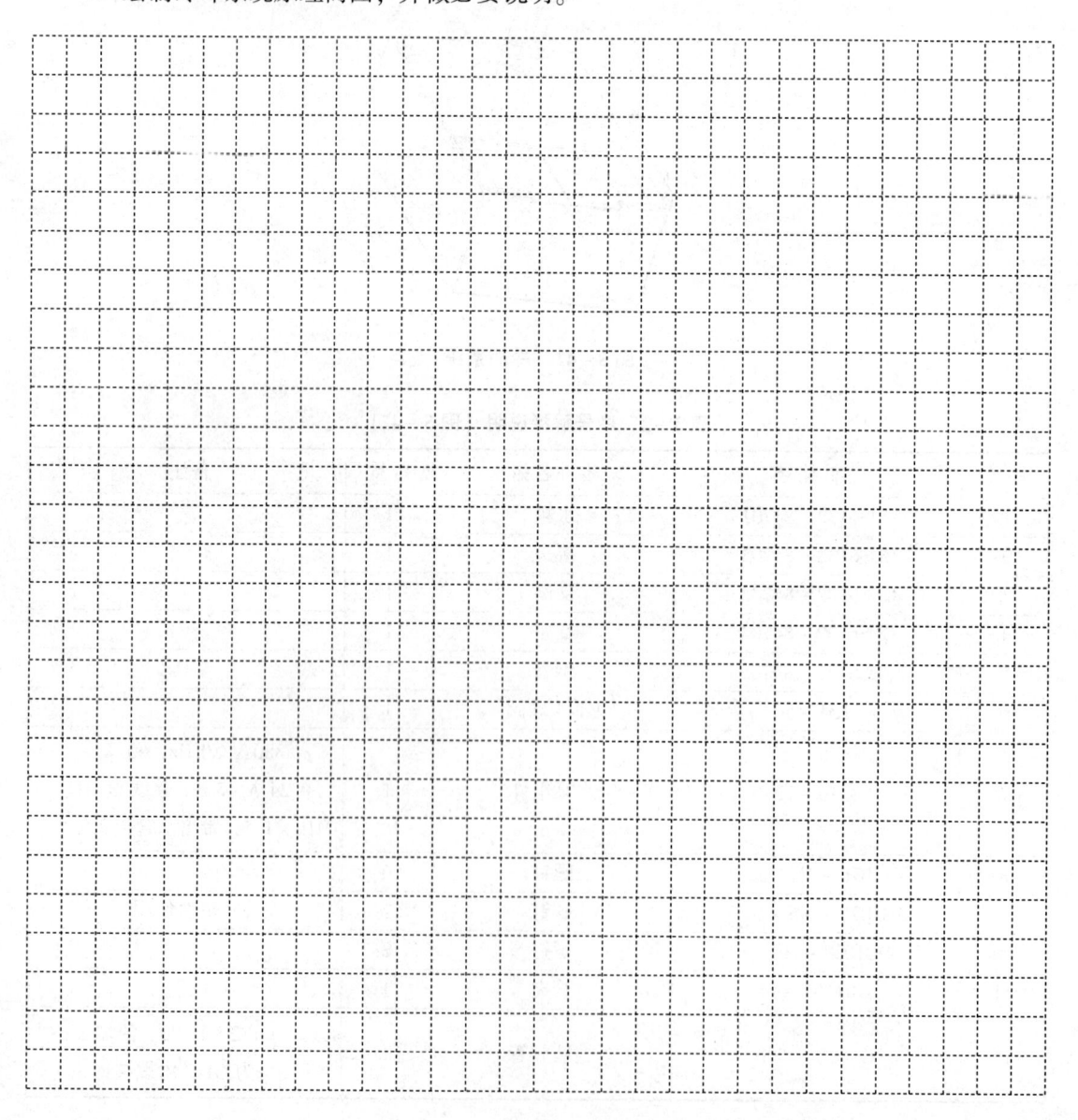

二、拆装冷却系统。

（1）拟订拆装计划，做好拆装准备。
（2）合理运用工具，完成拆卸。
（3）进行必要的清洗、修理。
（4）完成组装。
（5）进行调试，确保正常运行。
（6）进行总结。

任务评价

根据表 5-3，对任务的完成情况进行评价。

表 5-3 成绩评定表

项次	项目和技术要求	实训记录	配分	得分 自我评价	得分 小组评价	得分 教师评价
1	正确回答问题		15			
2	正确绘图		15			
3	能进行系统的拆卸		20			
4	安装调试后系统运行正常		20			
5	现场 5S 规范		20			
6	团队合作精神		20			
	小计					
	总计					

注：自我评价占 30%，小组评价占 30%，教师评价占 40%

总结提高

列出在本任务中认识的专业词汇、学习到的知识点、会使用的工具、掌握的技能。

1. 新的专业词汇。

2. 新的知识点。

3. 新的工具。

4. 新的技能。

项目拓展

学习特种冷却的材料，分析它们冷却的特点和工作原理。

1. 通过主轴中心的刀具冷却

加工中心刀具内喷射冷却电动机主轴结构如图 5-43 所示。图中主轴装有刀杆 1；轴承 2 为复合陶瓷轴承，直径 $D=70$ mm；主轴轴承系统为前后两组成对轴承，前端装有非接触式密封系统 10；4 为内装式电动机。电动机主轴用于速度优化切削加工。在高速机床中，主轴为关键部件，合理的设计原则可控制主轴发热。电动机主轴轴承系统内装电动机冷却套，即水通道，冷却液从内冷却进口进入，到达冷却套，同上述的冷却外套的冷却作用相同，也可以使冷却液进入刀杆（图中未表示出），前部可安装控制阀，一般按用户提出具体要求的结构形式进行设计。

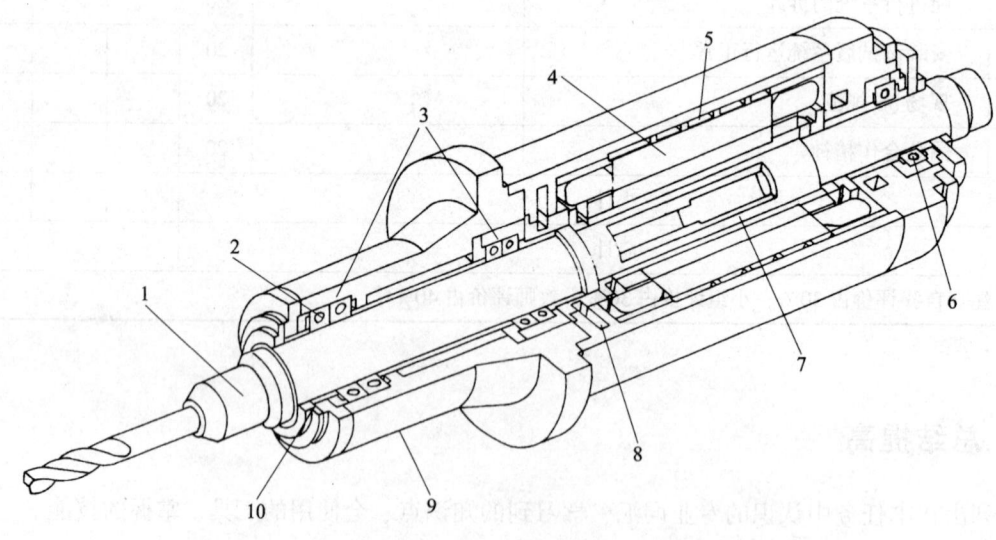

图 5-43 加工中心刀具内喷射冷却电动机主轴结构
1—刀杆；2—陶瓷轴承；3—主轴轴承系统；4—内装式电动机；5—冷却套（水通道）；
6—后轴承；7—内冷却液进口；8—挡热板（水通道）；9—温度补偿传感器；
10—非接触式密封系统

2. 通过主轴冷却液套冷却主轴

通过主轴冷却液套冷却主轴，即内装式同轴电动机主轴冷却。机床机架由固定横梁与整体床身装配成一体，整体床身将机床底座与立柱铸造成一体，这种机床可以提高机床的整体刚度和抗接触变形能力。倒置立车主轴部件采用了国际先进内装同轴电动机驱动技术，电动机安装在主轴的两组轴承之间，增强了主轴驱动系统的刚度。图 5-44 所示为内装式同轴电动机驱动主轴箱结构示意图，主轴采用冷却液，由冷却液进口进入经内装电动机定子 2 外的冷却外套 1 的沟槽，沿冷却外套螺旋走数圈后，再由冷却液出口排出，循环冷却主轴箱。

本冷却主轴箱适于各种数控车床主轴。

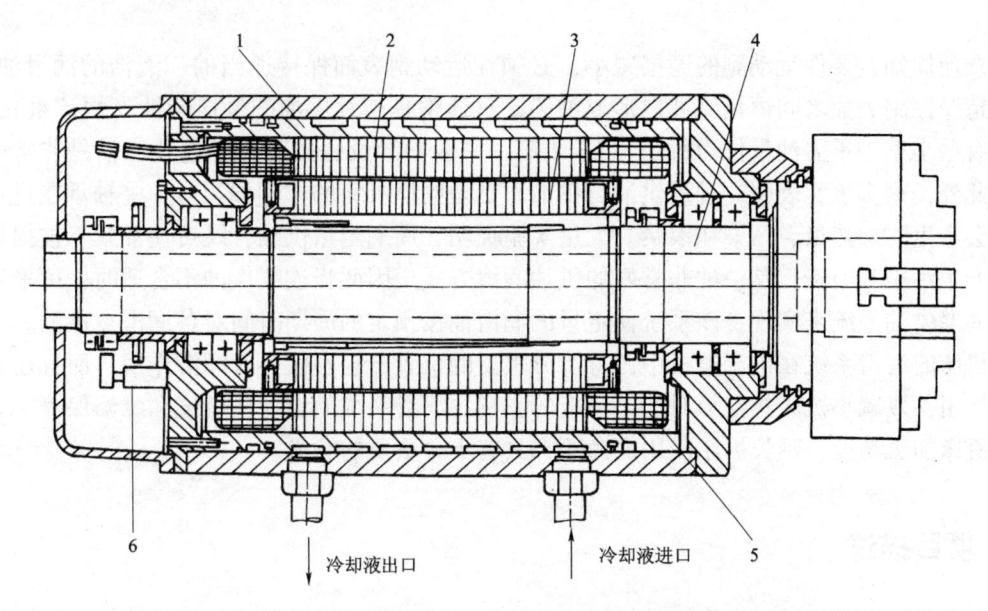

图 5-44 内装式同轴电动机主轴箱的循环冷却液冷却示意图
1—冷却外套；2—内装电动机定子；3—内转电动机转子；
4—主轴；5—电动机绕组；6—旋转编码器

项目6　机床润滑系统的拆装

众所周知，要使运动副的磨损减小，必须在运动副表面保持适当的、清洁的润滑油膜，即维持摩擦副表面之间恒量供油以形成油膜。这通常是连续供油的最佳特性（恒流量），然而，有些小型轴承需油量仅为每小时1~2滴，一般润滑设备按此要求连续供油是非常困难的。此外，很多事实表明，过量供油与供油不足是同样有害的。例如：对一些轴承在过量供油时会产生附加热量、污染和浪费。大量实验证明，周期定量供油，既可使油膜不被损坏又不会产生污染和浪费，是一种非常好的供油润滑方式。因此当连续供油不合适时，可采用经济的周期供油系统来实现，该系统使定量的润滑油按预定的周期时间对各润滑点供油。

机床的润滑系统在机床整机中占有十分重要的位置，它不仅具有润滑作用，而且还具有冷却作用，以减小机床热变形对加工精度的影响。润滑系统的设计、调试和维修保养，对于保证机床加工精度、延长机床使用寿命等都具有十分重要的意义。

项目描述

本项目针对机床的润滑系统进行初步的认识，了解机床润滑系统的组成结构和基本的工作原理，并进行润滑系统的拆装。

学习目标

一、知识目标

1. 了解常用的机床润滑方式；
2. 了解机床润滑系统的工作原理和常用的机构特点。

二、技能目标

1. 能绘制机床的油路简图；
2. 会拆装机床的油路；
3. 能进行机床油路的检修。

任务描述

学习机床润滑的相关知识；熟悉常见的机床润滑方法；观察机床的油路，绘制油路简图；拆装机床油路，进行机床油路的检修训练。

必备知识

一、机床的润滑方式

机床润滑系统在机床整机中占有十分重要的位置，其设计、调试和维修保养，对于提高机床加工精度、延长机床使用寿命等都有着十分重要的作用。现代机床导轨、丝杠等滑动副的润滑，基本上都采用集中润滑系统。集中润滑系统是由一个液压泵提供一定排量、一定压力的润滑油，为系统中所有的主、次油路上的分流器供油，而由分流器将油按所需油量分配到各润滑点。同时，由控制器完成润滑时间、次数的监控和故障报警以及停机等功能，以实现自动润滑的目的。集中润滑系统的特点是定时、定量、准确、效率高，使用方便可靠，有利于提高机器寿命，保障使用性能。

机床上常用的润滑方式见表 6-1。

表 6-1 机床上常用的润滑方式

分类	种类	概要	适用范围	特征	设备费	维护费	操作费
全损耗式润滑	手工加油（脂）润滑	用给油器按时向机床油孔加油	低中速、低载荷间歇运转的轴承、滑动部位，开式齿轮、链等及 $d_m n < 0.6 \times 10^6$ mm·r/min 的滚动轴承	设备简单，需频繁加油，注意防止灰尘杂物侵入	便宜	便宜	价高
	滴油润滑	用滴油器，长时间以一定油量由微孔滴油	低、中载荷轴承，圆周速度小于 4~5 m/s	比手工润滑可靠，可调整油量，根据温度、油面高度变化给油量	便宜	一般	一般
	灯芯润滑	由油杯灯芯的毛细管作用，进行长时间给油	低、中载荷轴承，圆周速度小于 4~7 m/s	用灯芯数来调节给油量，根据温度、油面高度、油黏度变更给油量	便宜	便宜	一般
	手动泵压油润滑	用手动泵间歇地将润滑油送入摩擦表面，用过的油一般不回收循环使用	需油量少、加油频率低的导轨	可按一定间隔时间给油，给油量随工作时间、载荷有所变化	较高	一般	便宜
	机力润滑	由机床本身的凸轮或电动机驱动的活塞泵做 35 MPa 压力给油	高速、高载荷气缸、滑动面	能用高压适量正确给油，能多达 24 处给油，但不能大量给油	价高	一般	便宜

续表

分类	种类	概要	适用范围	特征	设备费	维护费	操作费
全损耗式润滑	自动定时定量润滑	用液压泵将润滑油抽起,并使其经定量阀周期地送到各润滑部位	数控机床等自动化程度较高的机床、导轨等	在自动定时定量润滑系统中,由于供油量小,润滑油不重复使用	价高	一般	便宜
	集中润滑	用1台泵、分配阀、控制装置进行准确时间间隔适量定压给油	低、中速,中等载荷	可实现集中自动化给油	价高	一般	便宜
	喷雾润滑	用油雾器使油雾化,与空气一同通过管道给油,或用液压泵将高压油送给摩擦表面,经喷嘴喷射给润滑部位	高速流动轴承,$d_m n > 10^6$ mm·r/min、轻载中小型滚动轴承、滚珠丝杠副、齿形链、导轨、闭式齿轮	可实现集中自动化给油,能经常供给足够量的油;空气冷却,空气须过滤和保温;给油量受到限制;有油雾污染环境问题,油不宜循环使用;利用压缩空气由油嘴喷油雾化后送入摩擦表面并使其饱和状态下析出,让摩擦表面黏附油膜,可起大幅度冷却润滑作用	一般~高价	价高	便宜
	喷射润滑	用液压泵,通过位于轴承内圈与保持架中心之间的一个或几个口径为0.5~1 mm的喷嘴以0.1~0.5 MPa的压力,将流量大于500 mL/min的润滑油喷到轴承内部,经轴承另一端流入油槽	轴承高速运转时,滚动体、保持架也高速运转,使周围空气形成气流,一般润滑油润滑不到轴承,必须采用高压喷射润滑,用于$d_m n > 1.6 \times 10^6$ mm·r/min的重负荷轴承	润滑油不宜循环使用,用一段时间后会变质,需适时更换	较高	一般	便宜

续表

分类	种类	概要	适用范围	特征	设备费	维护费	操作费
全损耗式润滑	油/气润滑	每隔1~60 min，由定量柱塞分配器定量供给微量润滑油（0.01~0.06 mL），与压缩空气（0.3~0.5 MPa，流量20~50 L/min）混合后，经内径为2~4 mm的管子喷嘴喷入轴承。注意喷嘴应安装在保持架与内圈之间	高速轴承	与油雾润滑的区别是供油未雾化，而以滴状进入轴承，易留于轴承，而不污染环境，并能冷却轴承；轴承温升较油雾润滑低，$d_m n > 10^6$ mm·r/min；黏度为10~40 mm^2/s，每次排油量为0.01~0.03 mL，排油间隔为1~6 min，喷嘴孔径为0.5~1 mm；润滑油不宜循环使用	较高	一般	便宜
反复式润滑	油浴润滑	轴承一部分浸入油中，润滑油由旋转的轴承零件带起，再流回油槽	主要用于中、低速轴承	油面不应超过最低滚动体的中心位置，以防止搅拌作用发热			
反复式润滑	飞溅润滑	回转体带动搅拌的油，使其飞溅出，以给油到润滑部位	中心型减速箱	有一定的冷却效果，不适用于低速或超高速	便宜	不要	一般
反复式润滑	油垫（绳）润滑	由油垫的毛细管作用，吸上的油进行涂布给油	中速，低、中载荷鼓形轴承；圆周速度小于4 m/s的滑动轴承	可避免给油的繁杂操作，注意防止杂质侵入而发生堵塞	便宜	便宜	便宜
反复式润滑	油环润滑	轴上带有油环、油盘，借用旋转将油甩上给油	中速电动机、离心泵	有较好的冷却效果，如果低速回转或使用高黏度油，会给油不足，不能用于立轴	便宜	不要	便宜
反复式润滑	循环润滑	油箱、泵、过滤装置、冷却装置管路系统带有强制性循环方式，可不断地循环给油	大型机床（高速、高温、高载荷）	给油量、给油温度可以细微调节，可靠性高，冷却效果好	价高	价高	一般~价高

续表

分类	种类	概要	适用范围	特征	设备费	维护费	操作费
反复式润滑	自吸润滑	用回转轴形成的负压，进行自吸润滑	圆周速度小于3 m/s、轴承间隙小于0.01 mm的精密主轴滑动轴承		较高	一般	一般
	离心润滑	在离心力作用下，润滑油沿着圆锥形表面连续地流向润滑点	装在立轴上的滚动轴承		一般	一般	便宜
	压力循环润滑	使用液压泵将压力送到各摩擦部位，用过的油返回油箱，经冷却过滤后循环使用	高速重载或精密摩擦副的润滑，如滚动轴承、滑动轴承、滚子链、齿轮链等		较高~高价	一般	便宜

二、轴承润滑剂的供给

（1）根据改变轴承右侧轴承盖板上排流润滑剂孔道（简称排孔）位置的不同，来实现轴承不同部位的润滑作用，如图6-1所示。如图6-1（a）所示的排孔开在对着轴承外环的内表面位置，润滑剂在轴承运转的离心力作用下，主要润滑轴承外环内表面和滚柱外圆表面。如图6-1（b）所示的排孔开在对着轴承保持架右端的位置，润滑剂在轴承运转的离心力作用下，主要润滑轴承外环的内表面和滚柱外圆表面。如图6-1（c）所示的排孔开在对着轴承内环的外圆表面和滚柱外圆表面位置。

（2）注入润滑剂，经纵向和横向油路进入轴承，使用后的旧润滑剂积存在右盖室下端，经规定的一定使用时间后，可打开清油板清除废旧润滑剂，如图6-2所示。

（3）从中间进油润滑一组轴承。这是采用喷射油雾润滑的供给润滑剂方式，如图6-3所示，润滑剂从一组轴承的中间位置进油，以喷射油雾方式向一组轴承的两侧进行喷射。油通过轴承的中间隔板油孔向左、右轴承进行对称喷射润滑，能充分地润滑一组轴承滚动体和内、外环滚道。这是一种缓慢的循环润滑方式，可提高轴承运行的可靠性，具有润滑系统中泵的工作效果。其循环润滑的效果仅低于油浴润滑。

喷射油雾润滑的特点是润滑油不会喷射到操作者。进入轴承的油流在自重作用下是向下流的，无须在轴承下方再设进油孔道另外加油。对于机床高速轴承的润滑可采用喷射润滑，其工作黏度可达$5 \sim 10 \text{ mm}^2/\text{s}$（$K = 1 \sim 4$），润滑系统的喷射压力为10 Pa，开动机械装置便可供给额定量的滚动轴承的润滑剂。循环润滑的泵应从轴承工作一开始就供油，无须提前开动液压泵，不用再担心循环润滑油是否会流经整个轴承。

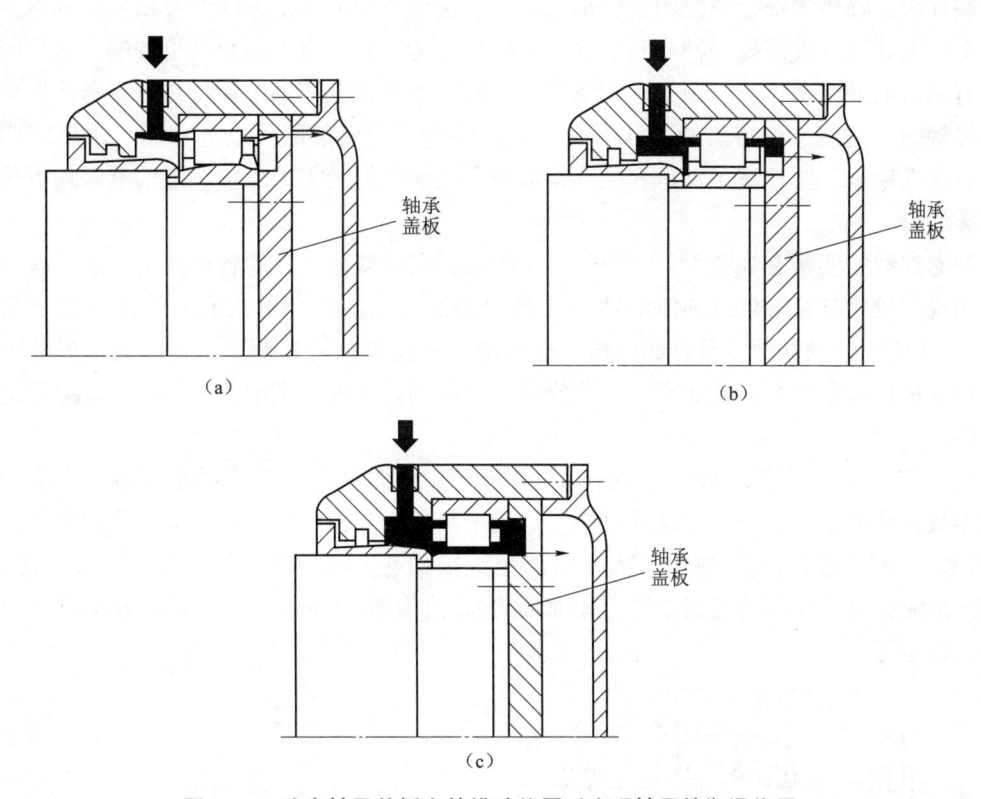

图 6-1 改变轴承盖板上的排孔位置以实现轴承的润滑作用

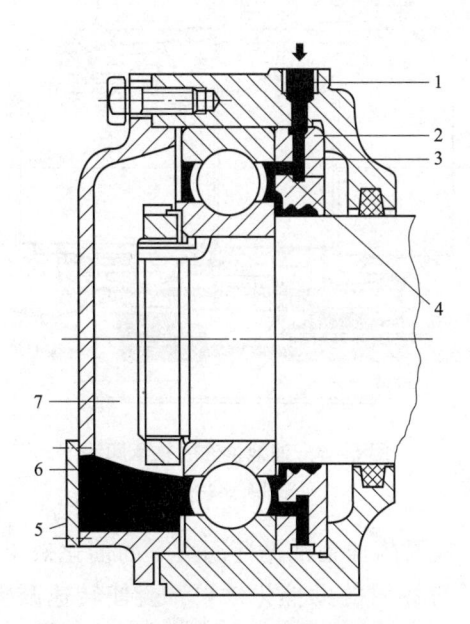

图 6-2 可清除废旧润滑剂的供油方式

1—注油杯座；2—轴承进油盖板；
3—纵向油路；4—横向油路；
5—清油板；6—废旧润滑剂；
7—法兰盖

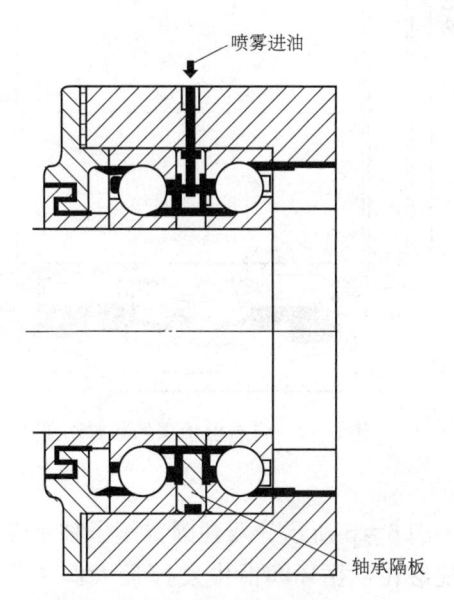

图 6-3 从一组轴承中间向左、右
轴承对称喷雾供油

圆柱滚子轴承大部分油量用于使轴承降温。给油系统需有足够的油量粘挂到轴承的润滑表面上，因此轴承就需要一种有利于供油的较大油量。采用双列轴承会更省油，这是因为滚动体有阻碍油的流动作用，预先即使使用很少的油量，也会使轴承保持在有特殊严格要求的滑动接触面（边缘、保持器的引导平面）上，保持器有足够的可润湿作用。机床结构常用轴承有滚珠轴承、圆柱滚子轴承和能直接给油及供油可靠的推力角接触球轴承等均可采用油雾喷雾润滑。

油雾润滑的实例有如图6-2和图6-3所示的大型箱体尺寸的各种轴承润滑。这种轴承可使用规定较大油量的轴承油浴润滑（全耗损型油通过油雾润滑大油量的各种大型箱体）。如图6-4所示，油雾通过分开的油槽进行润滑，可实现高转速润滑，运转的机械并不需全部油量。这种润滑的特点是油雾中杂质能自己沉降到另外的小室中，而不需用持续的旋转方式来除污。

图6-5所示为多滚子轴承在一小油池里润滑。由油池供油进行轴承润滑，多滚子轴承绝大多数保持着油池，油的带动通过导向形成平衡状态。输油环1有一个很大的直径，作为"波浪轴"浸到油池深部，轴承不需要与油池直接相连。输油环1将浪液经轴传送给轴承。过剩的油流在穿孔2深处返回油池。输油环的nd值为400 000 mm·r/min。在高转速时，输油环损耗显著。

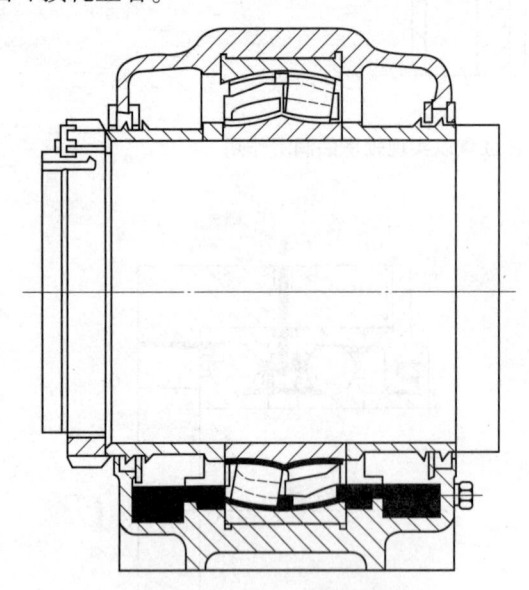

图6-4 带有保护罩的油雾润滑 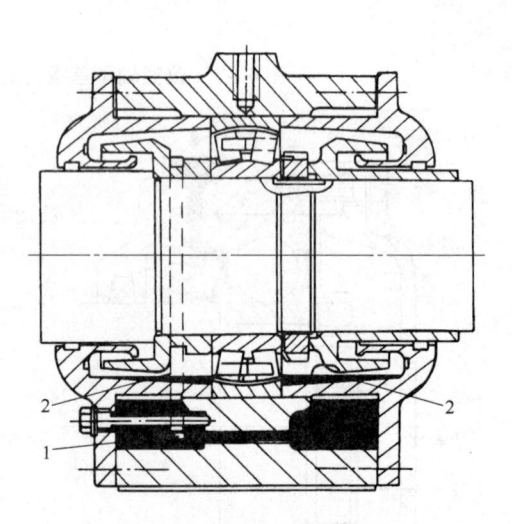　　　　**图6-5 油池供油的轴承润滑**
　　　　　　　　　　　　　　　　　　　　1—输油环；2—穿孔

图6-6所示为双列圆锥滚子轴承带有助催化效果的加强油循环润滑。助催化效果是指能够在油循环润滑中发挥最大润滑作用，但带有黏附的助催化效果，会使转速减慢。通过穿孔流出，不产生油雾，而是将垂直排列的高转速圆锥形主轴头或将一个小直径的主轴浸入到油箱。这种润滑的原理是支承在高处的计量装置靠重力供给足够的油量，经轴承S缝隙来润滑主轴。如果泵的扬程小且黏度不足，则需设计与要求相适应的输油量的供油系统。

图6-7所示为穿过输送圆锥的油循环润滑。

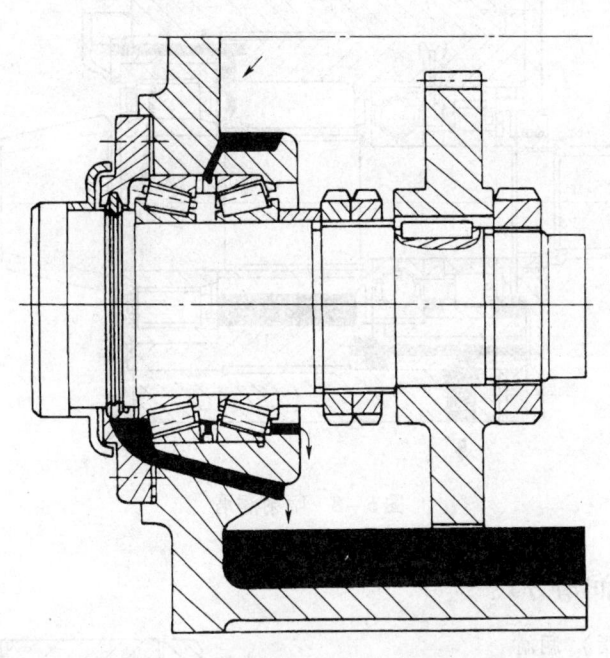

图6-6 带有助催化效果加强油循环润滑

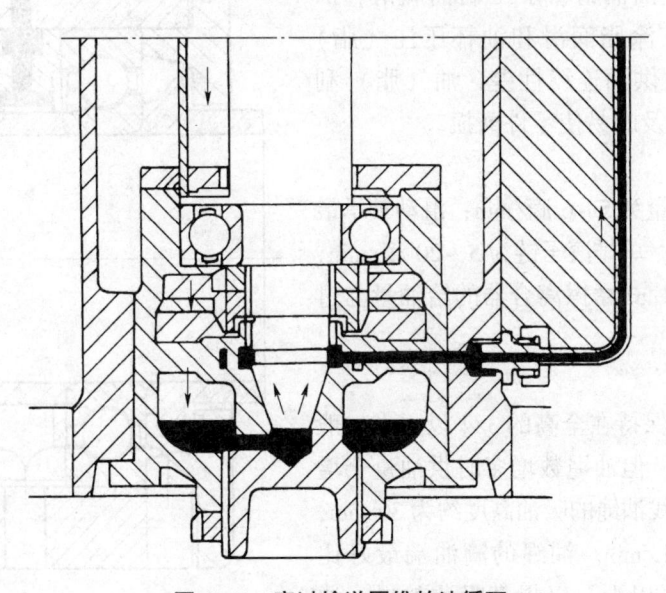

图6-7 穿过输送圆锥的油循环

如图6-8所示，驱动齿轮可喷射足够的润滑油润滑滚动轴承，它有巧妙而可靠的机架，在工作中可得到喷射油。从图6-8中可见，在圆柱滚子轴承上面，轴承从钻出的孔引出喷射油到一个凹槽（油池）里。油流经过轴承的各部分时，圆柱滚子轴承就如同有一个能拦住油流的笆梳机构而得到润滑，因此能经常保持有油浸润的润滑作用。

图6-9所示为直接喷射式润滑，油从轴承的中间保持架溅出。这种油位会使后面的轴承放油通道受到阻碍。轴承有一种输送油的效果，用小直径的运行油路来实现直接喷射，输送油并达到润滑效果。

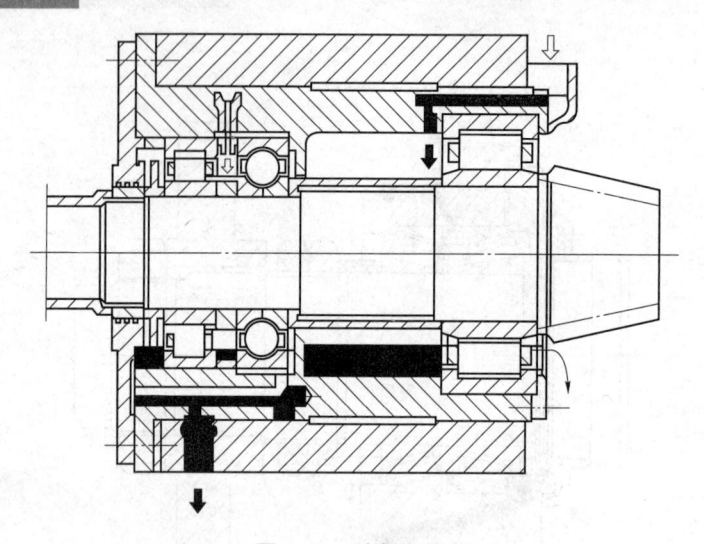

图 6-8 喷射润滑

三、常用机床润滑方式

1. 手工加油（脂）润滑

它包括手工浇油润滑、手工刷油润滑、油枪压注润滑、手工涂脂润滑和油杯压注（脂）润滑。手工加油的供油连续性差，油（脂）利用率低，如供油不及时易使零件磨损。

2. 滴油润滑

滚动轴承滴油量为 5~6 滴/min；滑动轴承最小流量为 5 滴/min；单排滚子链为 5~20 滴/min，速度高时取大值；片式摩擦离合器的给油量与过滤元件有关。

3. 油绳润滑

油杯中油位应保持在全高的 3/4 以上。一般供油量不便于调整，但油绳数增多时供油量会增加。通常干燥的毛线油绳的吸油高度约为 30 mm，吸油量为 0.5~5mL/min。油绳的滴油端最好比油杯底面低 50 mm 以上，以提高吸油效果。油绳油杯供油能力与油绳厚度有关。

4. 飞溅润滑

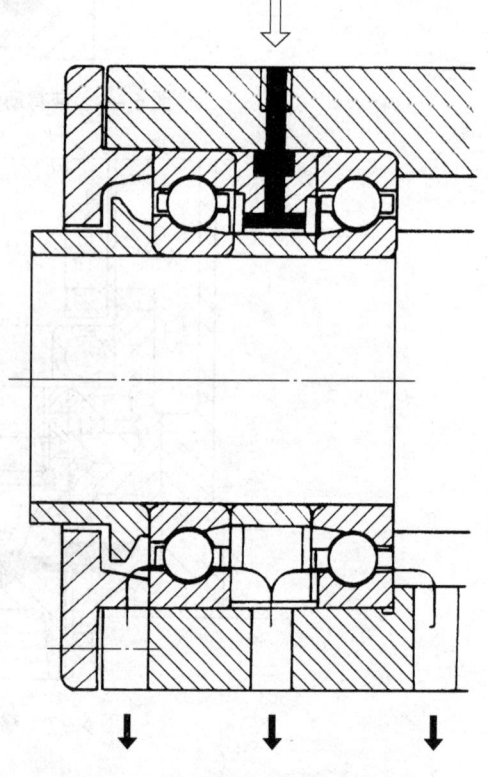

图 6-9 带有喷雾嘴的循环润滑

借助高速转动的齿轮或专门装设的甩油盘、甩油片等将油池中的油带起，直接飞溅到各摩擦部位或再通过专门制作的导油槽流向各摩擦部位（如轴承）。至于利用转动零件将从油杯中滴落的油滴飞溅到摩擦部位，则是飞溅润滑的另一种形式，它主要用于滚动轴承。飞溅润滑只能用于封闭机构，可防止润滑油沾污，以循环使用。

飞溅润滑时，浸在油池中的机件的圆周速度小于 12 m/s，齿轮浸油深度小于齿高，否则会产生大量泡沫及油雾，使油迅速氧化变质。此外还应装设通风孔多油面指示器。

5. 压力循环润滑

其工作过程是利用液压泵将油箱或油池中的润滑油经管道和分油器等元件压送到各润滑点，用过的油液返回油箱（或油池），经冷却和过滤后供循环使用。其供油充足，摩擦热及磨屑不能被润滑油带走。此外，易于实现润滑油压力和流量的调整，以及润滑过程的自动控制。

压力循环润滑可分为箱体内循环润滑和箱体外循环润滑。

1）箱体内循环润滑

利用直接装入机床传动箱体内的液压泵，将位于同一箱体内油池中的润滑油抽起，并经管道和分油器等供给各润滑点。用过的油液返回油箱供循环使用。其特点是无须特设一润滑油箱，且往往由传动轴（或再通过齿轮等）直接带动液压泵工作，可省去一台电动机。图 6-10 所示为由传动轴直接带动的齿轮泵安装在滚珠轴承盖上的结构。

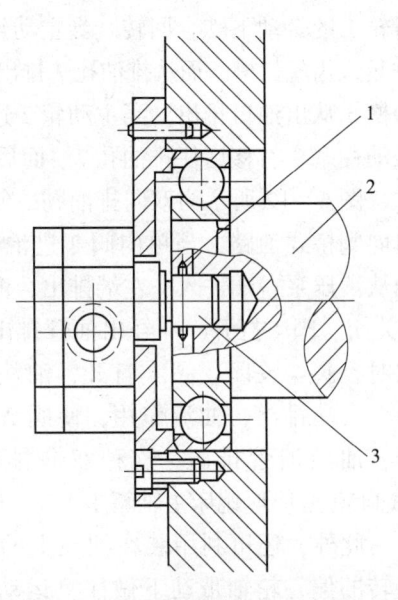

图 6-10　由传动轴直接带动的齿轮泵
1—拨销；2—传动轴；3—液压泵轴

当利用主轴箱或变速箱中需正、反向回转的轴带动液压泵时，采用双向齿轮泵或双向排油阀。如图 6-11 所示的小型双向齿轮泵，通过齿轮与双向回转的传动轴相连接。正反向回转

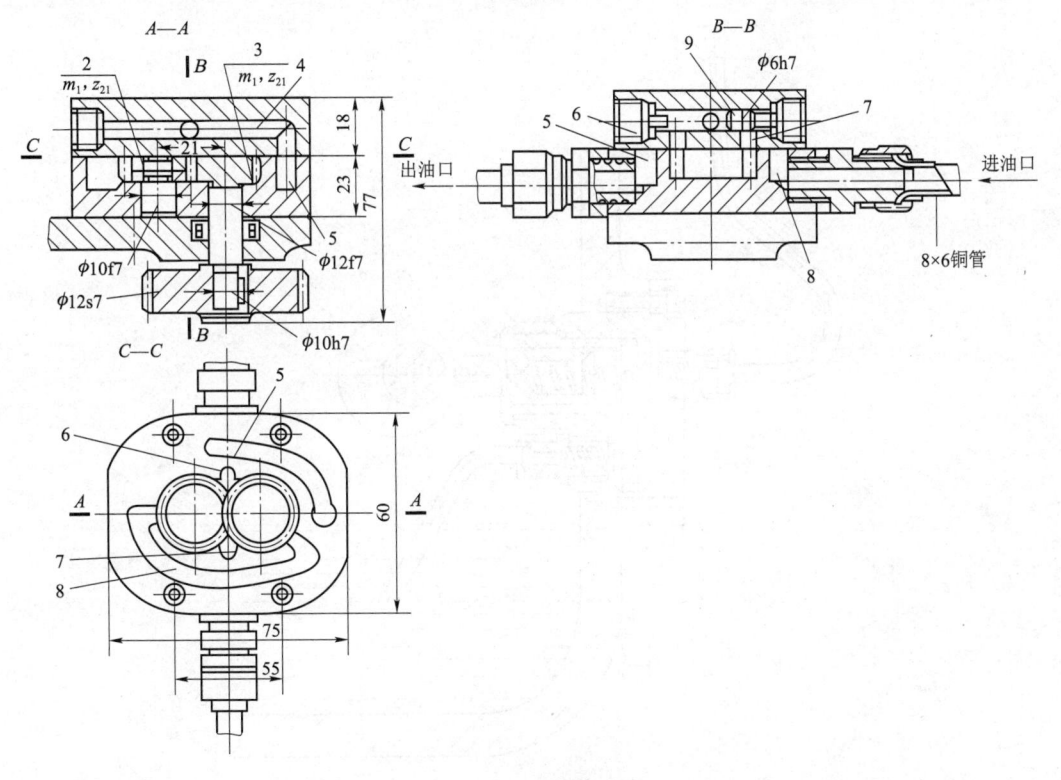

图 6-11　双向齿轮泵
1，2，3—齿轮；4，6，7—排油孔；5—油槽；8—进油槽；9—柱塞

时均能排油，但排油量均为单向齿轮泵的一半。其工作过程如下：液压泵齿轮 2、3 在外部齿轮 1 的带动下啮合回转。当主动轮 2 顺时针回转时（C-C 视图位置），润滑油由进油槽 8 被吸入齿轮齿槽，而从排油孔 7 排出。排出的油液推动柱塞 9 左移堵住排油孔 6，经排油孔 4、油槽 5 从出油口排出。当主动轮 2 逆时针回转时，润滑油由原路进入后从排油孔 6 排出，并推动柱塞 9 右移堵住排油孔 7。而后的排油通道同上。

图 6-12 所示为双向排油阀，使主轴正反转时润滑泵的进油、出油管的方向不变。采用单向阀桥式油路，当单向阀 2 进油时，阀 3 关闭，油从液压泵右端进入、左端排出，油流作用，使阀 1 关闭、阀 4 打开，油经出油管排出。当液压泵反向时，阀 4 关闭、阀 1 打开，油从液压泵左端吸入、右端排出，油流作用，使阀 2 关闭、阀 3 打开，油经油管排出。这种双向排油阀已应用于 XY4450 型仿形铣床主轴箱中。

此外，还可利用装在油池上的小型柱塞泵在旋转的偏心轮轴带动下做往复运动，并通过油管将油池中的润滑油送到润滑点（见图 6-13）。供油量通过改变柱塞的行程来调整，其特点是可省去液压泵电动机，供油随设备的启闭而自动进行。

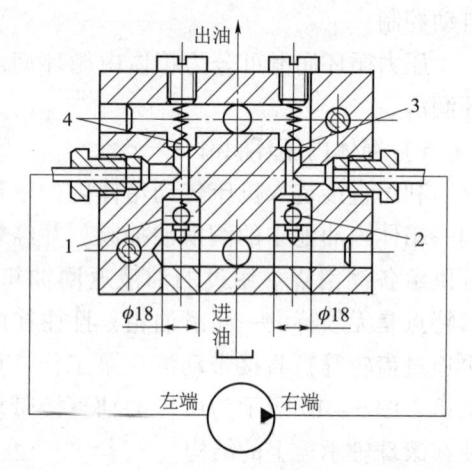

图 6-12 双向排油阀
1、2、3、4—单向阀

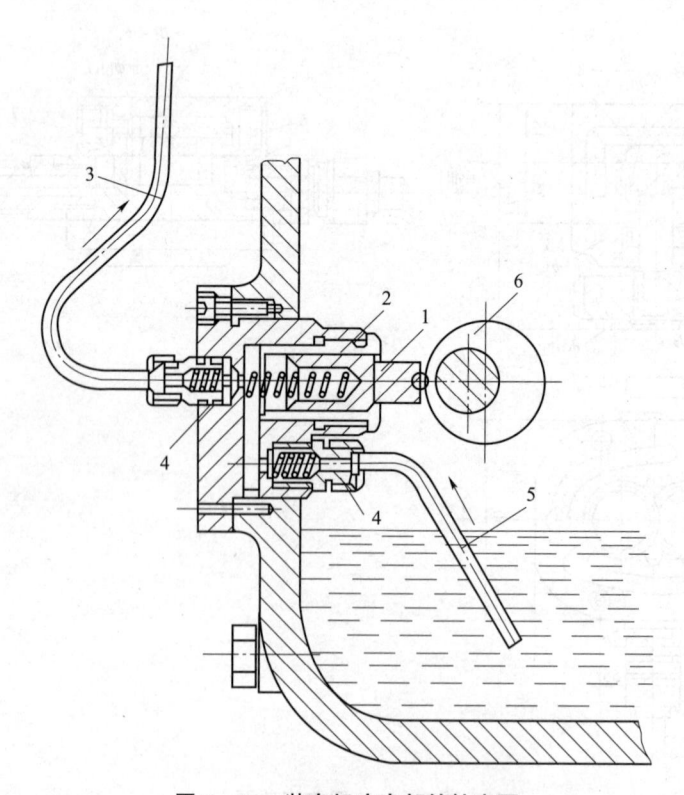

图 6-13 装在机床内部的柱塞泵
1—柱塞；2—弹簧；3—出油管；4—单向阀；5—吸油管；6—偏心轮

2）箱体外循环润滑

利用自成一体的位于传动箱外的单独润滑油箱（装有驱动电动机、液压泵、滤油器等）对传动箱内各摩擦副进行润滑，其优点是润滑油冷却较充分。

由电动机带动的压力循环装置，按需要也可用时间继电器等控制元件实现周期的自动给油。

6．手动泵压油润滑

利用手动泵将润滑油压送到润滑部位，压送出去的润滑油一般不再返回油池循环使用。它与某些无压润滑（如手工加压润滑、滴油润滑等）相比，操作较方便，润滑较可靠，但装置复杂一些。与其他压力润滑方式相比，装置成本低，无须动力源。

润滑装置主要用手动泵，是一种间歇使用的压力润滑装置。通常在工作前通过操纵泵的手把将润滑油压送到润滑点。

手动泵一种是泵与油池为一体结构，即带油池的手动泵；另一种是不带油池的，需要安装于预先设置在机床上的油池（一般离润滑部位较近）中使用，前者应用较广。

除手动泵外，润滑系统中还有分油器及油管等。

7．TM 聚合物润滑

TM 聚合物润滑是采用质量分数为 10% 的 TM 聚合物的 20 号主轴透平油（简称 TM 聚合物润滑油）润滑轴承，主要用于加工中心主轴轴承的润滑。TM 聚合物为一种采用高科技生产的超微化金属元素的悬浊液。青海第一机床厂生产的加工中心主轴轴承，采用 TM 聚合物润滑油润滑，使主轴转速由 4 000 r/min 提高到了 6 000～10 000 r/min，并保证了机床的噪声和温升的设计要求。采用 TM 聚合物润滑油润滑加工中心主轴轴承，通过耐压耐磨试验结果，使主轴轴承耐压能力比不含 TM 聚合物的润滑油提高近 9 倍，而压痕面积却减小到不含聚合物的润滑油的 1/10 大小。

8．循环润滑

（1）大量连续供油的循环润滑系统：用于需要大量连续油流进行润滑和冷却的机床，由齿轮泵、内啮合齿轮泵、叶片泵和柱塞泵供油，并经过分流器分配至各润滑点。

分配润滑剂可由下列元件完成：

① 节流管。

② 不可调节流分配器（节流孔）和可调节流分配器。

③ 带有节流阀的流量监测器，如图 6-14 所示。

④ 流量控制阀。

⑤ 递进式分流器。

⑥ 多口齿轮泵，最多可由泵接出 20 条管线，直接引向润滑点（也可再经分配）。

流量监测器是重要的元件。流量监测器可直接监测进入润滑点各系统中选定部位的流量。根据流量、润滑剂黏度和系统类型选择合适的流量监测器。其应用范围有 0.2～1.5 ni/每行程、50～1 800 mL/min 和 1.6～14 L/min 三种，压力范围为 0.4～3.0 MPa。

由双口齿轮泵装置供油，系统中装有节流管和节流阀的循环润滑系统，如图 6-15 所示。

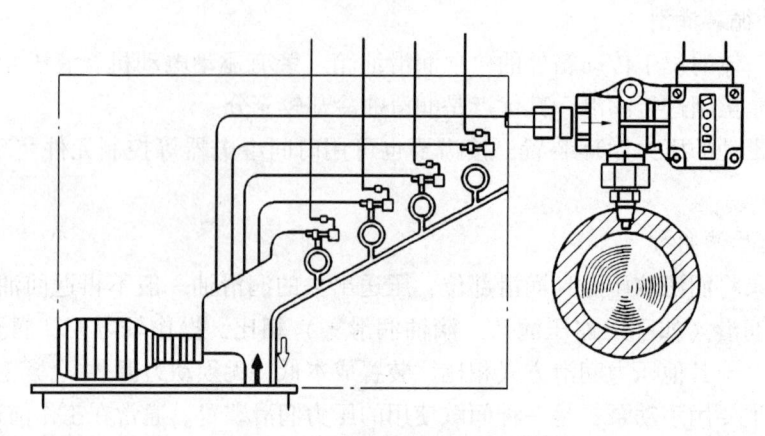

图 6-14 流量监测器管路安装

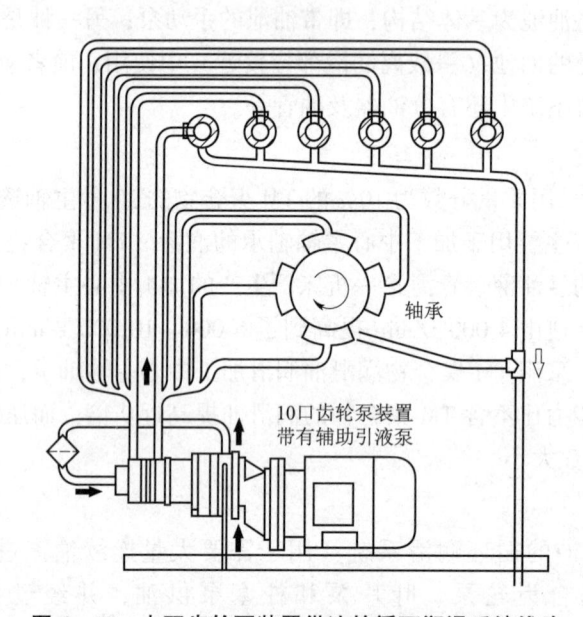

图 6-15 由双齿轮泵装置供油的循环润滑系统线路

（2）静压润滑的循环润滑系统（见图 6-16）：这是一种用于静压润滑和循环润滑的多口齿轮泵装置，即使各条管线有负载变化，多口齿轮泵也能保持油量的分配不变。泵的每一个出油口独立供给一个润滑点，每一台泵可以供给 2~20 条管线，每一条管线的流量为 0.015~1.2 L/min。

（3）带有流量控制阀的稀油循环润滑系统：使用递进式分流器的大型稀油循环系统，使用了流量控制阀。流量 0.1~6 L/min 的不可调流量控制阀可以代替主分流器的功能，而油的两级分配则由递进式分流器完成，如图 6-17 所示。

（4）循环润滑装置（见图 6-18）：循环润滑系统的耗油量在关闭时油标允许有微小的波动，每分钟能得到几升冷油，然后泵继续工作。油液循环时要求溢流阀、冷却器、过滤器、压力表、温度计、油位控制器等操作稳定性好，并能观察到箱体的加热情况。要使大量润滑油液能进到轴承安装部位，与油的黏度有关，也与油的温度有关。

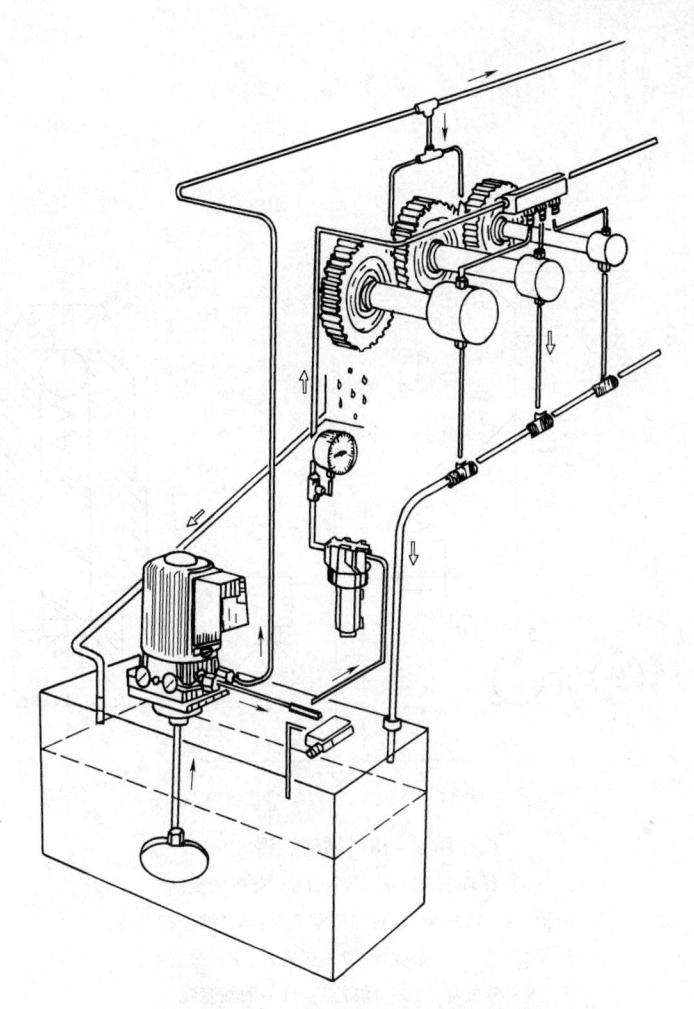

图 6-16 静压润滑的循环润滑系统

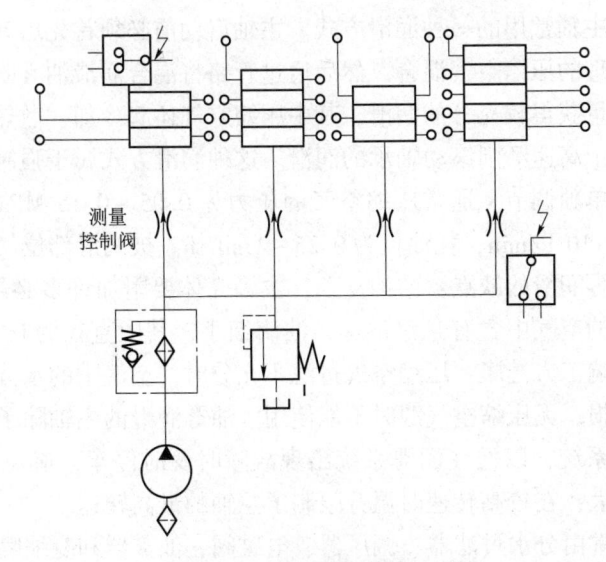

测量控制阀

图 6-17 稀油循环润滑系统

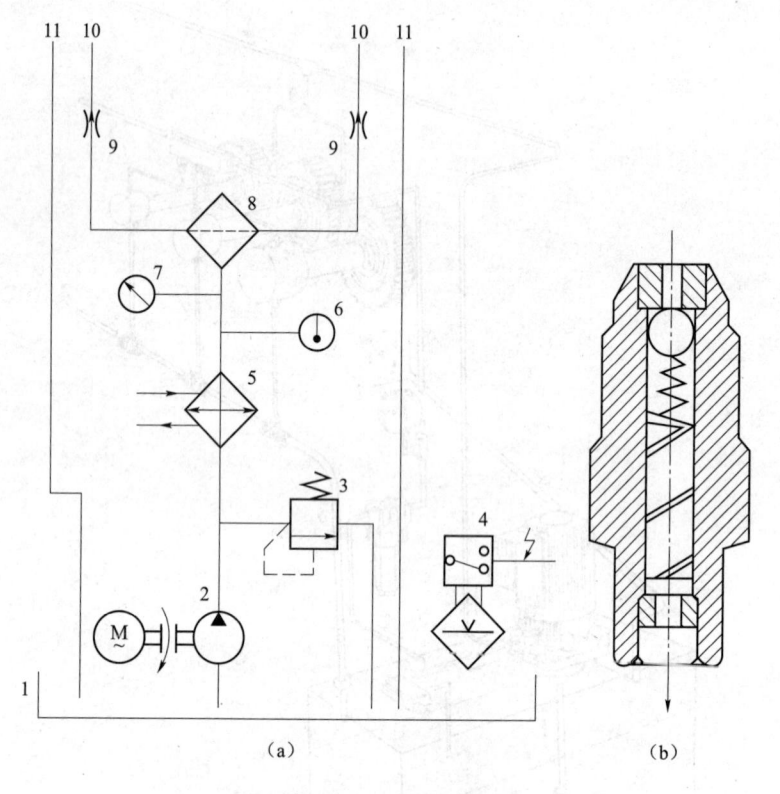

图 6-18　循环润滑
(a) 循环润滑装置实例；(b) 节流阀实例
1—油箱；2—液压泵机组；3—溢流阀；4—油位控制器；
5—冷却器；6—温度计；7—压力计；8—过滤器；
9—分配器；10—润滑点；11—回油管线

9. 油雾润滑

油雾润滑是高速主轴常用的一种润滑方式。主轴启动前必须首先启动润滑装置。该装置将润滑油与经净化处理的压缩空气混合，然后通过管路将混合润滑油雾吹送到各轴承的摩擦表面上，以较小的油量获得较充分的润滑，其中压缩空气还起冷却、散热的作用，并能同时带走磨削粉末，常用于高速磨削滚动轴承的润滑。这种润滑方式属于强制性润滑，其供油量和压缩空气量可分别单独调节。通常压缩空气的压力为 0.05~0.15 MPa，润滑一个滚动轴承的压缩空气量为 5~10 L/min，耗油量为 0.25~1 mL/h。被润滑部位气压比外部高，故能防止尘埃的侵入。油雾润滑的缺点：结构复杂，主轴壳体要附加许多必须密封的润滑通道，制造成本较高，排出的空气中含有悬浮油雾，油滴细小，其中直径为 0.5~2 μm 者易于逸出，会污染环境，影响工人健康。压缩空气过滤不充分时，空气中的水分和杂质会带入润滑部位，引起锈蚀和磨损；无压缩空气源时不能使用。油雾润滑的主轴除了驱动电动机外，还必须有润滑状态监视系统，以便在润滑系统出现故障时及时停车，避免主轴遭到破坏。另外，油雾润滑耗油量大，在较高转速时温升限制了主轴的最高转速。

油雾润滑系统通常由分水过滤器、调压器、电磁阀、油雾器和凝缩嘴，通过管路连接而成，如图 6-19 所示。

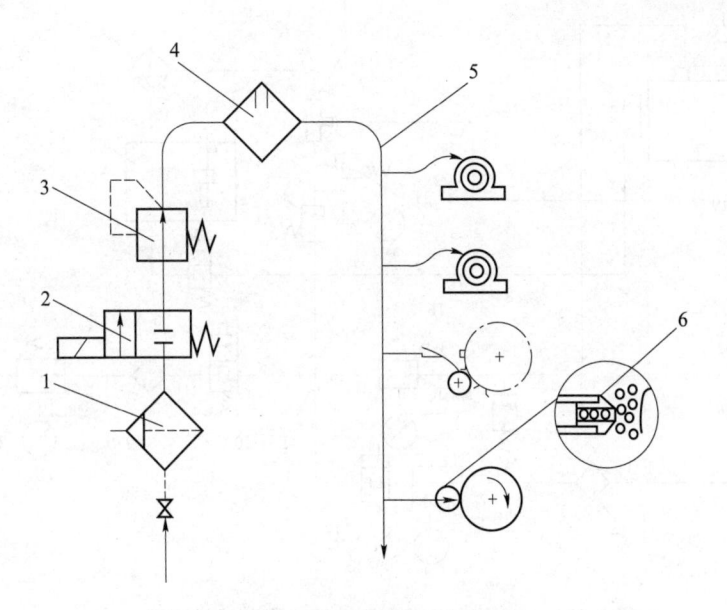

图 6-19　油雾润滑系统的组成
1—分水过滤器；2—电磁阀；3—调压器；
4—油雾器；5—管路；6—凝缩嘴

  分水过滤器用于过滤压缩空气中的杂质和排除空气中的水分，以净化和干燥压缩空气。电磁阀用于控制输送压缩空气的管路的接通和断开。调压器用于调整和稳定压缩空气的压力。油雾器用于雾化润滑油。润滑机械零件时，通常应使用二次雾化型油雾器，其雾化油粒大小为 0.5~5 μm，且比较均匀。这种油雾器对压缩空气的阻尼较大，故适用于气动原件的润滑。

  油雾润滑时，为确保油雾很好地送至各润滑点，应使雾化油粒完全不黏附在油管壁上。同时，为使油雾起良好的润滑作用，则应使雾化油粒完全黏附在被润滑表面上。解决措施是：从油雾器输出的雾化油粒应尽可能小地被雾化，使其不易黏附于油管壁。而在其被送入摩擦副（如轴承）前，则应将其适当进行雾化变化，以使之易于黏附在被润滑表面上。

  油雾润滑系统用于机床主轴箱齿轮轴承的润滑冷却。图 6-20 所示为 QRW208 多轴箱油雾润滑线路图，其是一个高功能化的独立部件，可用于各种机床，特别是各种高速传动的专用部件，适用于要求润滑充分、均匀、定量的数控机床和 FMS 中，转速为几千~几万 r/min，或以上的高速多轴箱。QRW208 多轴箱油雾冷却润滑装置如图 6-21 所示。

  油雾润滑装置如图 6-22 所示，压缩空气经过过滤器洗涤由喷嘴输出，构成一种高强度气流，经吸油管以储油器喷出。瞬间，部分油变成大量油雾，没有变成油雾的油自行滴落，返回到储油器中。变成油雾的油滴大小一般多为 0.5~2 μm。

  油雾本身能够流过输送管道，但其湿润性较差。滚动轴承由压缩机或二次油雾喷嘴形成沉淀成的油滴而得到良好的润滑。二次气封并不能有效地浸渍到润滑点所有要求得到润滑的部位，故要求油雾润滑装置能将油雾经过润滑点周围穿透到轴承内部进行润滑。

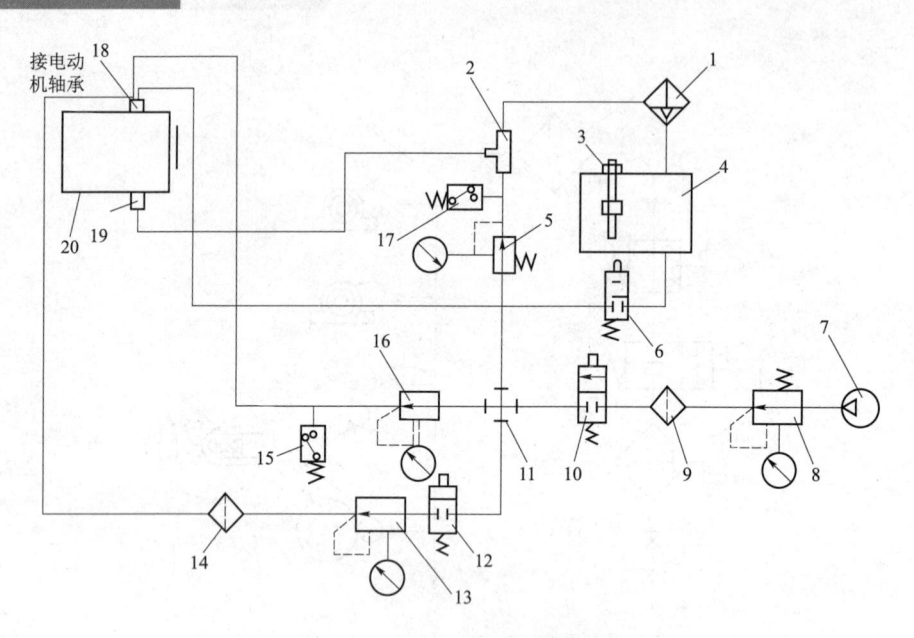

图6-20　QRW208多轴箱油雾润滑线路图

1—油气分离过滤器；2—抽油装置；3—液位报警装置；4—油箱；
5，8，13，16—压力调节器；6，10，12—电磁换向阀；7—气源；9—空气过滤器；
11—四通接头；14—油雾器；15，17—压力开关；
18—喷雾器；19—抽油嘴；20—主轴箱

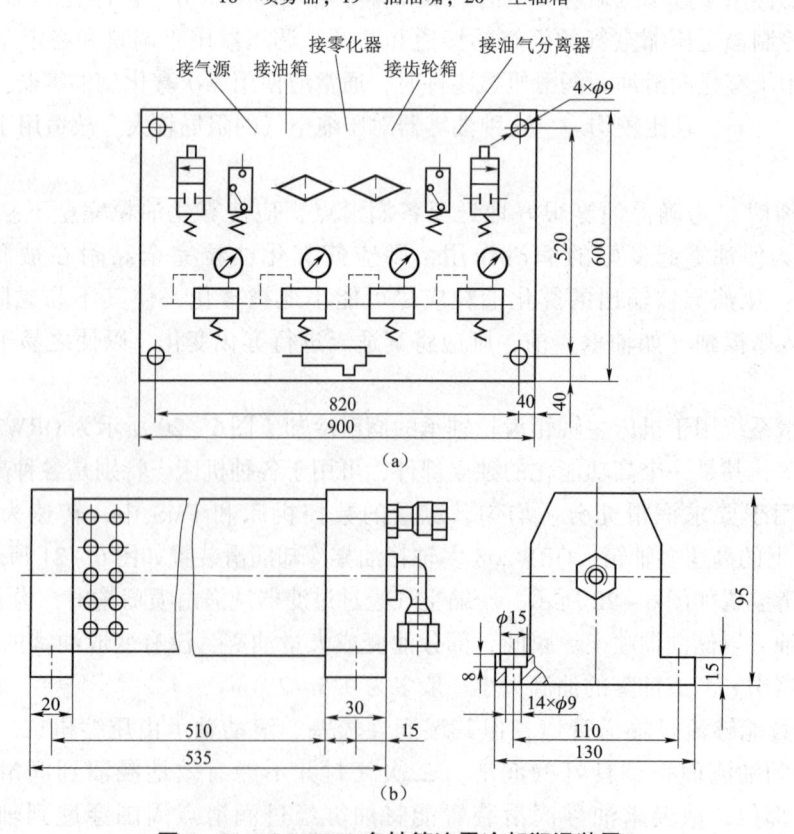

图6-21　QRW208多轴箱油雾冷却润滑装置

（a）液气动原件尺寸图；（b）油气分离器安装尺寸图；

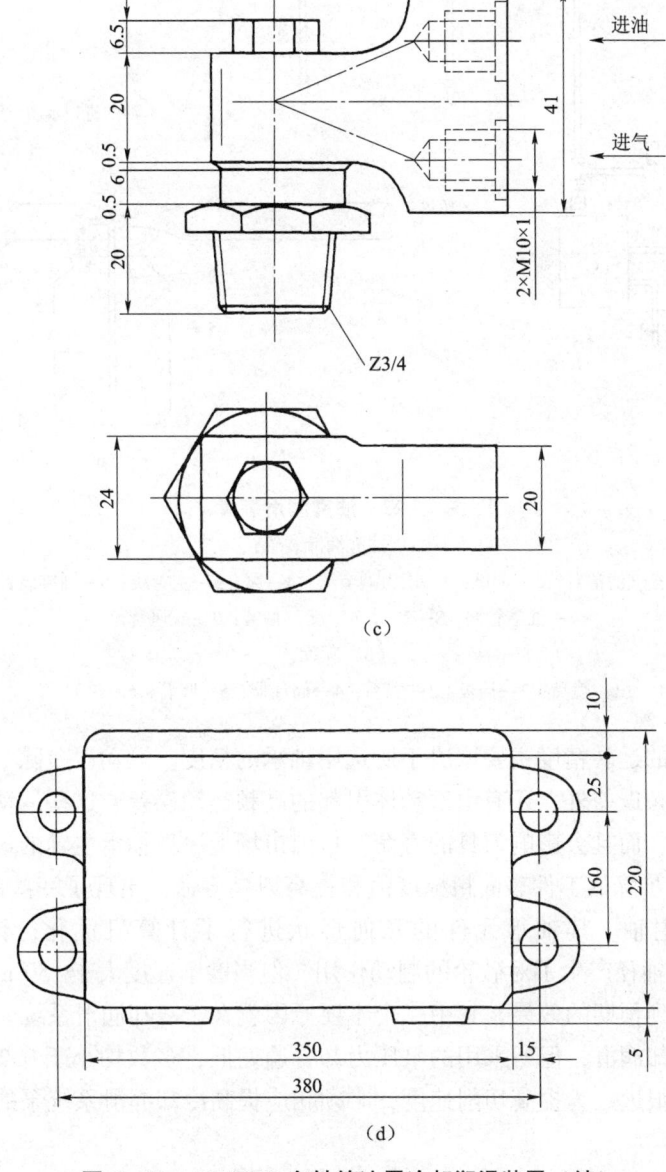

图 6 – 21　QRW208 多轴箱油雾冷却润滑装置（续）
(c) 雾化器安装尺寸图；(d) 油箱安装尺寸图

如果主轴转速很高，要进一步提高主轴转速就必须使用油气润滑，这种润滑方式是将微量润滑油滴按固定的时间间隔喷入润滑管路。油滴在管路中与压缩空气相混合，形成含油量很低的油气。这种油气的稠度大大低于上面提到的油雾，每次排油量为 0.01~0.03 mL。所以滚珠与轴承内外圈之间的油膜很薄，轴承的摩擦损失因此相应减少，从而降低了主轴发热，提高了主轴最高转速。油气润滑与油雾润滑的造价基本相同，所以新一代高速主轴绝大多数采用油气润滑。

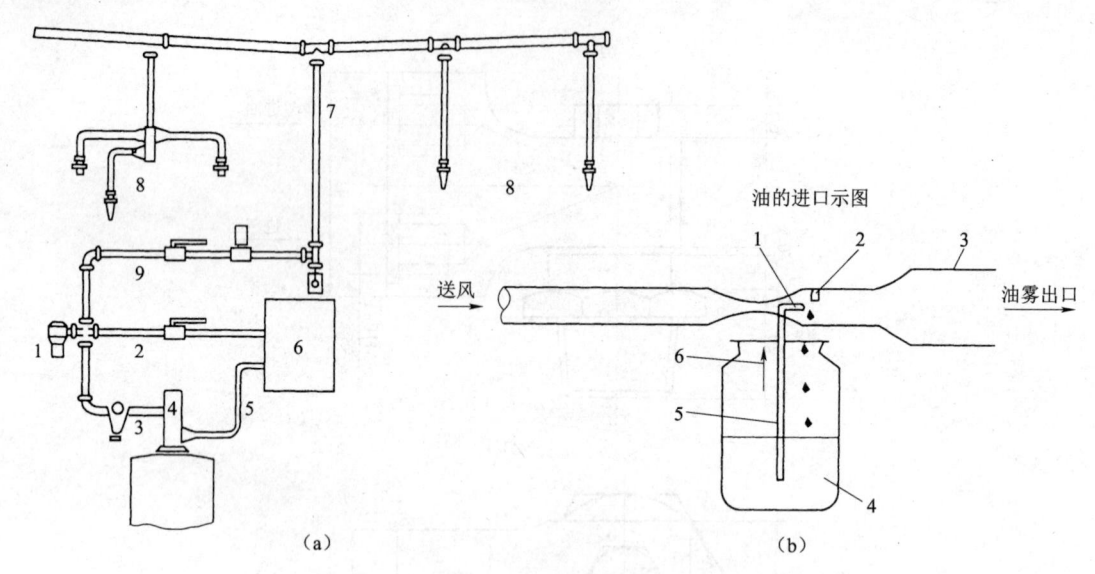

图 6 – 22　油雾润滑装置

（a）油雾润滑装置；
1—空气滤清器；2—管道；3—压力调节器；4—泵；5—主管线；6—油雾装置；
7—油雾管路；8—二次（逆反）油雾；9—吹风管道
（b）喷嘴
1—喷嘴；2—挡板；3—管系；4—储油器；5—吸管；6—进油

　　滚动轴承主轴的运转精度主要取决于所选用轴承的精度。运动误差除了由主轴各零件的形状误差引起的低频误差外，还有由滚动体引起的高频运动误差。这些运动误差不但会影响工件的表面粗糙度，而且会影响刀具的寿命。目前市场上滚珠轴承主轴的最高运动精度可达 0.5 μm。为了进一步降低工件表面粗糙度值和提高刀具寿命，出现了一些新型的电动主轴，如液体静压高速主轴。其轴承元件的几何形状进行了计算机优化，转速特征值可达 1×10^6 mm·r/min。轴径产生了对砂轮的制动作用，但当磨削速度大于 150 m/s 时，各类高速磨削实验却均达不到预期的效果，其中一个主要原因就在于冷却润滑系统。大多数实验虽然使用了大流量的冷却润滑，但所采用的泵压力却普遍偏低，多数均小于 0.2 MPa，所以距离冲洗砂轮所需压力很远。为提高切削速度，必须相应提高冷却润滑系统泵的压力。

　　10. 油气润滑

　　每隔一定时间（1~60 min）由定量柱塞分配器定量输出的微量润滑油（0.01~0.06 mL），与压缩空气管道中的压缩空气（压力 0.3~0.5 MPa、流量 20~50 L/min）混合后，经内径为 2~4 mm 的尼龙管以及安装于轴承近处的喷嘴被送入轴承中。

　　油气润滑装置的基本原理如图 6 – 23 所示。时间继电器 9 定时地控制电磁阀 1，使压缩空气进入气液泵 2。油由油箱 3 抽出，由气液泵送至定量柱塞式分配器 5，经单向阀后与压缩空气混合，经喷嘴 6 喷出。压力继电器 4、8 分别用以控制油和气的压力，节流阀用来控制喷出空气的压力。

　　油气润滑与油雾润滑的主要区别在于供给轴承的润滑油未被雾化，而是成滴状进入轴承，轴承温升比油雾润滑低。油气润滑主要用于 $dn > 10^6$ m·r/min 的高速轴承。油气润滑所用润滑油的黏度通常为 10~40 mm²/s。

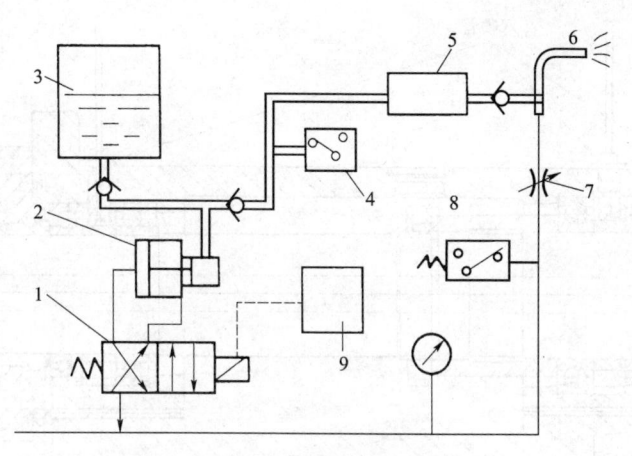

图6-23　油气润滑装置的基本原理

1—电磁阀；2—气液泵；3—油箱；4,8—压力继电器；
5—定量柱塞式分配器；6—喷嘴；7—节流阀；9—时间继电器

为了减少给油的不均匀，宜减少每次排油量和缩短排油间隔，常用每次排油量为0.01~0.03 mL，相应的排油间隔为1~16 min。

对于高速回转的轴承，为可靠地将润滑油喷射到轴承内，应十分重视喷嘴的形状和安装位置。通常在每个轴承外设一个喷嘴，每个轴承的油气进入量均可调整。喷嘴孔径为0.5~1 mm，其应安装在保持架与内圈之间，朝向内圈与滚动体的接触点。

油气润滑是高速机床主要的润滑方式之一。

(1) 油气润滑的高速主轴润滑：油气润滑应用如图6-24所示，它是一种最小量的、合理的润滑技术，可以保证高速、高效和低磨损。油气润滑是借助流动空气将流体水滴吹成细小的分离点，水滴在润滑点范围沿着狭小管子内壁输送，借助相应长度的管子（最少1 m）和合适的启动次序，细小液流油滴不断、急速地由喷嘴喷出，即油雾在摩擦点，游离的压缩空气能不受阻碍地喷射到摩擦点。油气润滑能精细计量油的流量并持续地送到摩擦点；润滑管路间隔要小。

(2) 油气润滑的低速主轴润滑：主轴高速旋转的机床，例如高速磨削、铣削主轴的切削速度往往超过给定的轴承资料数据。所以需要选择合适的、符合设计要求的润滑系统。常规的润滑系统（例如一次性油润滑），由于润滑剂本身的流体损耗，使摩擦损失和温升容易超过允许数值，所以在润滑中需要同时冷却降温。润滑剂可精确供给轴承油气润滑的总量，而油雾润滑则不能满足用较小油量和定量润滑剂的要求。润滑脂虽然是耐久常用的润滑剂，但润滑脂只能用于较小的工作范围，其使用极限为$nd_m \leq 10 \times 10^6$ mm·r/min；使用专用润滑脂时$nd_m > 10 \times 10^6$ mm·r/min，但主轴却需经常更换润滑脂，这对高速主轴是不合适的。油气润滑系统不但适用于高速主轴，也同样适用于低速主轴。

(3) 油气润滑的独特优越性。

① 滚动轴承获得高速（$nd_m \geq 2.2 \times 10^6$ mm·r/min）。

② 在润滑的摩擦点，能保证具有恒定的润滑剂。

③ 比油雾润滑剂消耗量小，仅为其10%。

④ 油黏度选择范围宽。

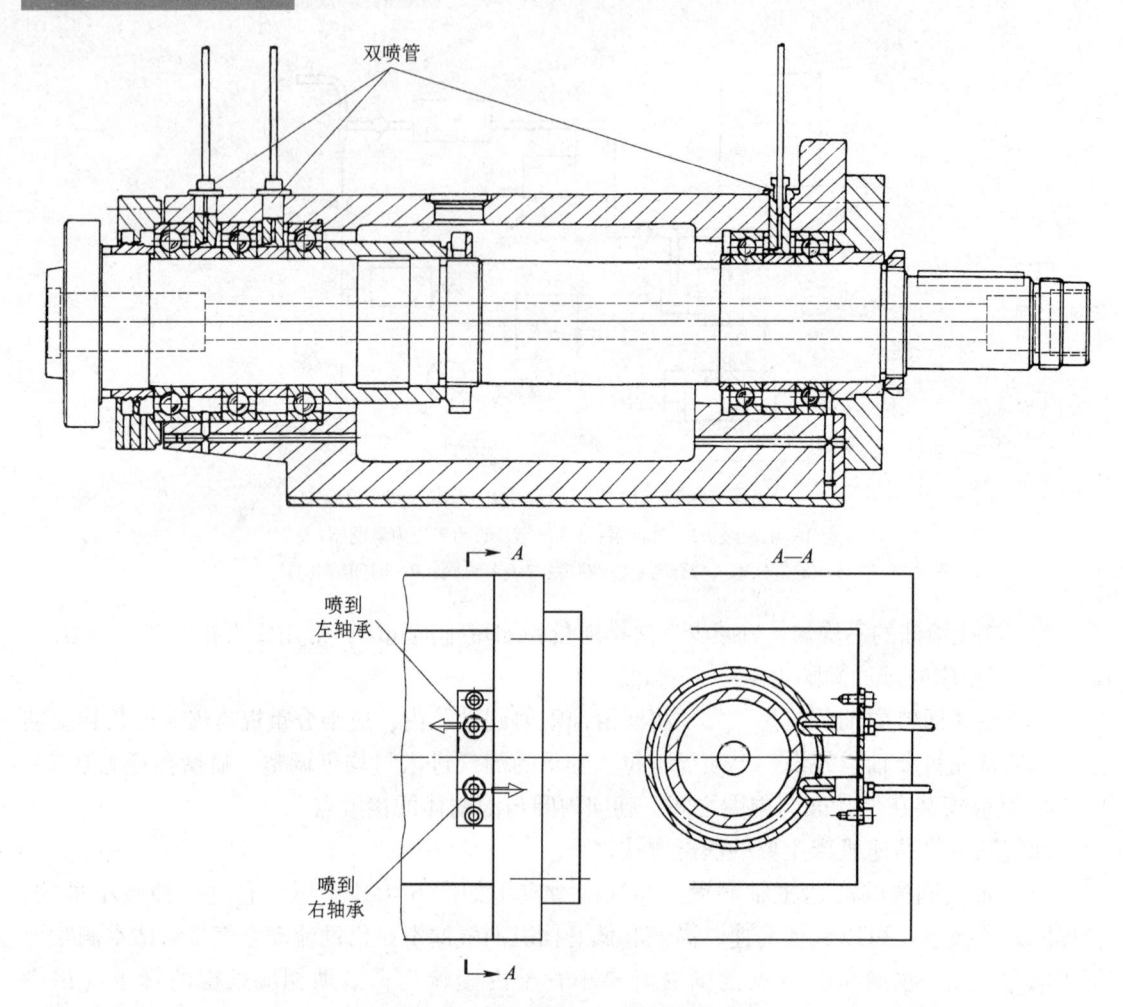

图 6-24　油气润滑主轴轴承应用实例

⑤ 油具有特高压力和增大的黏性（附加黏性）。
⑥ 没有润滑脂润滑的使用期限要求。
⑦ 仅使用一般轴承的密封即可。
⑧ 没有由于轴承本身用压缩空气超压而造成污染环境的情况。
⑨ 没有油雾。
⑩ 轴承温度低，功率损耗小，能分别地供给每一个轴承的定量润滑。

（4）油气润滑的油量：滚动轴承的润滑剂用量，需要保证润滑的最小用量。这主要取决于轴承的结构类型、供油系统的设计和能否保证有效均匀地供给所需要的油量。轴承本身具有有效送油作用。

（5）油气润滑对润滑剂的要求：当选择润滑剂时，润滑剂液膜没有整个润滑系统流体液膜的厚度厚，即润滑剂液膜过薄。用这样过薄的润滑剂液膜会增加摩擦。一般应选择常使用的、5~10 倍润滑剂黏度的润滑剂，这比参考资料介绍的黏度值高得多。合适的黏度等级能确保优良的润滑剂黏性和润滑特性，故应选择合适资料的数据。选用 ISOVG32~VG100 等级油，经实践证明是非常合适的。选用 EP 附加油也是合适的，尤其是在低速高负荷情况使用更为合理。用较低黏度的 ISO VG22，在重负荷下将避免由输送容积影响而减小的轴承使用寿命。可使用最小流量的高黏度油。使用时还要注意维护润滑剂的清洁度。油用过滤器过滤的精度可达到小于或等于 5 μm。当油中添加二硫化钼时,不可使用含有二硫化钼的旧油,因为旧油中的二硫化钼微粒较脏,会堵塞喷嘴。同时还要注意清除轴承上粘有二硫化钼的涂层。

(6) 油气润滑对压缩空气的要求:压缩空气需经过干燥过滤,过滤器精度小于 3 μm。通常水能从压缩空气中自动流出来。油的理想输送空气的容积是通过内径为 2 mm、3 mm 的管道实现的,输送效率可达 1 000 ~ 1 500 L/h,这个数值相当于 ISO 黏度等级 VG32 ~ 100。应使用这种较高容积数值的黏度油,或使用其他较高黏度等级的黏性油,且还应考虑到润滑系统每个轴承的压力损失,在整个润滑系统中,空气压力必须保证完全一致。润滑系统设备网上的气压值高达 0.6 MPa。在油气润滑系统中,由其技术规范来确定润滑系统运行的周期和气压的大小。

为了防止轴承出现回压(混乱气压)现象,高速滚动轴承要求润滑系统要确保达到要求的气压。如果要求润滑系统可靠,轴承入口处的气压不得低于 0.15 MPa。

(7) 油气润滑时润滑剂的供给、规范和类型。一般在 4 mm × 0.85 mm 柔性透明塑料管中很容易观察到润滑剂输送情况。在管内的升降斜度规定,这个润滑系统的最小长度为 1 m,最大长度可达 10 m。管子与轴承连接部位的距离应小于 1 m。安放很长的线路须将管线卷成螺旋状,即将管线弯曲成几圈之后再将润滑剂和压缩空气输送到轴承部位,要求安放状态是水平位置或与水平倾斜 30°的位置。在断开压缩空气之后,油会在螺旋管底部出现短暂的聚集现象,必须防止在十字接头处(特别是管道弯头)出现漏油损失或聚集情况。轴承的给油润滑方法完全取决于轴承类型组件,常用的轴承给油方法如图 6 - 25 所示。单列轴承的润滑能从这一侧进入,从另一侧流出,喷管孔的方向要与轴承内环的水平方向平行,而绝对不可直接对着轴承保持架位置喷油。

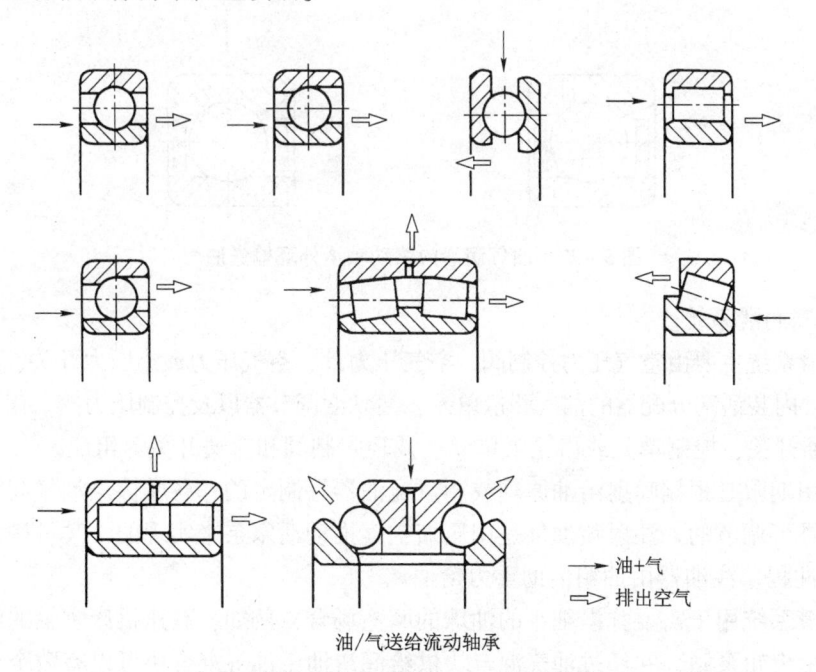

图 6 - 25 油气润滑向滚动轴承输送油气

在单向抽送作用（例如角接触球轴承）油的方向必须朝着内壁之间的方向输送，这样油能进到轴承组件内部，喷嘴直径为 0.5~1 mm。油气经输送管道输送到轴承内环（见图 6-26），润滑剂同样能输送到轴承外环（见图 6-27）。在球与外环之间的压力区域，润滑剂不供给轴承内部。当双列轴承在轴承外环座圈上将油雾喷射到轴承时，油雾能均匀地喷到两列轴承。滚动轴承外侧尺寸为 150~280 mm 或相应更长的轴承要安装第二个喷嘴。对一个单列轴承来说，输送给轴承外环的润滑剂是足够的。高速轴承一般会受到空气压力的较大冲击，但是在各种情况下要求较高的气压均不得损害润滑系统。要使排油管在轴承底部形成油槽，送油管的最小直径应为 5 mm。

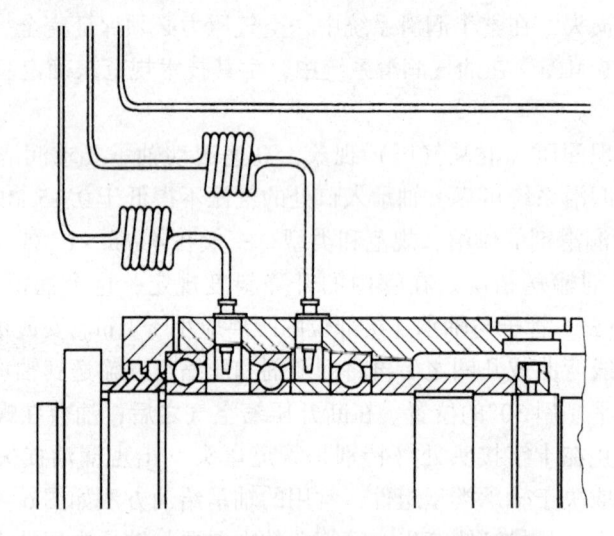

图 6-26 油气润滑向流动轴承内环输送油气

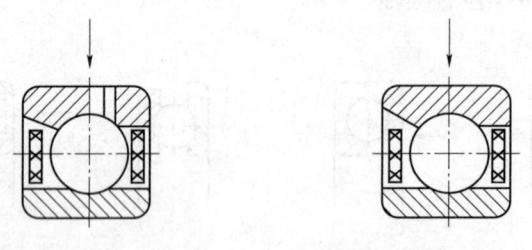

图 6-27 油气润滑向滚动轴承外环输送油气

（8）油气润滑系统。

油气润滑系统主要由空气压力控制阀、空气压力计、空气压力最小压力开关、油和压缩空气的过滤器、内装活塞分配器的油气测量单元、油黏度调节器以及控制压力阀、齿轮泵、油压力开关、流通开关、控制单元或齿轮泵单元、减轻限制阀和流通开关等组成。

系统使用期限是根据喷射给油原理或测量配油器等制定的，各摩擦点油气润滑的喷油气量的分配均是可调节的。注射喷油气是用压缩空气推动活塞泵来实现的，其可调测量速率为 3~30 mm³/冲程。注油器由油箱借助重力给油。

油气润滑系统用于需要弥漫细小的油珠的摩擦场合，例如，高速机床主轴的润滑。

润滑点由齿轮泵站，并经过油气混合块供给润滑油，油气混合块可以有数个出口。重要的参数如空气压力、油位及工作压力由电气监控。

油气润滑广泛用于润滑高速转动的机床滚动轴承、小型输送链（如切屑排出机的输送链）、齿轮副以及机床表面的喷涂等。

油气润滑的优点：

① 可使滚动轴承达到高转速。

② 降低轴承温度。

③ 能够按照轴承需要的量供给润滑剂（连续准确的油量）。

④ 可保持摩擦点总是有新鲜的润滑剂。

⑤ 润滑剂消耗低。

⑥ 适用润滑油的黏度范围十分广泛。

⑦ 没有油雾污染环境。

(9) 油气润滑（喷油润滑）装置（见图 6-28）：油气混合单元能通过油气定量阀气流将油有效且定时、不间断地进行喷洗润滑。控制盘和监控装置能周期地接通液压泵，起喷洗作用的油沿着送油管壁，向需要润滑的轴颈进行喷油。推荐使用直径为 2~4 mm、长度大于 400 mm 的透明软管，来观察汽油流动情况，避免产生油雾凝滞，保证均匀稳定供油。油能应用到室温黏度约为 7 000 mm^2/s 时（ISO VG 1500）才变坏。

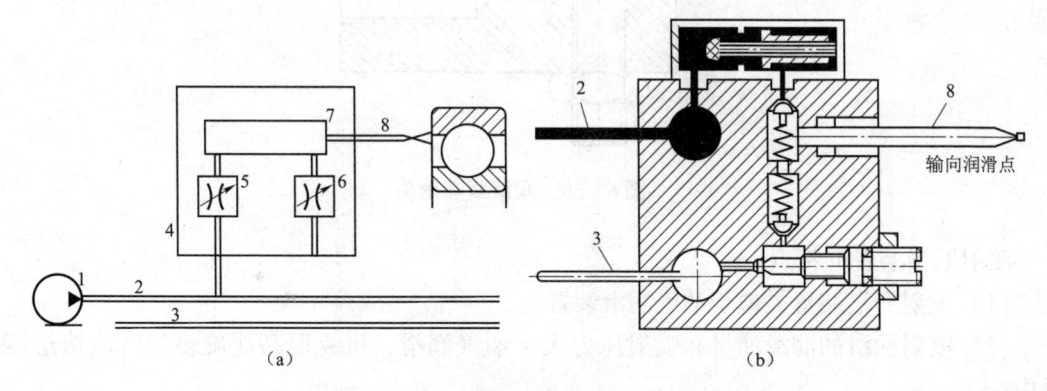

图 6-28 油气润滑（喷油润滑）装置

(a) 原理图；(b) 油气混合单元

1—定时控制泵；2—油管；3—空气管；4—油气混合单元；
5—油定量阀；6—空气定量阀；7—混合室；8—油气管

油气润滑具有油雾润滑的优点，使轴承支承面上黏附大的油微粒，大多数油微粒能进到轴承里面，只在空气出口孔径处有少量油泄漏。

11. 喷射润滑

使用液压泵及一个或几个口径为 0.5~1 mm 的喷嘴，以 0.1~0.5 MPa 的压力，将流量大于 500 mL/min 的润滑油喷射到轴承上，使之穿过轴承内部，经轴承内圈与保持架之间流到另一端的油槽，对轴承润滑的同时进行冷却。喷射润滑如图 6-29 所示。

喷射润滑通常用于速度指数 $d_m n > 1.6 \times 10^6$ mm·r/min

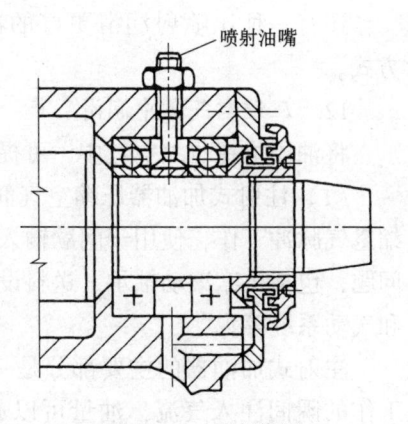

图 6-29 喷射润滑

并承受重负荷的轴承。轴承高速旋转时，滚动体、保持架也以相当高的速度旋转，使其周围空气形成气流，以一般的润滑方法很难将润滑油输送到轴承中，此时可采用喷射润滑。

润滑油、润滑脂喷射油滑装置具有油气润滑装置同样的结构，也带有一个开启喷出空气的电磁阀控制器。为了喷射冲击长时间工作，可断开气动润滑剂单向阀。润滑剂允许使用气动集中润滑的喷射头，空气的喷射头（见图6-30）也允许使用润滑剂。润滑剂本身能离开喷嘴以扩大喷射范围。一般需要 1~2 Pa 气压，精细的喷射压力为 4~5 Pa。它能以较高的黏度等级 000~3（油按 ISO VG15000 标准室温黏度约为 7 000 m²/s）进行喷射。

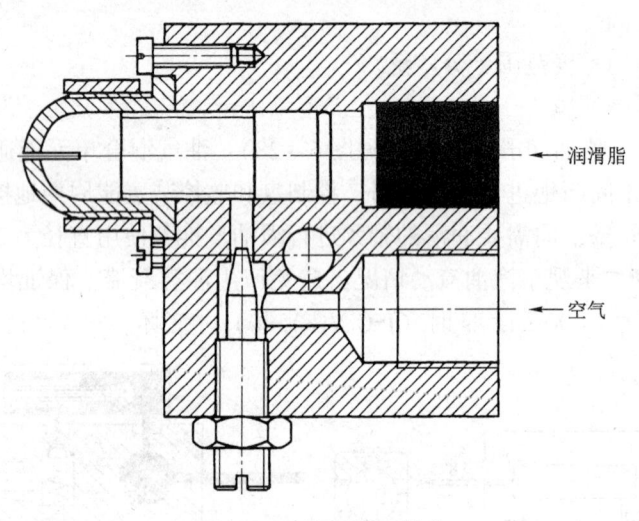

图 6-30 润滑脂喷射头

喷射润滑装置的特点：
（1）喷射润滑装置类似于油气润滑装置。
（2）喷射润滑的润滑油量和喷射压力大于油气润滑，可克服高速旋转的气流输送至轴承中。

使用液压泵，通过位于轴承内环与保持架中心之间的一个或几个口径为 0.5~1 mm 的喷嘴，以 0.1~5 MPa 的压力，将流量大于 500 mL 的润滑油喷射到轴承上，并穿过轴承内部，经轴承另一端流入油槽，同时又能对轴承进行冷却。

还有一种比喷射润滑更好的冲底急流（Underrace）润滑，其是一种最新的有效润滑方式。

12. 压缩空气集中润滑

将油添加在压缩空气中，可提高气动设备的寿命和设备工作的可靠性。

（1）注射式加油器压缩空气润滑。图 6-31 所示为其润滑实例，注射式加油器依靠压缩空气脉冲工作，使用于间歇输入压缩空气设备上，特别适合解决下列设备的混合雾化润滑问题，包括机床滚动轴承、送料设备、切割工具、链条润滑的喷射或喷雾、气动工具和气缸和气动系统等。

注射式加油器的主要部分是一个气动柱塞泵，只是在压缩空气时开启，气动设备开始工作的瞬间注入气流，油量可以通过加油器的调节套筒准确的调节，其调节范围为 0~30 mm³/行程。

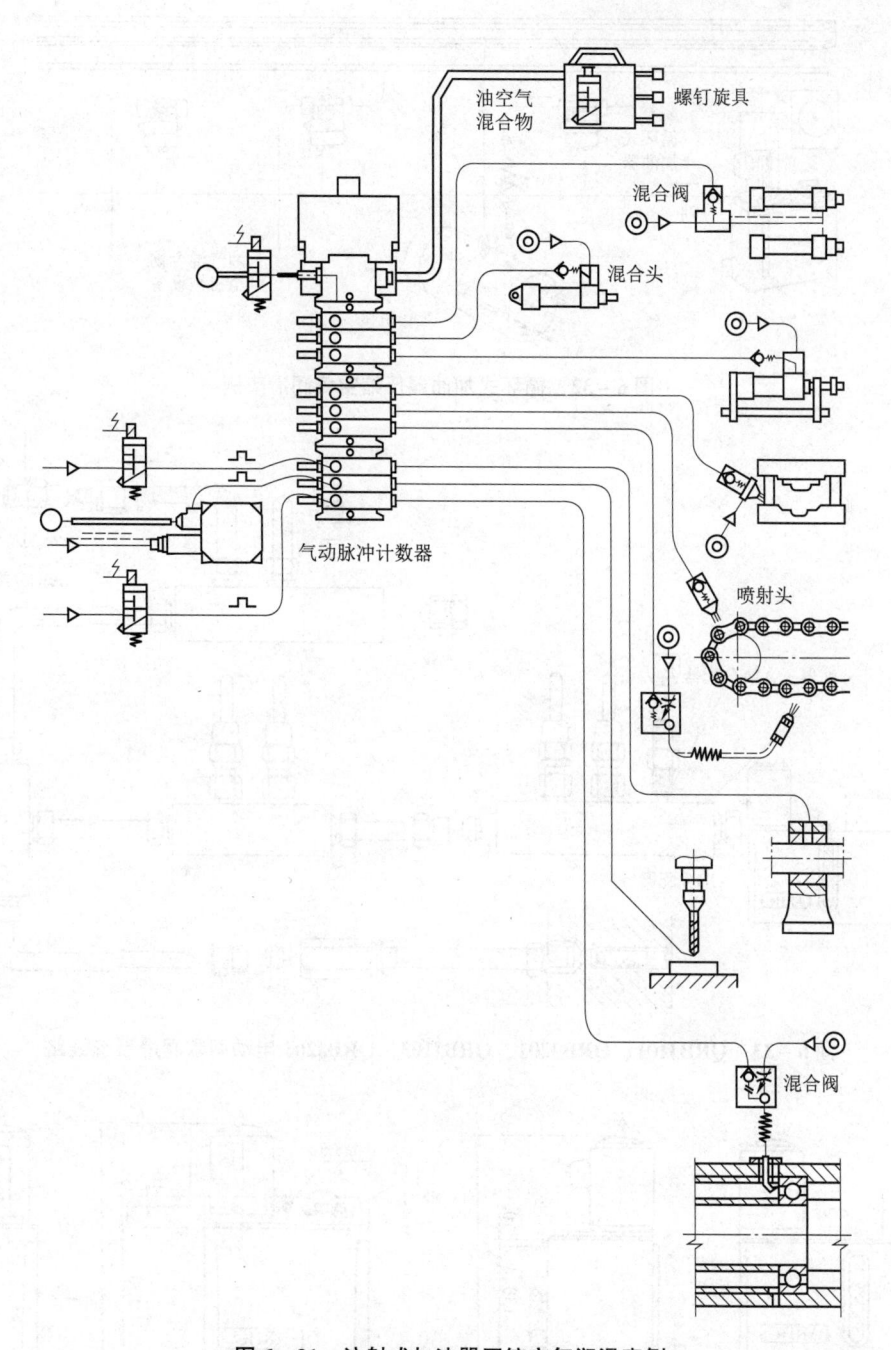

图 6-31　注射式加油器压缩空气润滑实例

（2）循环式加油器压缩空气润滑。图 6-32 所示为其润滑实例。循环式加油器用于需要持续输入压缩空气的气动设备上。循环式加油器与带储油箱和发信装置的注射式加油器的基本不同在于循环式加油器不是气动设备，每次工作均需注油。

13. 间歇润滑

电动间歇润滑系统适用于一台或数台机床定时定量的润滑。QRBJ101、QRBJ103、QRBJ201、QRBJ203 电动间歇润滑系统线路如图 6-33 所示，其装置如图 6-34 所示。

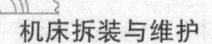

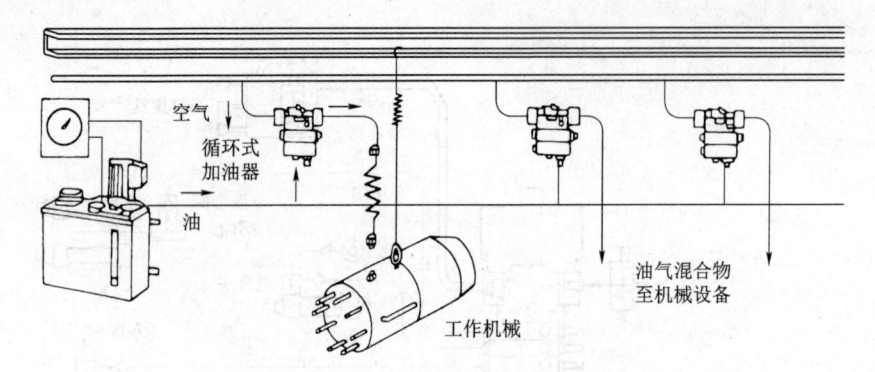

图 6-32 循环式加油器压缩空气润滑实例

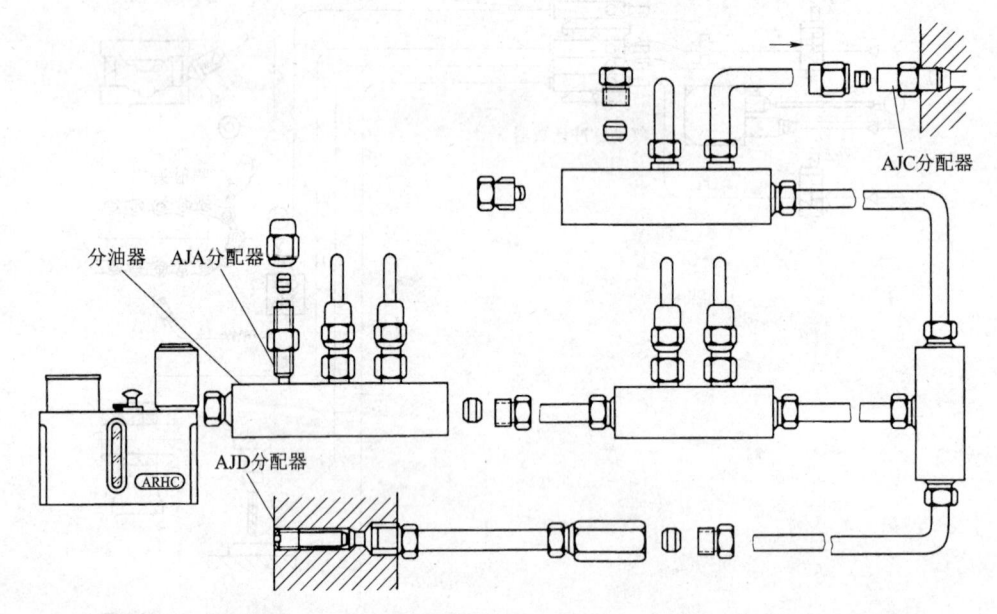

图 6-33 QRBJ101、QRBJ201、QRBJ103、QRBJ203 电动间歇润滑系统线路

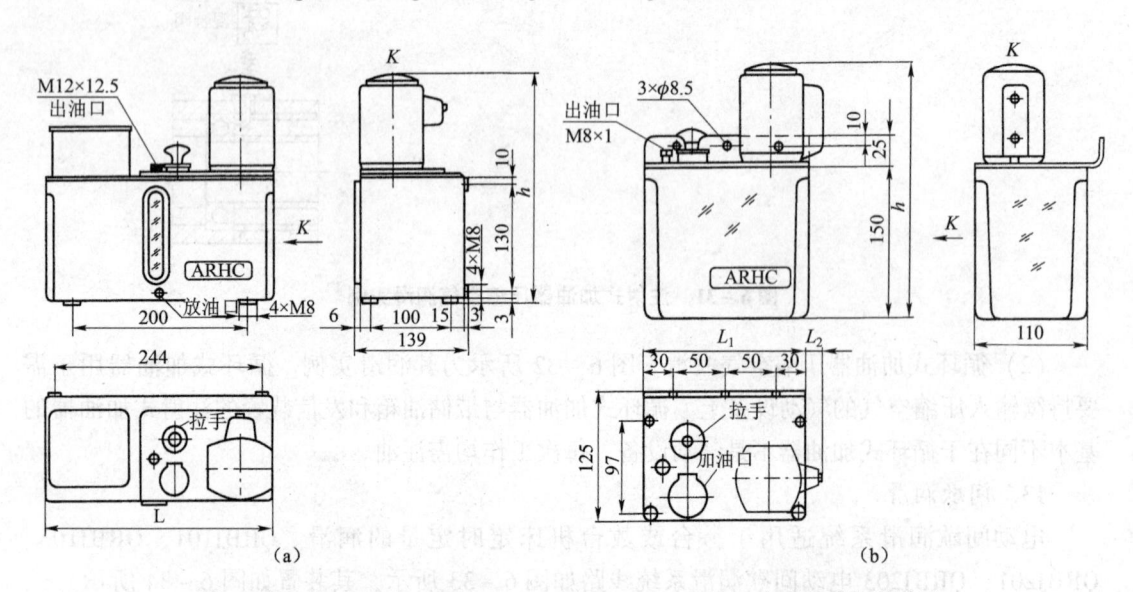

图 6-34 QRBJ101、QRBJ201、QRBJ103、QRBJ203 电动间歇润滑装置

很多的机床（包括需要或不需要集中监控润滑系统的机床）均采用可向润滑点间隙供给油脂的润滑系统。该系统可使用气动、手动或电动柱塞泵润滑。

机床各个润滑点的需油量会有很大的不同，润滑点可多达 100 个。对希望所有分离器实行集中监控的稀油润滑系统可使用递进式系统。

递进式系统使用电动内啮合齿轮泵或柱塞泵，润滑剂直接由主分流器，再经两级分流器以预定的分量，按顺序注入润滑点。其中使用电动柱塞泵的多配有两个输出口。其有 3 种流量规格，分别为 0.28 mL/min、0.22 mL/min、0.17 mL/min。递进式润滑系统管路如图 6-35 所示。

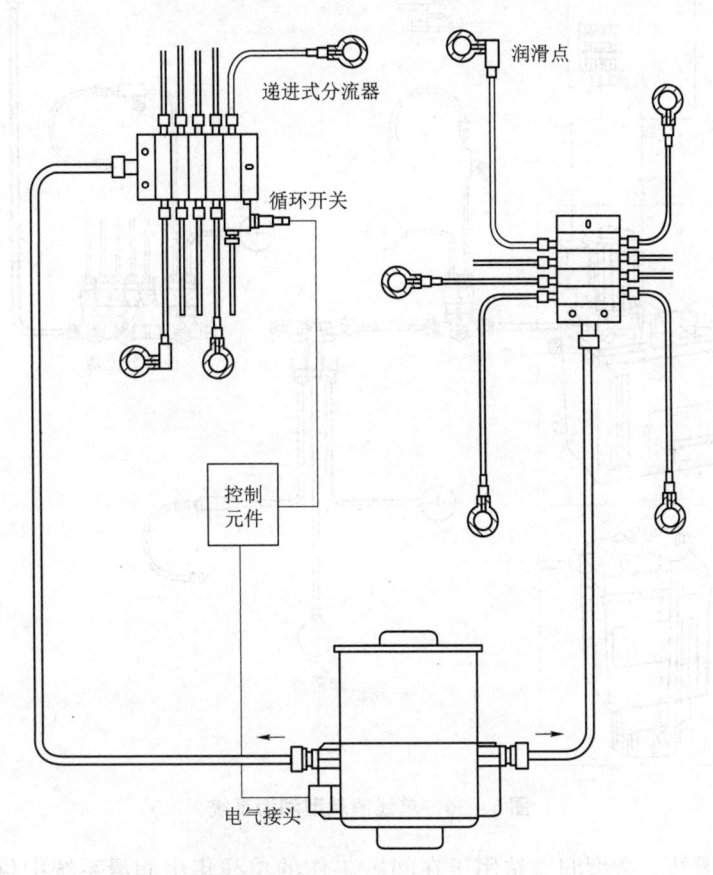

图 6-35 递进式润滑系统管路

14. 单线集中润滑系统（消耗型集中润滑系统）

（1）单线（消耗型）集中润滑系统。单线系统适用于稀油和润滑脂，适合于机床润滑点需油量相对较少，并需间歇供油的情况。润滑剂是由下列泵供送的：手动、机动、液动和气动柱塞泵；电动齿轮泵装置和泵站、微型润滑站。

润滑剂通过安装在管网的分流器准确地计量分配，并借助于分流器配备的可更换的计量接头，供给各个润滑点所需要的不同油量（油量可在 0.01~1.5 mL 范围内选择）。

自动操作系统可以是时间控制或脉冲控制。配备手动柱塞泵的单线消耗型润滑系统如图 6-36 所示。

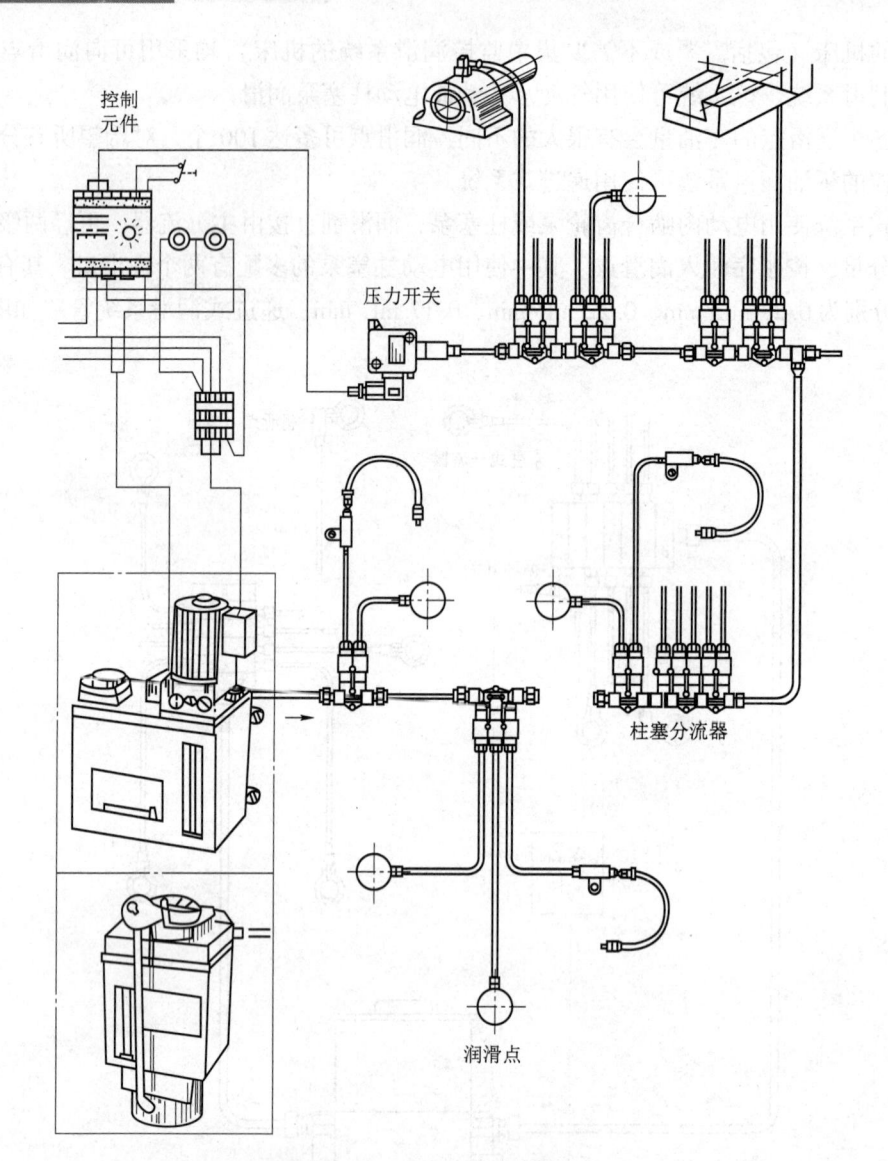

图 6-36 单线消耗型润滑系统

（2）微型润滑站。微型润滑站用于在间歇工作的单线集中润滑系统中供送润滑剂。润滑站配备了控制器、监测元件和齿轮泵，以及必需的调压阀和卸压阀。润滑剂（稀油或润滑脂）由柱塞分流器计量。使用微型润滑站的单线集中润滑系统如图 6-37 所示。

15. 双线式（中央）集中润滑

由两条主管线组成的集中润滑系统，适合于稀油以及干油润滑，通常是消耗型、间歇工作的润滑系统。其主要由以下元件组成：

（1）带储油箱的电动泵。
（2）双线分流器。
（3）换向阀。
（4）计时器/计数器。
（5）两条主管路和适量的支路以及附件。

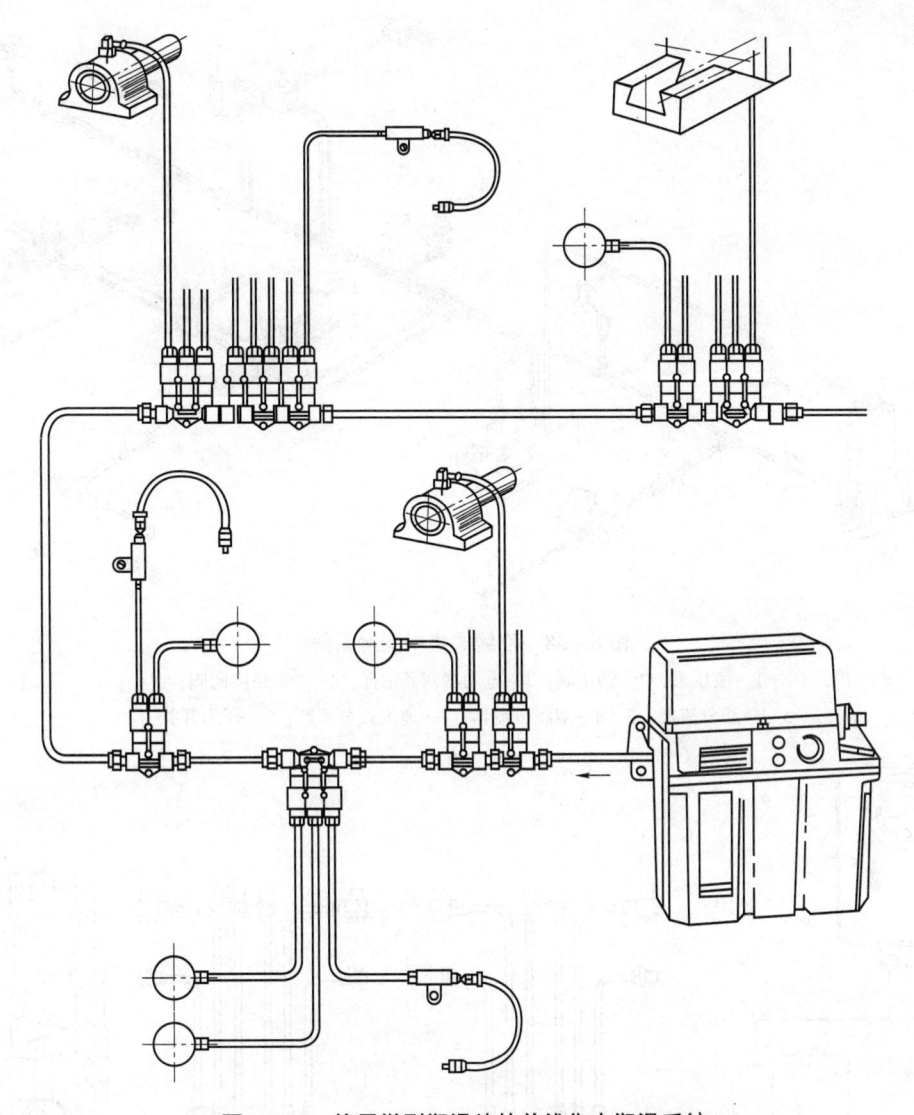

图 6-37 使用微型润滑站的单线集中润滑系统

双线式集中润滑系统如图 6-38 所示,这是一个典型的大型润滑系统,兼有并联和串联两种结构形式。

在双线系统中,配置单线分流器和两级分流器,可对双线分流器的单一出油口或合并数个出油口的油量进行再分配。如果是干油系统,递进式分流器也可配置在双线式系统里,但是其只能连接于双线分流器的出油口。

中央润滑装置(见图 6-39)内装有循环润滑泵,接有时间控制器,每次提供 5~500 mm^3 的润滑脂,由定量阀或进口节流阀进行拌和。中央润滑装置的安装距离要根据供给的油或润滑脂能够传送的距离、使用单元泵的多少、轴承的润滑部位及测量精度的不同来选择。按润滑脂稠度等级(按锥入度范围分级),黏度为 2~3 级的润滑脂适用于双线润滑系统。多线润滑系统有 20 个泵同时向每个润滑点供给润滑脂或润滑油。

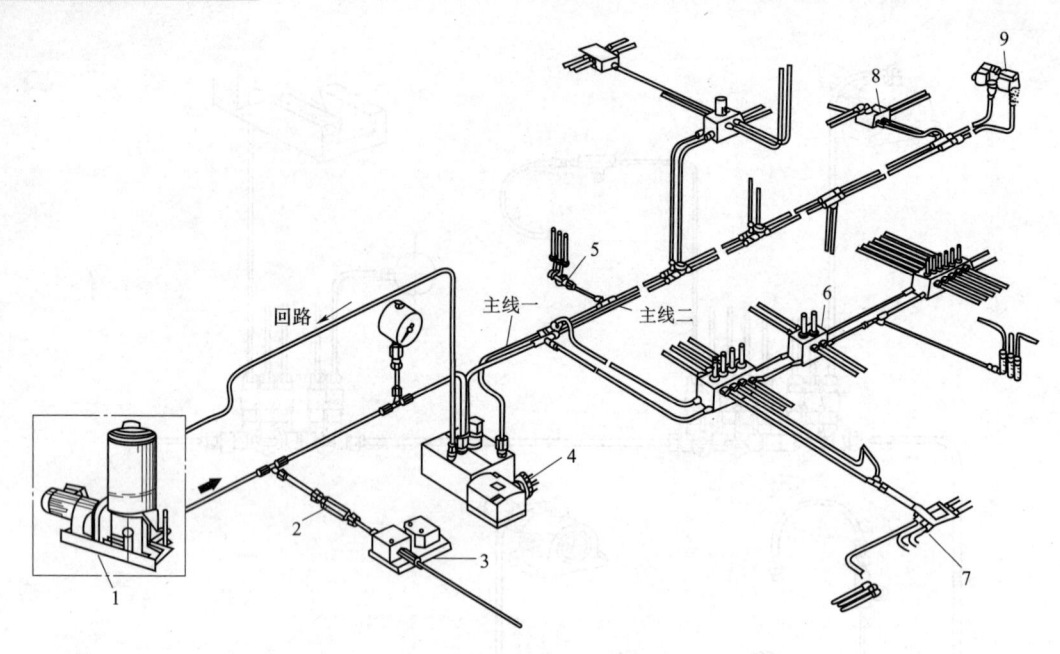

图 6-38 双线式集中润滑系统

1—液压泵；2—调压阀；3—电动堵塞显示器；4—4/2 路换向阀；
5—单线分流器；6,8—双线分流器；7—递进式分流器；9—压力开关；

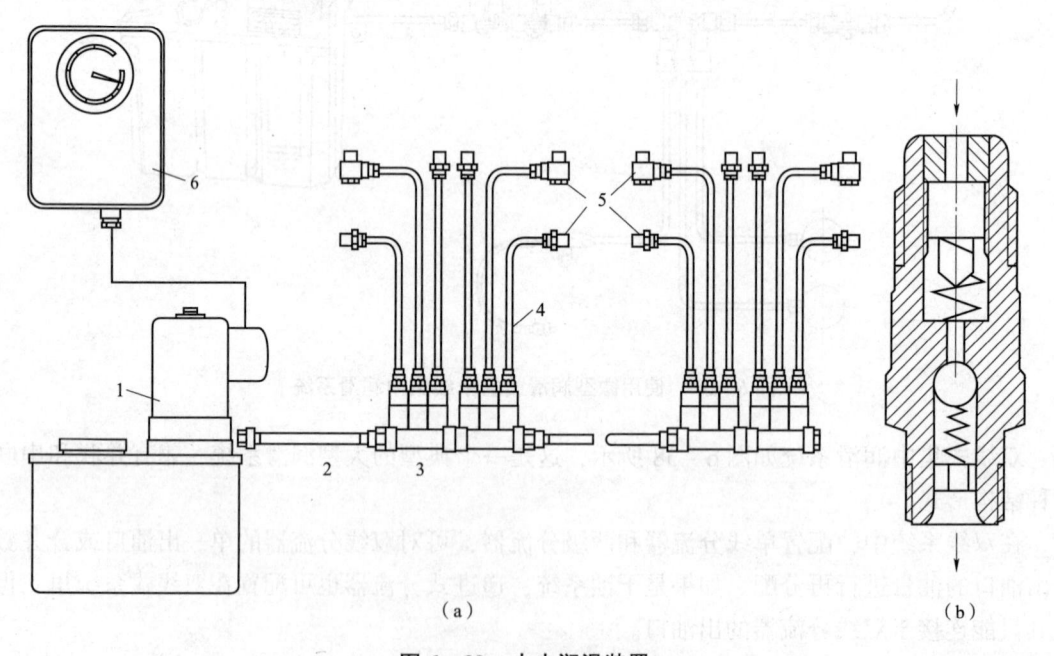

(a)　　　　　　　　　　　　　　　(b)

图 6-39 中央润滑装置

(a) 单线润滑系统；(b) 定量阀

1—泵；2—主管；3—定量阀；4—润滑点管线；5—润滑点；6—控制器

四、机床自动润滑系统分析

1. 自动润滑系统组成与布局

图 6-40 所示为一种由润滑液站、压力继电器、时间继电器、定量分配器及各种润滑管

接头所组成的机床自动润滑系统。接通油管和电源后，不论距离远近、位置高低均能给每个润滑点实现定量、定时的润滑油供应。该系统适用于大型组合机床、各类自动线、各种单机，还可对许多润滑点实行集中控制。根据用户需要，时间继电器（电子计数器）可放在液压站或总控制台上，压力继电器可装在油管的其他地方，油箱内还装有最低油面报警信号，因此这种自动润滑系统具有较高的自动化程度。

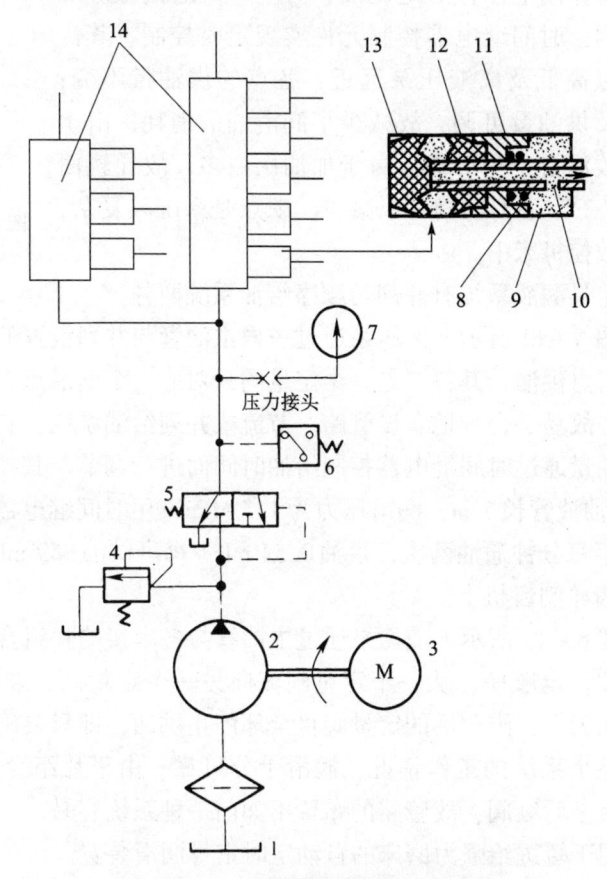

图 6-40 自动润滑系统的组成与布局

1—油箱；2—液压泵；3—电动机；4—溢流阀；5—液动换向阀；6—压力继电器；7—流量计；8—弹簧；9—定量室；10—出油孔；11—活塞；12、13—单向密封环；14—定量分配器

2. 自动润滑系统工作原理

如图 6-40 所示，电动机 3 启动后，液压泵 2 供油，由溢流阀 4 调定油的压力，液动换向阀换向，压力油进入定量分配器 14。压力油推开定量分配器内的单向密封环 13 及弹簧 8，迫使储存在定量室 9 中的润滑油通过出油孔 10 全部排出。这时系统压力升高，当压力达到所要求的程度时，压力继电器发出信号，电动机断电，液压泵停止工作，液动换向阀 5 复位，管路内的压力卸荷，这时定量分配器的弹簧 8 推出密封环 12 及活塞 11，油压推开单向密封环 13，使润滑油通过中心孔及出油孔 10 流到定量室 9 中储存，为下一次供润滑油做准备。背压阀保证卸荷时主轴油路内保持 0.05~0.1 MPa 的压力，避免空气进入主油路。压力继电器应设置在管路末端，以保证所有润滑点均能供油。此外还有一种如图 6-41 所示的节流式并列给油系统。

3. 自动润滑系统特点

工作过程：液压泵启动后，将高压润滑油经主油管送至定量阀，定量阀即将定量油液经支油管送至各润滑点。继续给油可采用顺序给油方式，为下次循环送油储存好定量油液；或采用并列给油方式，泵卸荷，定量阀在弹簧作用下储存好定量油，为下一次送油做好准备，并通过压力继电器、时间继电器控制元件实现定时控制。其优点是：无论润滑点位置高低及离液压泵远近，各点的供油量不变；由于润滑周期的长短及供油量可调，故减少了润滑油的消耗；由于极易实现自动报警，故润滑十分可靠；由于加油次数多，故导轨面上传统的"S"形和"王"字形油槽可以减少。缺点是系统较复杂，多应用于仿形机床及数控机床中。

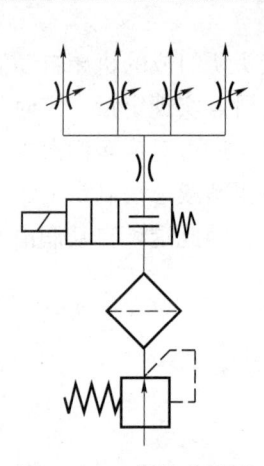

图6-41 节流式并列给油系统

根据给油方式，定量润液系统有并列与顺序给油系统两种。

并列给油系统如图6-42所示。液压泵通过一根主油管与并列设置的各定量阀连接，各定量阀同时向全部润滑点供油。其特点是一个定量阀只对应一个润滑点，各定量阀之间无流量及动作的制约关系，故易于合理地布设管路。节流式并列给油系统，它以可变节流器代替定量阀，各节流器供油量通过时间继电器控制给油时间而进行调节。其技术参数为：节流孔直径为0.3 mm，输送油液管长2 m，润滑压力为1.5 MPa，用时间继电器控制给油时间，每次1 s，供油0.27 mL，每分钟通油两次，供油0.54 mL，每班供油259 mL。该系统已成功地用于Y2350型直齿锥齿轮刨齿机上。

顺序给油系统如图6-43所示，液压泵通过主油管与各串接的片组合式定量阀相连。液压泵启动后，润滑油按设定顺序，从一个定量阀流向另一个定量阀，顺序地向各润滑点供油。如某一定量阀停止工作，则此后的定量阀将全部停止供油，即只要确认定量阀内一个柱塞的动作，便可得知整个系统的工作情况，润滑十分可靠。由于片组合式定量阀有主次之分，主阀的流量必须大于后续阀，故管路的布置不如前一种系统容易。

图6-44所示为用于缓进给强力磨床的自动定时定量润滑装置。

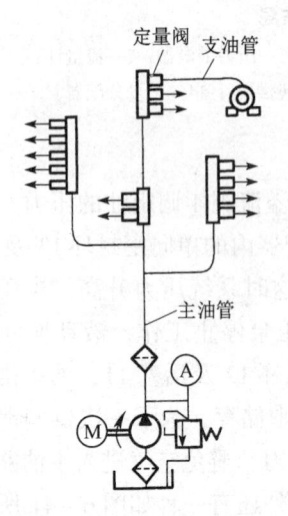

图6-42 并列给油系统

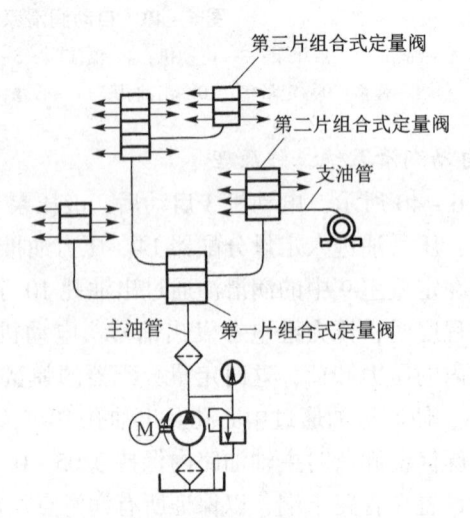

图6-43 顺序给油系统

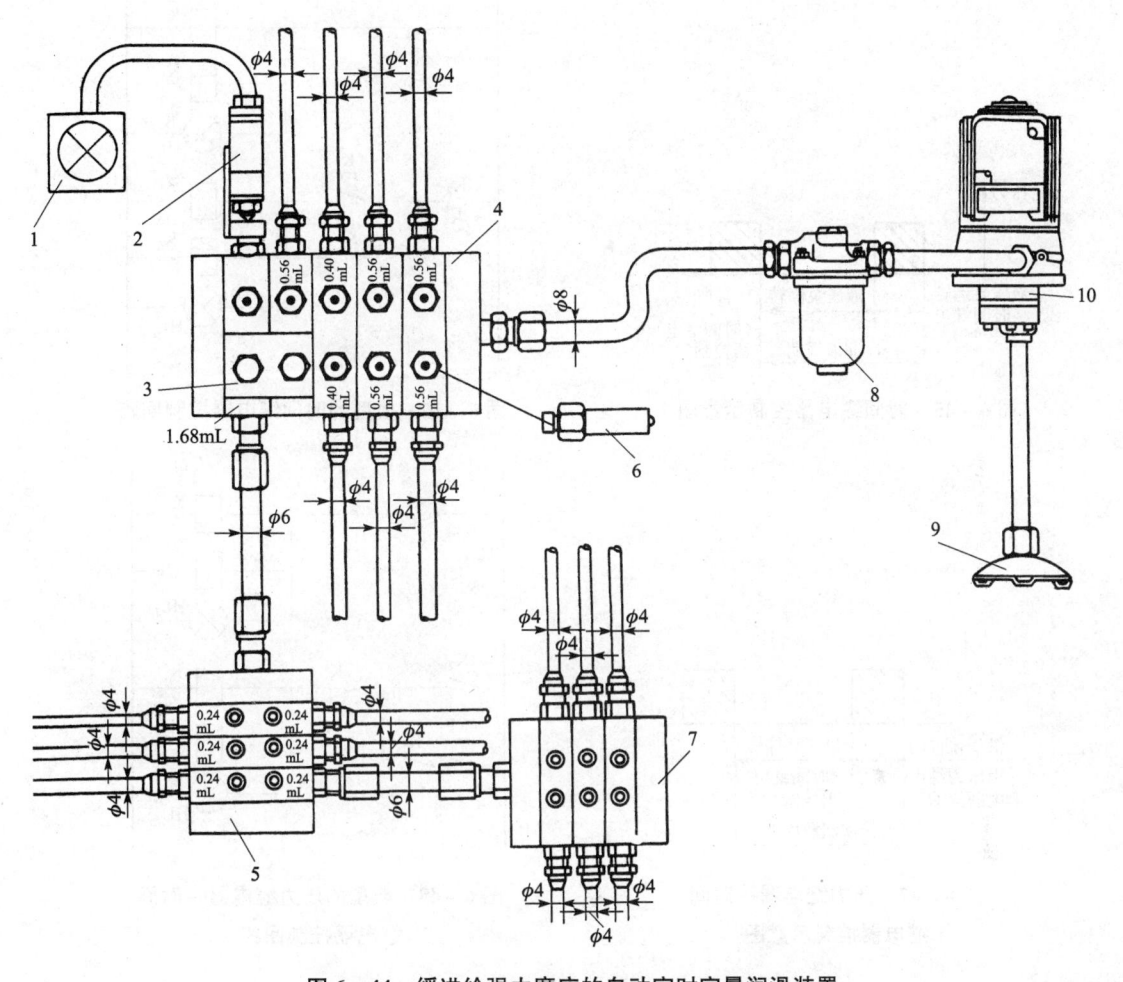

图 6-44 缓进给强力磨床的自动定时定量润滑装置

1—闪光灯；2—限位开关；3—横向连接器；4，5，7—片组合式定量阀；
6—超压显示器；8—纸质过滤器；9—粗过滤器；10—齿轮泵

为实现周期给油的控制方式，通常可采取以下两种措施：

(1) 使用时间继电器控制：利用两个时间继电器（如用脉动式晶体管时间继电器，则一个即可）分别控制给油时间和休止时间。它主要用于管路较短的润滑系统中。其控制示意图如图 6-45 所示，典型的控制回路如图 6-46 所示。

(2) 使用压力继电器—时间继电器控制系统：利用装在远离液压泵管路末端的压力继电器，在润滑油压力达到其调定值（稍低于液压泵的出油压力）时，使液压泵电动机停转，继而再用时间继电器控制液压泵的停转时间。这种控制方式适用于管路较长的并列给油系统。其控制示意图如图 6-47 所示，典型的控制回路如图 6-48 所示。

自动定时定量润滑系统的控制回路除能控制周期给油外，通常还可根据不同的使用要求使之达到以下一些目的：实现机床启动前的预润滑，以及油箱内油量不足、主油管内有残压、液压泵电动机过载、压力继电器故障等情况下的报警等。

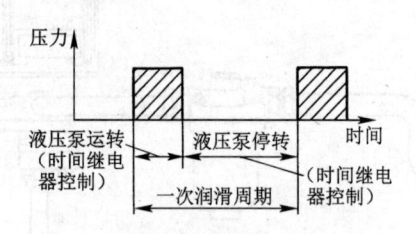

图 6-45 时间继电器控制示意图

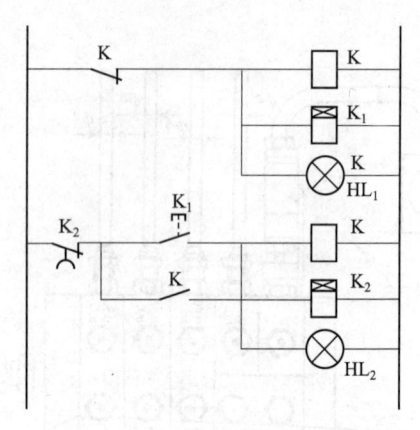

图 6-46 典型的时间继电器控制回路

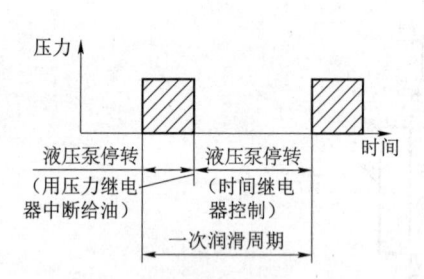

图 6-47 压力继电器—时间继电器控制示意图

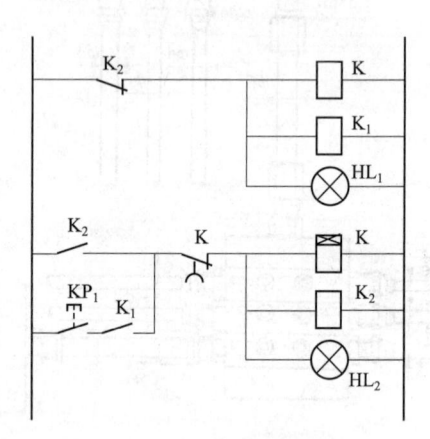

图 6-48 典型的压力继电器—时间继电器控制回路

当管路容积较大时，必须对初级油路采取卸荷措施，才能保证在第二个周期到来之前，定量阀完成排油和储油动作，否则定量阀将失去定量供油的作用。图 6-49 所示为两种卸荷方式。其中图 6-49（a）采用二位三通电磁阀，电磁阀得电时，压力油充入初级油路；断电时，初级油路与油箱沟通。图 6-49（b）所示为自动卸荷阀，其作用相当于二位三通电磁阀，密封环 F 有两个位置，图 6-49（b）所示位置是卸荷位置，初级油路与卸荷口沟通。当油从进口流入时，密封环 1 封住端面 2，初级油路与卸荷口断开，在压力作用下，密封环外圆收缩，油液越过其圆周缝隙进入初级油路。

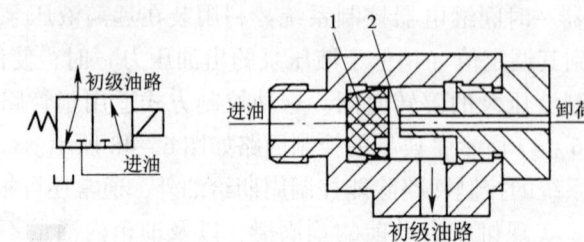

图 6-49 卸荷方式

1—密封环；2—端面

自动定时定量润滑系统由液压泵、定量阀和油箱等组成。

（1）液压泵。凡能压送润滑油的泵，如齿轮泵、叶片泵、柱塞泵、气液泵等均能用于自动定时定量润滑系统。其中齿轮泵应用较广，柱塞泵与气液泵分别只能用于有液压源和压缩空气源的场合，但具有体积小、无须采用电动机等优点。标准齿轮泵主要用于润滑管路容积大和定量阀耗油量大的系统中。但当其用于需油量较小的润滑系统时，电动机和液压泵的开动时间小于几秒钟即可满足润滑需要，这种频繁启动对电动机来说是极为不利的。为此，可采用排油更小的、专用于这种润滑系统的微型齿轮泵。图 6-50 所示为常采用的微型齿轮泵的一个例子，其齿轮模数为 0.4 mm，齿数为 30，排油量为 0.17 mL/r。当用 2 800 r/min 的电动机驱动时，流量为 476 mL/min。

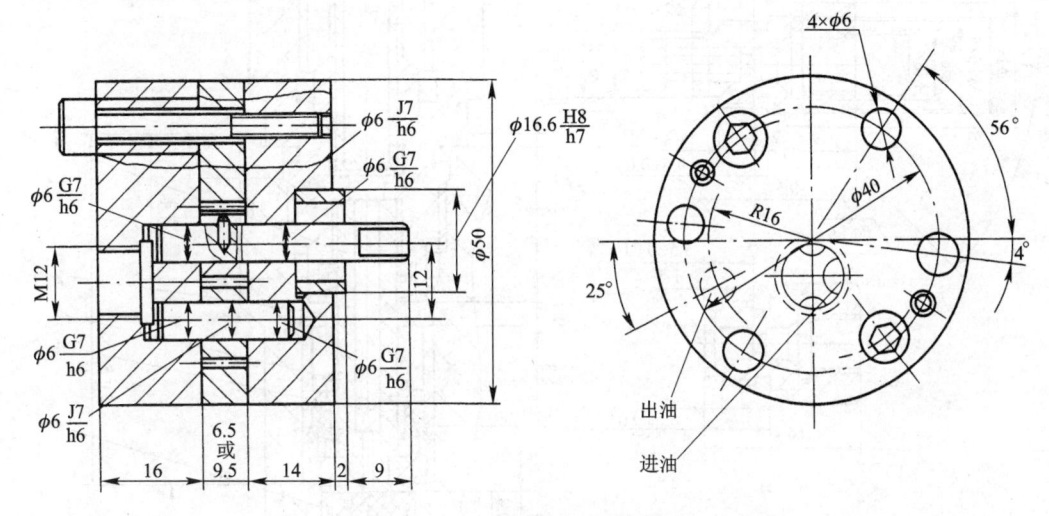

图 6-50 微型齿轮泵实例

柱塞泵用于有液压源的场合。如图 6-51 所示，来自液压系统的压力油推动柱塞 1，将预先储存在 G 腔的油经单向阀 4 和 B 孔推入定量阀的初级油路。把定量阀的油室充满以后，柱塞 1 在弹簧 2 的作用下复位，单向阀 4 关闭，单向阀 3 打开，油充满 G 腔。设计时必须使 G 腔的排油量大于定量阀的耗油量。

液压泵的工作压力主要取决于定量阀的压力损失（可查阅有关说明书），通常液压泵的工作压力为 1~2 MPa，而用于顺序给油系统的液压泵压力则要大一些。

（2）定量阀。定量阀是自动定时定量润滑系统的主要元件，按照其工作原理，机床上用的定量阀主要有并列给油定量阀（以下称定量阀）及顺序给油片组合式定量阀（以下称片组合式定量阀）两种。

① 用于并列给油系统的定量阀。图 6-52 所示为由浙江象山县润滑元件厂生产的定量阀，来自液压泵的压力油进入进油孔后，克服弹簧 3 的阻力使柱塞 4 上移，并迫使位于其上面的润滑油经孔 2 连同原在轴 1 中心孔内的润滑油一起从油口排出。

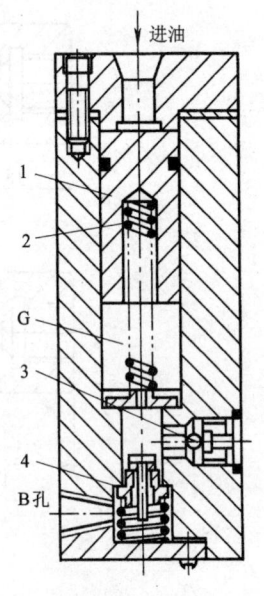

图 6-51 柱塞泵
1—柱塞；2—弹簧；
3，4—单向阀；G—油腔

当液压泵停止工作时，柱塞4在弹簧3的作用下复位。与此同时，液压泵工作时进入柱塞4下腔的润滑油克服弹簧6的阻力，使皮腕5上移，并经皮腕5与轴间的间隙进入轴1中心孔及柱塞4上腔，供再次供油时使用。更换套A、B、C、D可调节供油量。

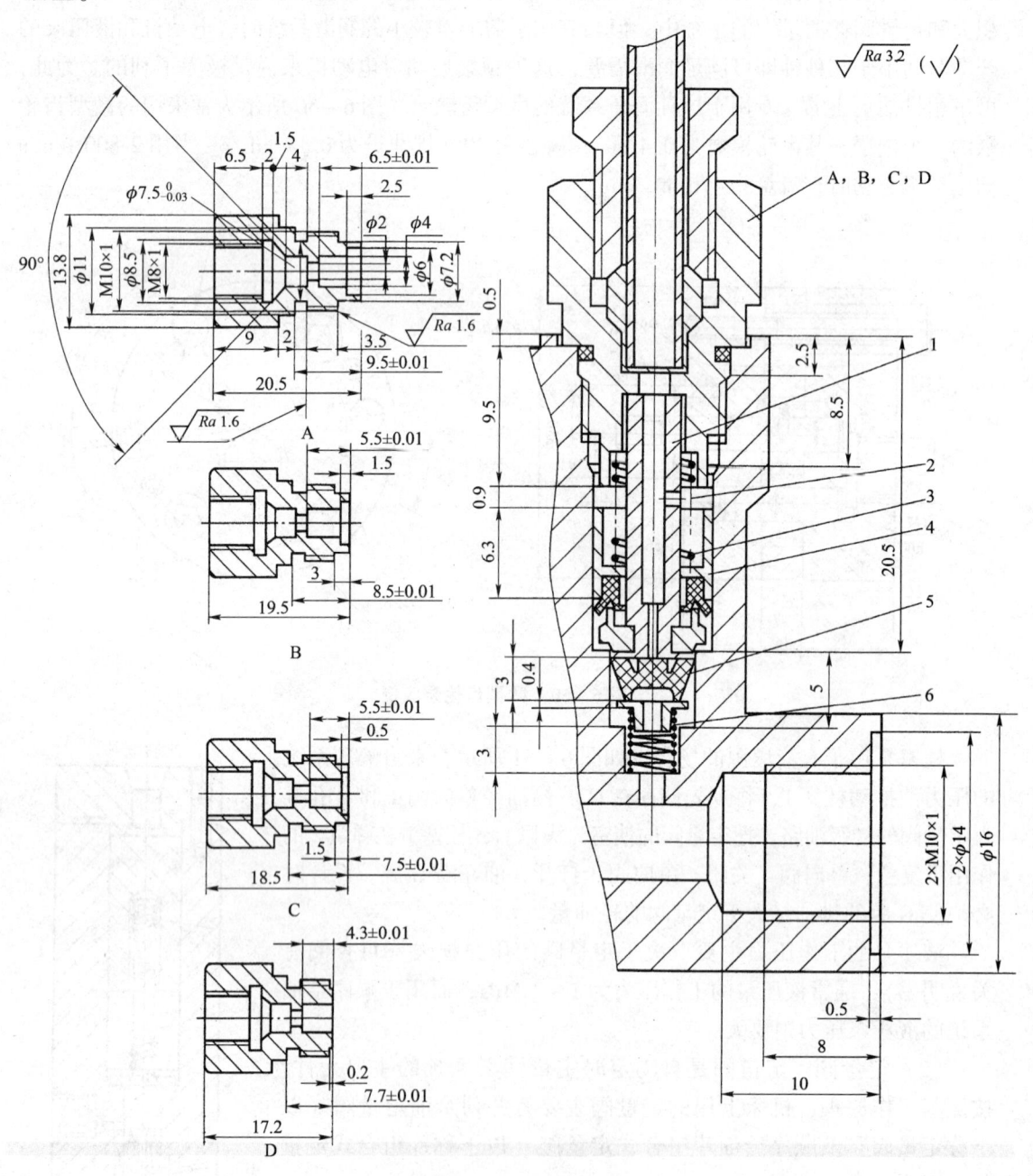

图6-52 定量阀

1—轴；2—小孔；3，6—弹簧；4—柱塞；5—皮腕

如图6-53所示的几种定量阀，已分别应用于XK736型和SKX-1600型数控铣床以及XF716型液压仿形铣床，这3种阀的结构与图6-52所示阀的结构相类似。

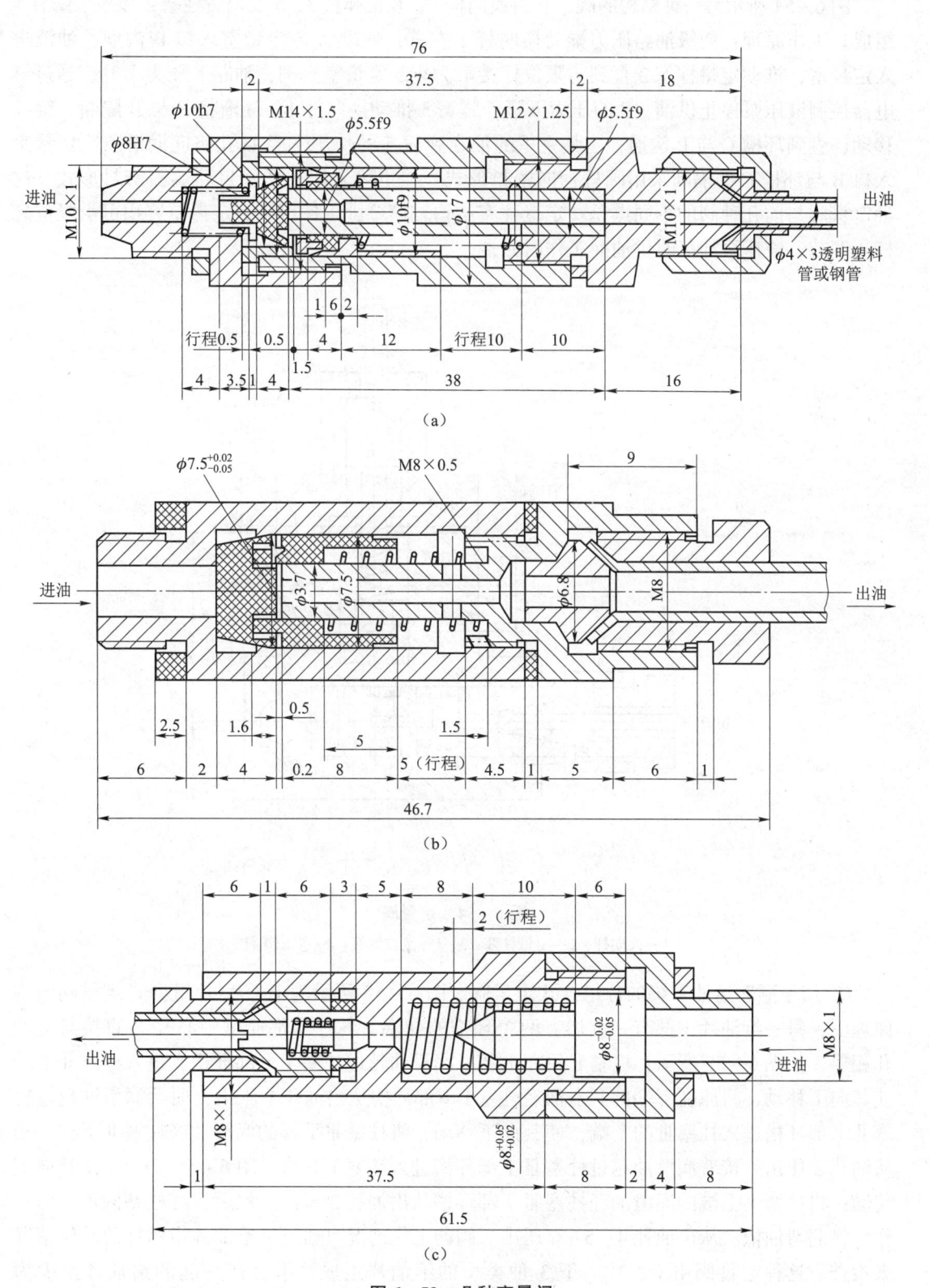

图 6-53　几种定量阀

图 6-54 所示另一种结构的阀,它由换向杆 1、复位弹簧 3、5 及定量柱塞 2 和限位螺杆 4 组成。工作原理:初级油路压力推动换向杆 1 左移,使端 A 与定量室入口 B 沟通,油液进入定量室,推动定量柱塞 2 直到与限位杆接触为止。定量室充满,油路 P 压力上升,通过继电器控制液压泵停止供油;P 的压力下降,弹簧 3 推动换向杆 1,逐渐将 P 与 B 隔断。继续移动,直到环槽 C 与 B 沟通,定量室里的油在弹簧 5 的作用下经 D 孔挤向润滑点。定量室入口 B 与环槽 C 的隔断采用阀杆径向密封形式,但也可采用链形密封环端面密封形式。这种定量阀与前几种阀的不同点是:定量柱塞结构较简单,工作可靠,定量室容积可由限位螺杆 4 调节,液压泵卸荷时供油而工作时储油。

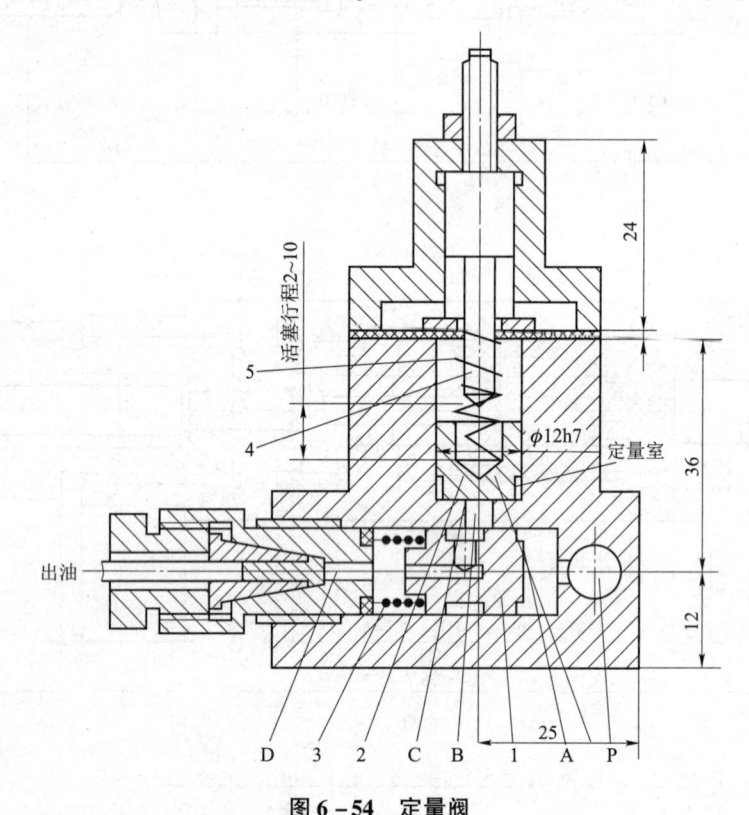

图 6-54 定量阀
1—换向杆;2—定量柱塞;3,5—复位弹簧;4—限位螺杆

② 用于顺序给油系统的片组合式定量阀。图 6-55 所示为 PSQ 型片组合式定量阀结构原理图,每一给油片中都有一个切有两个环槽的柱塞,各柱塞都通过中心孔 E 直接与进油孔相连。如图 6-55 所示,柱塞Ⅱ原在上部,润滑油越过柱塞Ⅰ上部环槽,进入柱塞Ⅱ上端使其向下移动,将原在下端的润滑油经柱塞Ⅰ下部环槽从出油孔 1 压出,而后润滑油越过柱塞Ⅱ上部环槽进入柱塞Ⅲ的上端,使其向下移动,将柱塞Ⅲ下端的润滑油经柱塞Ⅱ下部环槽从油孔 2 压出。接着润滑油越过柱塞Ⅲ上部环槽进入注塞Ⅰ下端(图 6-55(b))使其向上移动,将柱塞Ⅰ上端的润滑油经柱塞Ⅲ下部环槽从出油孔 3 压出。然后,各柱塞同理反向动作,将润滑油依次从出油孔 4、5、6 压出。阀的工作情况可通过下给油片指示杆的动作情况来检查。这种定量阀由上、中、下 3 种类型的给油片组成,组合在一起的给油片至少为 3 片。

（a）　　　　　　　　　（b）

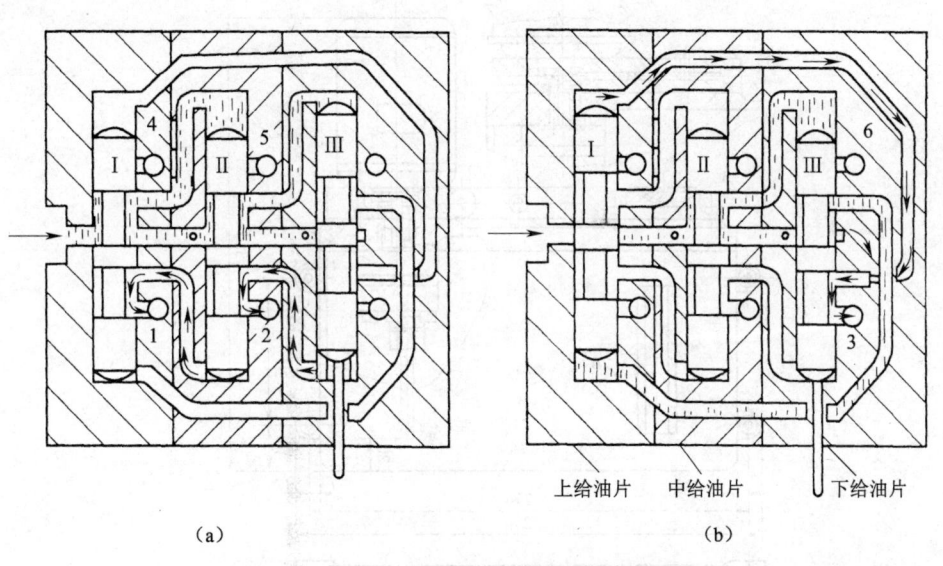

图 6-55　PSQ 型片组合式定量阀结构原理
1，2，3，4，5，6—油孔

每块给油片有两个给油孔，上、中给油片都有连接相邻给油片的横向孔道，通常这些孔道都是密封的。为了扩大某一给油孔的给油量，可去掉横向孔道的分隔垫，并将相邻片的给油孔用螺塞堵住。当润滑点为奇数时，多出的给油孔照此堵住。此外，如放在一个工作循环中使阀的所有出油口都供油，则前一级定量阀上与后一级定量阀相连的那一出油孔的给油量，应等于后一级定量阀所有出油孔给油量之和，如前者小于后者，则后一级定量阀将有某些出油口在本次工作循环不供油，而在下一工作循环中则由它们首先供油。故此，可利用这一特点调整各润滑点的润滑周期。

（3）油箱。在自动定时定量润滑系统中，由于供油量小、润滑油不重复使用、无热量带回油箱等，油箱的体积一般较小。油箱通常由液压泵、单向阀、安全阀、过滤器、卸荷阀及流量继电器组成。

如图 6-56 所示油箱由微型齿轮泵（流量 0.5 L/min）、单向阀、专用安全阀及用于报警的流量油位继电器（图 6-56 中未表示）组成。由于油路压力在出厂时已调好，用户无须再调整，所以该油箱不带压力表。

如图 6-57 所示油箱由柱塞泵和流量油位继电器等组成。柱塞泵每次排油量为 25 mL，每个润滑周期供油一次，适用于有液压源及液压传动油与润滑油品种不同的场合。

如图 6-58 所示油箱采用标准液压元件组成。系统设计主要是确定润滑油量、润滑周期、定量阀的数量及位置等，而系统的工作压力一般为 1～2 MPa。

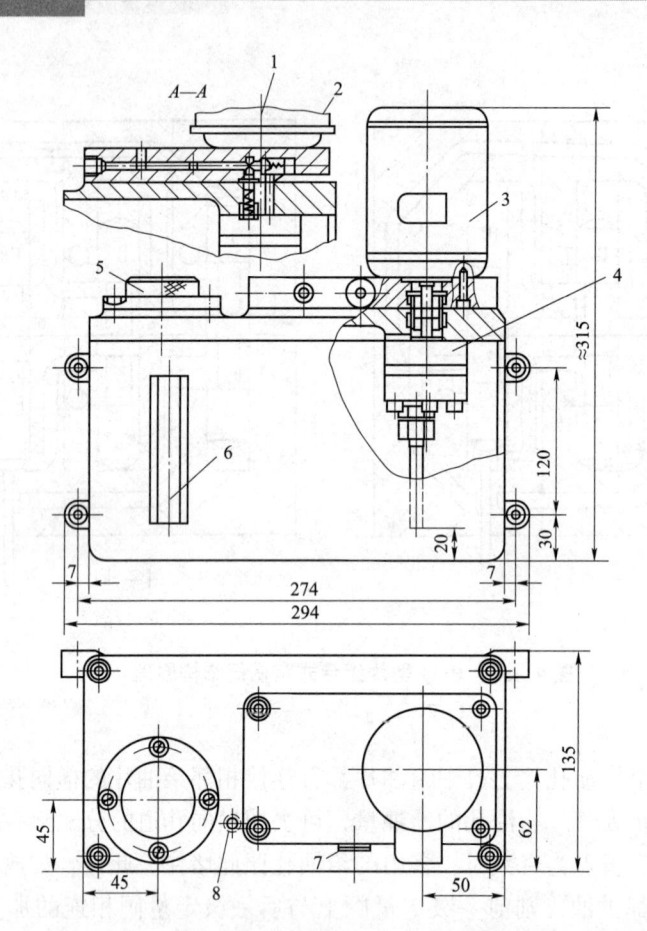

图6-56 SKX-1600数控铣床自动定时定量润滑系统油箱
1—单向阀；2—专用安全阀；3—电动机；4—微型齿轮泵；5—加油过滤器；
6—玻璃管油标；7—压力表接口；8—压力油出口

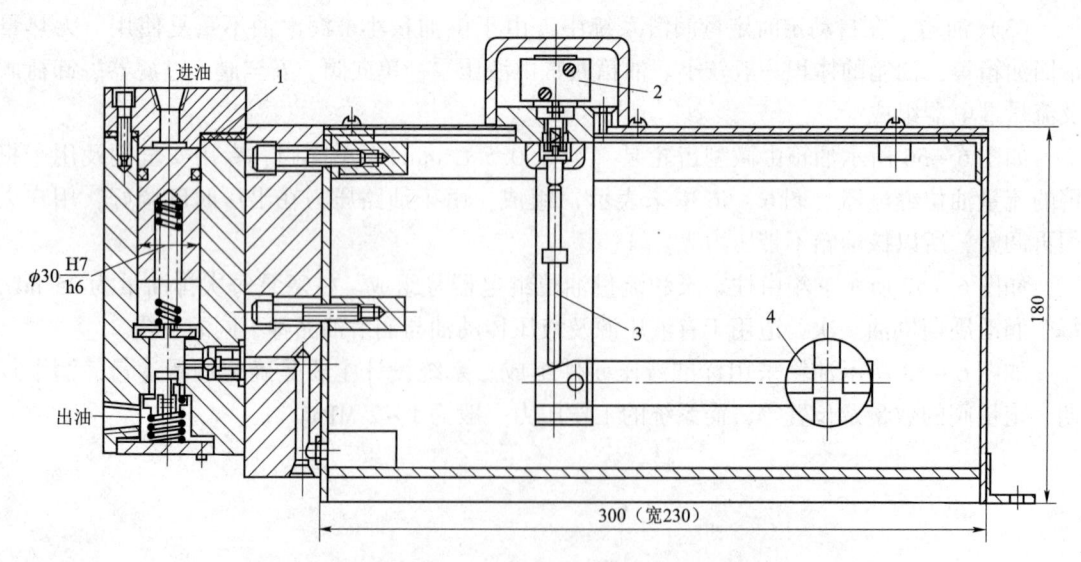

图6-57 XF716型液压仿形铣床自动定时定量润滑系统油箱
1—柱塞泵；2—微动开关；3—顶杆；4—浮子

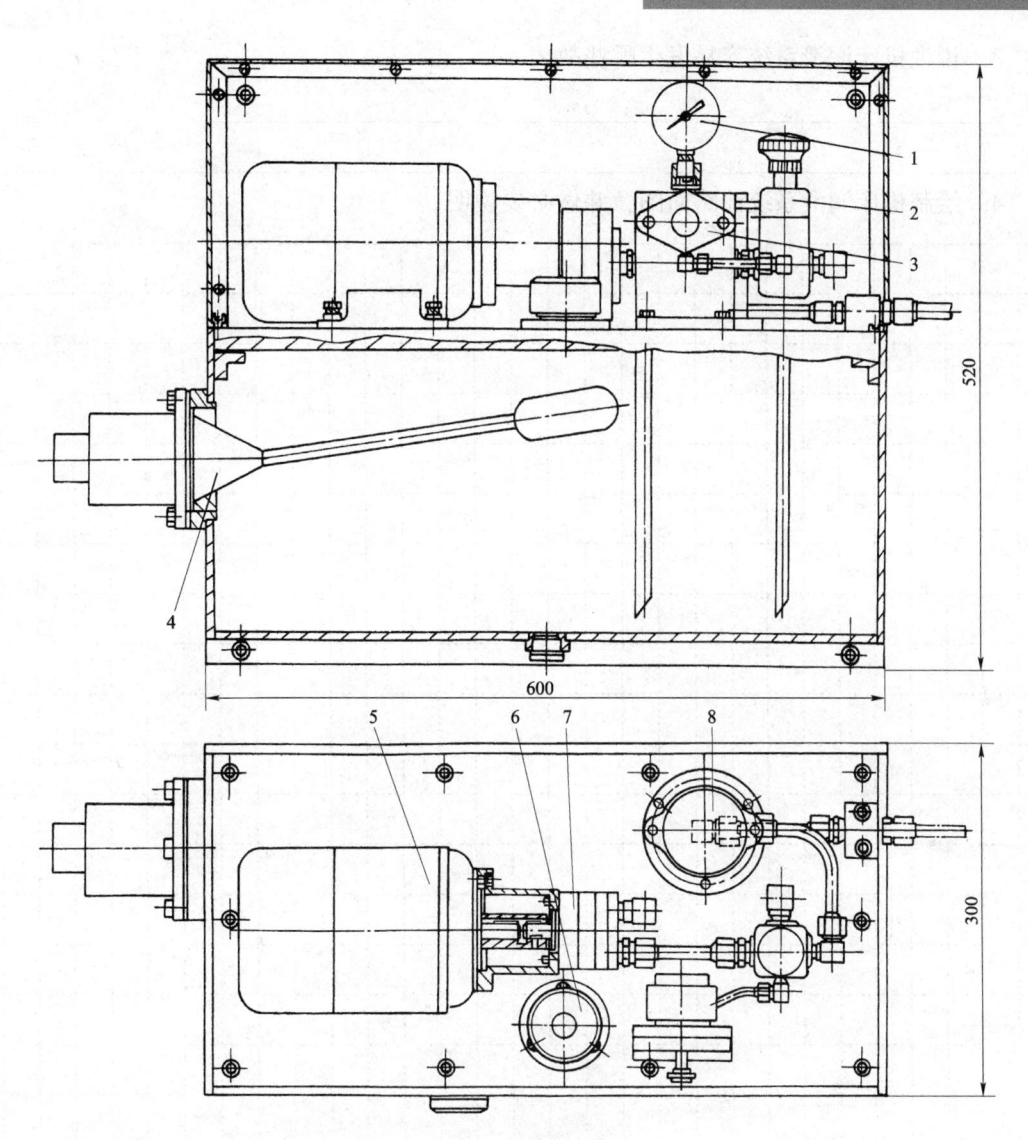

图 6-58 油箱
1—压力计；2—低压溢流阀；3—压力表开关；4—流量液位继电器；
5—电动机；6—空气过滤器；7—齿轮泵；8—过滤器

任务实施

一、现场观察机床润滑系统结构，回答问题

1. 说说机床润滑系统主要由哪几部分构成。

2. 说说机床润滑系统的作用。

3. 说说机床润滑系统容易发生哪些故障。

4. 绘制机床润滑系统油路简图，并做必要说明。

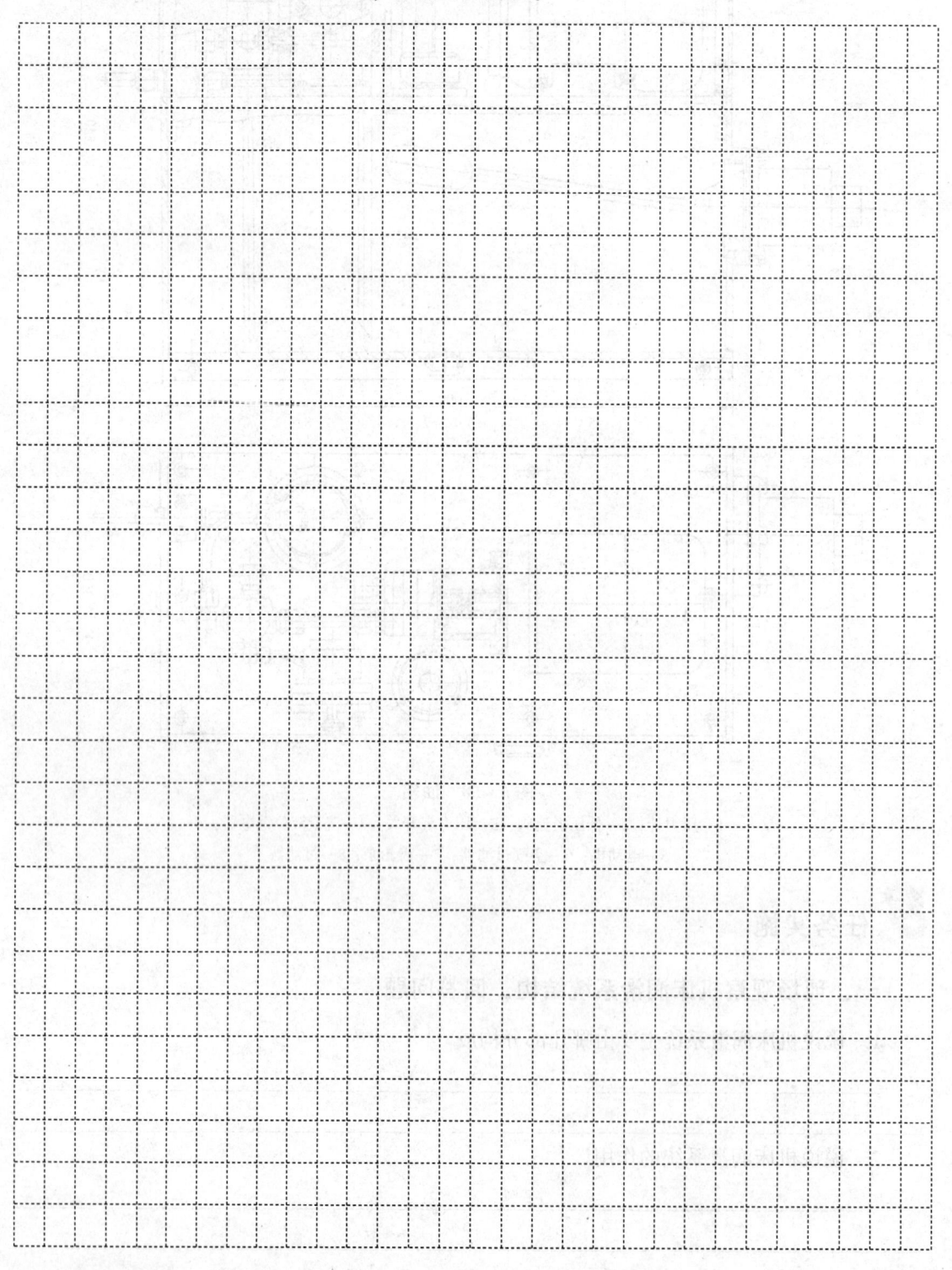

二、拆装冷却系统

（1）拟订拆装计划，做好拆装准备。
（2）合理运用工具，完成拆卸。
（3）进行必要的清洗、修理。
（4）完成组装。
（5）进行调试，确保正常运行。
（6）进行总结。

任务评价

根据表6-1，对任务的完成情况进行评价。

表6-1　成绩评定

项次	项目和技术要求	实训记录	配分	自我评价	小组评价	教师评价
1	测量工具的使用情况		15			
2	测量方法正确		15			
3	测量数据准确、记录完整		20			
4	绘制的图样完整、正确		20			
5	零件按顺序摆放，工具保管齐全		20			
6	团队合作精神		10			
	小计					
	总计					
注：自我评价占30%，小组评价占30%，教师评价占40%						

总结提高

列出在本任务中认识的专业词汇、学习到的知识点、会使用的工具、掌握的技能。

1. 新的专业词汇。

2. 新的知识点。

3. 新的工具。

4. 新的技能。

项目拓展

分析以下典型机床润滑系统的工作原理,说说它们的结构特点。

(1) X63 型卧式升降台铣床工作台手动液压泵润滑系统如图 6-59 所示,借助自制手动液压泵将润滑油向 15 个润滑点供油。每班推压手动液压泵 2~3 次,由左侧手动液压泵供油,1-1 段分为 6-6 和 11-11 两段,再由件 6 分为 2-2、3-3、4-4、5-5、6-6、7-7、8-8 各段;由右侧的件 11 分为 9-9、10-10、12-12、13-13、14-14、15-15 各段。于是各段油路即可分别同时压向 15 个润滑点。

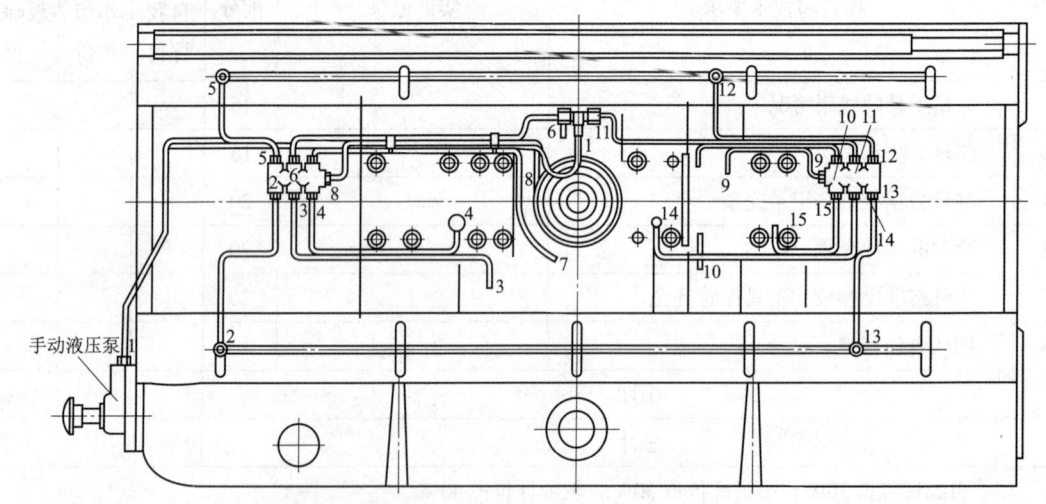

图 6-59 X63 型卧式升降台铣床工作台手动液压泵润滑系统

(2) M7120A 型平面磨床磨头压力循环润滑系统如图 6-60 所示,双联泵中的一个泵将油池中的润滑油抽起,经滤油器送入磨头润滑轴承;另一泵将磨头回油吸入流量继电器的底部,使浮筒上升接通水银开关,为磨头主轴的启动做好准备。如浮筒不能使水银开关接通,则说明轴承处润滑油不足,磨头主轴无法启动。当送入磨头体内的油液过多而有漏油现象时,可调节旁路节流阀使油液返回油箱。

(3) XKD2012/14 型数控龙门铣床导轨自动定时定量润滑系统组成如图 6-61 所示。有关技术数据如下:定量阀一次供油量为 0.2~1.1 mL;润滑周期为 2 h;使用润滑油为 90 号导轨油,注入油箱前需经过滤精度为 0.01 mm 的过滤器过滤;油箱容积为 30 L;压力继电器调定压力约为 1.5 MPa;溢流阀调定压力约为 1.6 MPa。控制电路如图 6-62 所示。图中按钮 S 在机床每天开始工作时按一次即可,以后每隔两小时机床自动润滑一次。

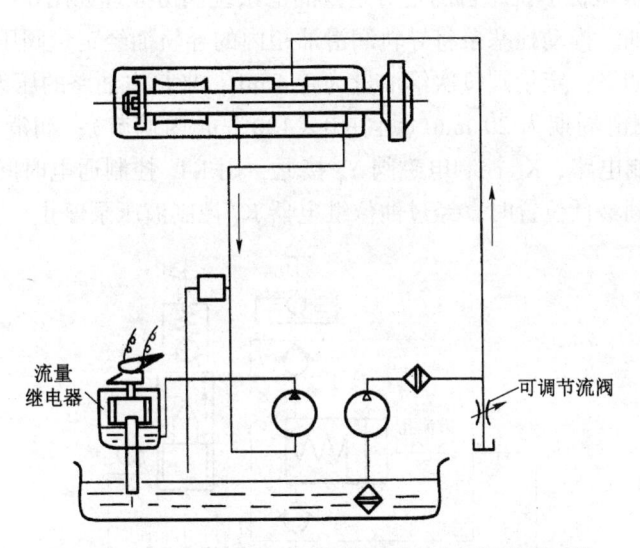

图 6-60　M7120A 型平面磨床磨头压力循环润滑系统

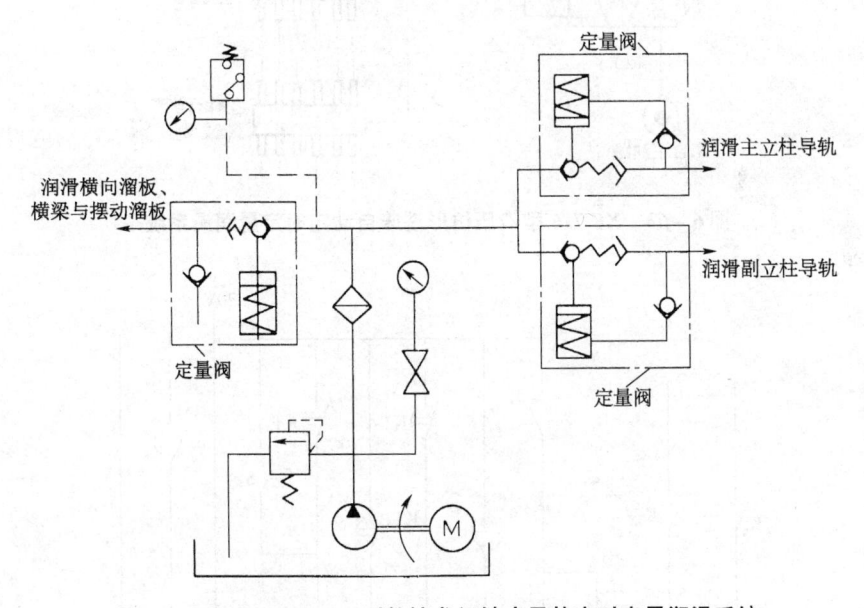

图 6-61　XKD2012/14 型数控龙门铣床导轨定时定量润滑系统

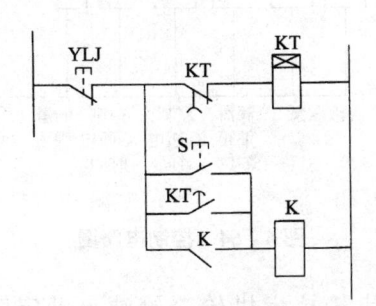

图 6-62　控制电路

(4) XF716 型液压仿形铣床自动定时定量润滑系统润滑原理如图 6-63 所示，利用液压系统主油路的压力油，推动柱塞泵将导轨润滑油箱内的导轨油经定量阀压入各润滑点进行润滑。润滑系统参数如下：定量阀每次给油量为 0.4 mL；来自主油路的压力为 1.0~1.5 MPa；油箱容积为 9 L；润滑周期为 20 min（可在 0~120 min 内调节）；润滑油为 90 号导轨油。图 6-64 所示为控制电路，K_6 控制电磁阀 Y_1 接通，用 KT_6 控制通电时间、KT_7 控制断电时间。当油箱油位降到最低位置时，经过油位继电器 K_2 控制液压泵停止。

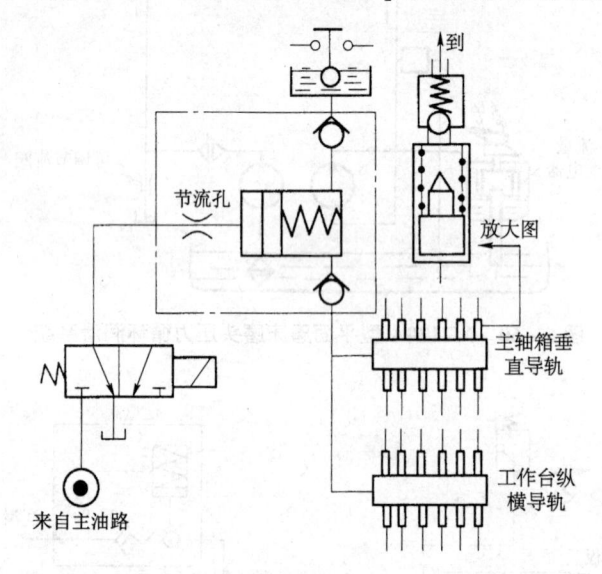

图 6-63　XF 716 型液压仿形铣床自动定时定量润滑系统

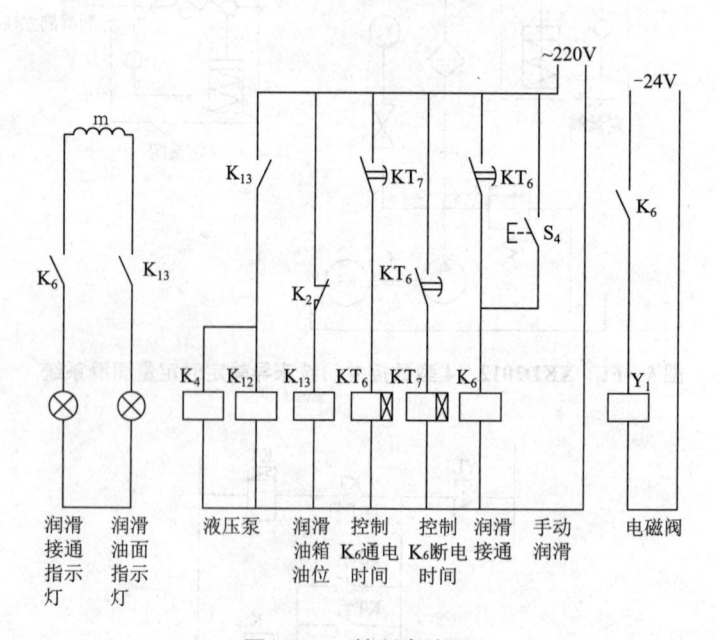

图 6-64　控制电路图

(5) Y22815 型全自动锥齿轮拉齿机轮流给油自动定时定量润滑系统润滑原理如图 6-65 所示。定量阀的排油管分成 G1 组和 G2 组，根据润滑周期，由双向柱塞泵控制交替向润滑点供油。定量阀给油量为 0.2~0.45 mL；润滑周期为 15 min。这种定量阀阀芯两端都通压力油，强迫移动，比弹簧复位工作更可靠，定量阀无残油积累和向外渗漏。

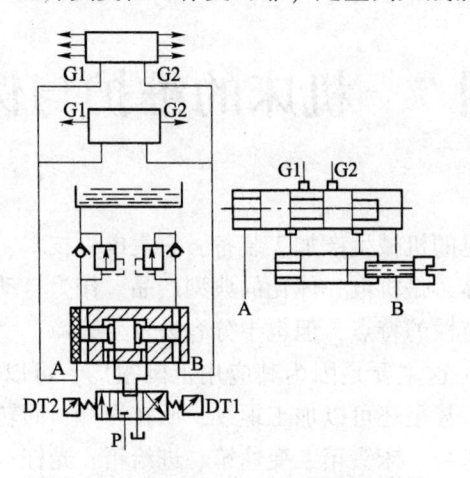

图 6-65　Y22815 型全自动锥齿轮拉齿机
轮流给油自动定时定量润滑系统

项目 7　机床的维护与保养

普通车床是生产中常见的机械生产加工装备，它集电机技术、自动化控制技术、自动检测技术、加工工艺等于一体，是机电一体化的典型产品。作为自动化设备，它性能优越，具有高精度、高效率和高适应性的特点，但也十分容易发生故障。一般而言，车床在机械加工车间约占机床总数的 50%，这主要是因为其应用范围很广，可以加工各种回转表面，如端面、外圆、内圆、锥面等，甚至还可以加工螺纹、回转沟槽、回转成型面和滚花等。车床结构简单，主要组成部件有床身、床头箱、变速箱、进给箱、光杠、丝杠、溜板箱、刀架、床腿和尾架等，其工作原理主要是依靠主运动和进给运动，通过车刀和工件的相对运动，使被加工的部件毛坯被切削成具备一定几何形状、尺寸和表面质量的零件。

普通车床在使用过程中，很可能会出现一些故障，若不及时排除就会直接影响生产的进行，同时也会使车床的精度降低、使用寿命缩短。因此，对车床进行维护与保养非常重要。

项目描述

本项目以 CA6132 型车床为例进行分析，探讨机床维护与保养的方法，形成规范的操作过程，建立相关的制度，保证机床正常的工作运行，预防和降低车床各类故障的发生，延长机床的使用寿命。

学习目标

一、知识目标

1. 了解机床维护与保养的基本知识；
2. 掌握机床维护与保养的方法和操作过程。

二、技能目标

1. 能建立简单的机床维护与保养制度；
2. 会进行机床的日常维护与保养。

任务描述

通过了解机床的日常维护与保养知识，操练机床的日常维护过程，培养良好的职业素养。

必备知识

一、机床维护与保养的基本要求

为了延长平均无故障时间，增加机床的开动率，便于及早发现故障隐患，避免停机损失，保持设备的加工精度，在思想上要重视维护与保养工作，提高操作人员的综合素质，保证机床良好的使用环境，严格遵循正确的操作规程，提高机床的开动率。要冷静对待机床故障，不可盲目处理，同时要严格执行数控机床管理的规章制度。

二、机床维护中的点检管理

点检是由日本在引进美国的预防维修制的基础上发展起来的一种管理制度。点检就是按有关维护文件的规定，对设备进行定点、定时的检查和维护，包括以下内容：

(1) 定点→确定维护点；
(2) 定标→对维护点制定标准；
(3) 定期→定出检查周期；
(4) 定项→明确检查项目；
(5) 定人→落实到人；
(6) 定法→检查方法；
(7) 检查→检查步骤；
(8) 记录→详细记录内容与时间；
(9) 处理→能处理的则立即处理；
(10) 分析→分析找出薄弱环节。

点检的分类可以分为日常点检（对机床的一般部位进行点检）、专职点检（对机床的关键部位和重要部位制订点检计划）、生产点检（对生产运行中的机床进行点检）。点检是现代维修管理体系的核心（见图7-1），其优点是可以把出现的故障和性能的劣化消灭在萌芽状态，防止过修或欠修；缺点是定期点检工作量大。以某种机床为例，点检可以按照表7-1进行。

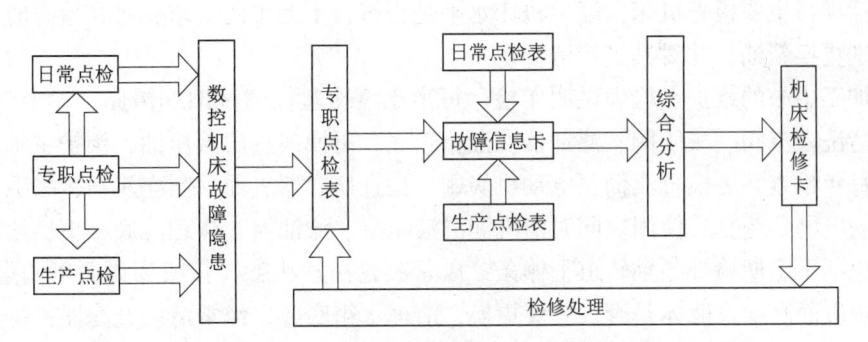

图7-1 点检在现代维修管理系统中的地位

表 7-1 点检表举例

序号	点检内容	1	2	3	—	—	—	—	30	31
1	检查电源电压									
2	检查气源压力									
3	检查液压回路									
4	检查润滑是否正常									
5	冷却过滤有无堵塞									
6	主轴定位与换刀动作									
7	主轴孔内有无铁屑									
8	机床罩壳及周围场地									

三、机床维护与保养的内容

日检的主要项目包括液压系统、主轴润滑系统、导轨润滑系统、冷却系统和气压系统。以某加工中心的维护点检表日检项目为例,包括导轨润滑油箱(油量、及时添加润滑油、润滑泵能定时启动及停止)、XYZ 轴导轨面(清除切屑及脏物,检查润滑油是否充分、导轨面有无划伤损坏)、压缩空气气源压力(检查压力是否在正常范围、检查气源自动分水滤水器和自动空气干燥器、清理分水器中滤出的水分及自动保持空气干燥器正常工作)、主轴润滑恒温油箱(油量充足并调节温度范围)、机床液压系统(油箱和液压泵无异常噪声、压力表指示正常、管路及各接头无泄漏、工作油面高度正常)、液压平衡系统(平衡压力指示正常、快速移动时平衡阀工作正常)、CNC 的输入输出单元(光电阅读机清洁、机械结构润滑良好)、各种电气柜散热通风装置(各电气柜冷却风扇工作正常,风道过滤网无堵塞,各种防护装置、导轨和机床各种防护罩等应无松动)。

周检主要项目包括机床零件、主轴润滑系统,应该每周对其进行正确的检查,特别是对机床零件要清除铁屑,进行外部杂物清扫。

月检主要项目包括电源、空气干燥器。例如,某加工中心的维护点检表每月包括电源电压,在正常情况下额定电压为 180~220 V、频率为 50 Hz,如有异常,要对其进行测量、调整,空气干燥器应该每月拆一次,然后进行清洗、装配。

季检主要项目包括机床床身、液压系统、主轴润滑系统。例如,某加工中心的维护点检表每季包括项目主要检查机床精度、机床水平是否符合手册中的要求,且在检查时,如有问题,应分别更换新油,并对其进行清洗。

以某加工中心的维护点检表说明年检。每半年滚珠丝杠清洗旧润滑脂,涂上新的油脂,液压油路清洗溢流阀、减压阀、滤油器及油箱箱底,更换或过滤液压油,维护主轴,润滑恒温油箱。每年检查并更换直流伺服电动机炭刷,检查换向器表面,吹净炭粉,去毛刺,更换长度过短的电刷,跑合后使用。同时清洗润滑液压泵、滤油器,清理池底,更换滤油器。不定期检查包括不定期检查各轴轨道上镶条、压紧滚轮松紧状态(按机床说明书调整)、冷却水箱;检查液面高度及液体是否太脏要更换,清理水箱底部,经常清洗过滤器;排屑器要经常清理铁屑,检查有无卡住。同时,清理废油池,及时取出油池中废油,以免外溢。最后按机床说明书调整主轴驱动带松紧。

四、机械部分的维护与保养

机械部分主要包括：

(1) 机床基础件，如床身、立柱、横梁、滑座、工作台、导轨等；

(2) 主运动传动系统→实现主运动；

(3) 进给运动传动系统→实现进给运动；

(4) 实现工件回转、分度定位的装置和附件，如回转工作台、数控分度头等；

(5) 实现某些部件动作与辅助功能的系统和装置，如液压、气动、润滑、冷却、排屑防护；

(6) 刀库、刀架及换刀装置（ATC）；

(7) 工作台交换装置（APC）；

(8) 特殊功能装置，如刀具破损检测、精度检测、监控装置等；

(9) 各种反馈装置和元件；

其中（4）~（9）为辅助装置。

1. 主轴部件的维护与保养

主轴部件主要包括主轴、轴承、准停装置、自动夹紧装置、切屑清除装置等。

1）主轴部件的润滑

主轴部件的润滑是主传动链最重要的组成部分，属于主传动链的维护。

(1) 常用的润滑方式：油脂润滑、喷注润滑（油液循环润滑）和油气、油雾润滑。

高档数控机床主轴轴承一般采用高级油脂封存方式润滑（每加一次油脂可以使用7~10年），这种方式不但能减少轴承温升，还能减少轴承内外圈的温差，从而减少主轴的热变形。

(2) 具体操作时要注意：

① 低速时，采用油脂、油液循环润滑；高速时采用油雾、油气润滑。

② 采用油脂润滑时，主轴轴承的封入量通常为轴承空间容积的10%，切忌随意填满，因为油脂过多会加剧主轴发热。

③ 循环式润滑系统，用液压泵强力供油润滑，使用油温控制器控制油箱油液温度（油温变动控制在±0.5℃），每日检查油量、油温。

④ 防止润滑油和油脂混合。

(3) 作用：良好的润滑效果，可以带走热量，降低轴承的工作温度及延长其使用寿命，以保证主轴热变形小。

2）主轴部件的冷却

主要是以减少轴承发热、有效控制热源为主；对机床热源进行强制冷却和通过冷却风管对主轴进行强制冷却。

3）主轴部件的密封

(1) 密封方式：密封有接触式和非接触式密封。

① 接触式密封：就是密封件与其相对运动的零件相接触且没有间隙的密封。这种密封由于密封件与配合件直接接触，在工作中摩擦较大，发热量也大，易造成润滑不

良，接触面易磨损，从而导致密封效果与性能下降。因此，它只适用于中、低速的工作条件。

接触式密封常用的有毛毡密封、耐油橡胶密封（皮碗密封）等结构形式，应用于不同场合。

② 非接触式密封：就是密封件与其相对运动的零件不接触，且有适当间隙的密封。这种形式的密封，在工作中几乎不产生摩擦热，没有磨损，特别适用于高速和高温场合。非接触式密封常用的有间隙式、迷宫式和垫圈式等结构形式，分别应用于不同场合。

（2）注意点：

① 要防止灰尘、屑末和切削液进入主轴部件，还要防止润滑油的泄漏。

② 接触式密封，要注意检查油毡圈与耐油橡胶密封圈的老化和破损情况。

非接触式密封，为了防止泄漏，重要的是保证回油能够尽快排掉，从而保证回油孔的通畅。

4）主轴部件其他调整

比如：主轴锥孔内的弹性夹应适当调整，避免刀柄松动，影响加工精度；定期调整主轴驱动带的松紧程度，防止因带打滑造成的丢转现象；主轴中刀具夹紧装置长时间使用后，会产生间隙，影响刀具的夹紧，需及时调整液压缸活塞的位移量。

2. 进给传动机构的维护与保养

进给传动机构主要包括伺服电动机及检测元件、减速机构、滚珠丝杠螺母副、丝杠轴承、运动部件，如工作台、主轴箱、立柱等。

（1）定期检查、调整丝杠螺母副的轴向间隙；

（2）调整滚珠丝杠螺母副的轴向间隙，保证定位精度；

（3）滚珠丝杠螺母副的维护。

① 检查丝杠支承与床身的连接是否松动；

② 丝杠的润滑：采用润滑脂润滑的滚珠丝杠，每半年清洗丝杠上的旧润滑脂，换上新的润滑脂；采用润滑油润滑的滚珠丝杠，每次机床工作前均需加油一次。

③ 丝杠的密封：检查密封圈和防护套，一旦有损坏要及时更换，防止灰尘或杂质进入滚珠丝杠螺母副。

3. 机床导轨的维护与保养

1）导轨的润滑

（1）目的：降低摩擦系数，减少磨损，防止导轨面锈蚀，避免低速爬行与降低温升。

（2）润滑油、脂：每日须检查导轨润滑油油箱，若不够须及时添加。

（3）润滑方式：一般采用自动润滑方式。操作时要检查自动润滑系统的分流阀，若分流阀损坏，则不能自动润滑。

2）导轨的防护

（1）目的：防止切屑、磨粒或冷却液散落在导轨上而引起磨损、擦伤和锈蚀。

（2）防护装置：常用的有刮板式、卷帘式和叠层式防护罩。导轨面上应有可靠的防护装置，需要经常进行清理和保养。经常用刷子蘸机油清理移动接缝，避免碰磕。

4. 回转工作台的维护与保养

（1）润滑：注意工作台传动机构和导轨的润滑。

（2）操作：严格按照使用说明书和操作规程操作使用。

5. 数控分度头的维护与保养

严格按照使用说明书和操作规程正确操作使用。

6. 自动换刀装置的维护与保养
（1）手动装刀时要确保装夹到位，并装牢；
（2）严禁将超重、超长刀具装入刀库；
（3）采用顺序选刀方式的，注意刀库上刀具的顺序；
（4）注意保持刀柄和刀套的清洁；
（5）开机后，先空运行检查机械手和刀库是否正常；
（6）检查润滑是否良好。

7. 液压系统的维护与保养
液压系统部件主要包括动力元件、执行元件、控制元件和辅助元件。
（1）定期对油箱内的油进行检查、过滤和更换；
（2）检查冷却器和加热器的工作性能，控制油温；
（3）定期检查、更换密封件，防止液压系统泄漏；
（4）定期检查、清洗或更换液压件、滤芯，定期检查、清洗油箱和管路；
（5）严格执行日常点检制度，检查系统的泄漏、噪声、振动、压力和温度等是否正常。

8. 气压系统的维护与保养
气压系统部件主要包括执行元件、控制元件、气源装置及辅助元件。
（1）选用合适的过滤器，清除压缩空气中的杂质和水分；
（2）检查系统中油雾器的供油量，保证空气中有适量的润滑油来润滑气动元件，防止生锈、磨损造成空气泄漏和元件动作失灵；
（3）保持气动系统的密封性，定期检查、更换密封件；
（4）注意调节工作压力；
（5）定期检查、清洗或更换气动元件、滤芯。

五、车床的日常维护和保养

车床的日常维护与保养是操作者的职责，为了使设备工作良好，保证生产的安全正常运行，延长设备的使用寿命，就要做好日常的维护和保养工作。

（1）班前：检查机床、工作台、导轨以及主要滑动面，如有障碍物、工具、铁屑、杂物等，必须清理擦拭干净、上油；检查各部位手柄是否在规定的空位上。接通电源，空车低速运转 2~3 min，并观察运转情况是否正常，如有异常应停机检查或报告维修人员按机床润滑图表规定加油，并检查油路是否畅通。保持润滑系统清洁，油杯、油眼不得敞开。检查安全防护、制动、限位和换向等装置应齐全完好。检查机械、液压等操作手柄、开关等应处于非工作的位置上。检查各刀架应处于非工作位置。检查电器配电箱应关闭牢靠，电气接地良好，电动机运转正常。确认润滑、电气系统以及各部位运转正常后，方可开始工作。

（2）班后：将机械、液压等操作手柄及开关等扳到非工作位置。停止机床运转，切断电源、气源。清除铁屑，清扫工作现场，认真擦净机床；导轨面、转动及滑动面、定位基准面、工作台面等处加油保养。工作完毕或下班时，应将拖板箱及尾座移到床身尾端，各手柄放在非工作位置上。清扫机床，保持清洁，并在导轨上涂油防锈。机床上各类部件及防护装置不得随意拆除，附件要妥善保管，保持完好。

（3）依照车床的结构、性能和特点，作为日检内容，每天工作前要认真检查。检查各传动部位无异常响动、各手柄操作灵活可靠、正反转及刹车性能良好、变速箱油量在油标刻线上；主轴变速箱开箱时，油位供油正常；光杠、丝杠、操纵杆表面无挫伤；各导轨面润滑良好、无挫伤，各部位不漏油；冷却部位不漏水、油路畅通不缺油、无缺损零件等。若发现问题应立即处理后方可操作。

(4) 严格遵守操作规程，不超负荷使用设备，设备的安全防护装置要安全可靠，并及时消除不安全因素。

六、车床的周期性维护和保养

车床运行 3~6 个月应进行周期性保养，每次保养时间为 4~6 h。

(1) 外保养：清洗机床外表及各罩壳，保持内外清洁，无锈蚀；清洗导轨面，检查并修光毛刺；清洗长丝杠、光杠、操纵杆，要求清洁无油污；补齐紧固螺钉、螺母、手球、手柄等机件，保持机床整齐；清洗机床附件，做到清洁、整齐、防锈。

(2) 车头箱：清洗滤油器；检查主轴螺母有无松动，定位螺钉调整适宜；检查、调整摩擦片间隙及制动器；检查传动齿轮有无错位和松动。

(3) 走刀箱：清洗各部位挂轮架；检查、调整挂轮间隙；检查轴套，应无松动和拉毛。

(4) 尾架：拆洗丝杠、套筒；检查修光套筒外表面及锥孔毛刺、伤痕；清洗、调整刹紧机构。

(5) 润滑：清洗油线、油毡，保证油孔、油路畅通；油质、油量要符合要求，油杯齐全，油标明亮。

(6) 冷却：清洗冷却泵，消除过滤器、冷却槽、水管和水阀泄漏。

(7) 电器：清扫电动机、电气箱上的灰尘、油污；检查各电气元件触点，要求性能良好、安全可靠；紧固接零装置。

(8) 床头箱：油平面不得低于油位；油位不宜过高，以免漏油和发热；主轴前轴承和轴承在工作中发生不正常高热时，应调整轴承的间隙。

(9) 摩擦离合器：要保证传送应有的动力，本身不发生过度高热。工作中要经常查看油窗，通过油窗查看通向摩擦离合器和主轴前轴承的油液是否畅通。停车很久再开动车床时，查看油窗来油后方可进行主轴运行。

(10) 主轴：在运行时任何情况下均不得扳动变速手柄。主轴一般都与滚动轴承或滑动轴承组装成一体，转速很高，会产生很高的热量，如不及时排除，将导致轴承过热，并使车床相应部位温度升高而产生热变形，影响车床本身精度和加工精度，严重时甚至会把轴承烧坏。这就需要检查轴与轴承的配合情况，调整好两者之间的间隙，保证在 1 h 高速空运行下，主轴轴承温度不超过 70℃。

(11) 电动机皮带的松紧：主电动机装在床腿内，打开前床腿上的盖板，旋转电动机底板上的螺母来调整电动机的位置，使两皮带轮的中心距缩小或增大。油泵三角带松紧度如不合适或老化，也应调整或更换。

(12) 在所有润滑系统中凡是需要润滑的地方，均要按规定注入干净的润滑油。

七、对车床维护和保养的管理

(1) 日常管理实行包机制，做到有专人负责，其日常维护内容有：车床的清洁、紧固、润滑、调整。车床运行时要检查油位、油压、密封、噪声、振动及轴承温度等，出现异常情况时，应采取措施及时处理，并向负责人汇报。要对车床的各系统进行功能测试，并进行系统的清理和维护，以提高各个零部件的工作可靠性。经常保持车床清洁，做到沟见底、轴见光、设备见本色。

（2）定期维护保养：应做好周期性维护和保养工作。

（3）严格执行普通机床的操作、维护、保养规程及维护和保养制度。

八、机床通用维护保养制度案例

为了使机床保持良好的运行状态，防止或减少事故的发生，把故障消灭在萌芽之中，除了发生故障应及时修理外，应对机床进行定期检查及经常性的维护与保养。坚持贯彻"预防为主"和"维护与检修相结合"的原则，做到正确使用、精心维护，使机床经常处于良好状态，以保证长周期安全稳定运行，故制定以下制度：

（1）禁止机床运转时变速，以免损坏机器的齿轮。

（2）过重的工作物不要夹在工具上过夜。

（3）尺寸较大、形状复杂而装夹面积又小的工作物在校正时，应预先在机床面上安装木垫，以防工件落下时损坏床面。

（4）禁止忽然开倒车，以免损坏机床零件。

（5）工具、刀具及工作物不能直接放在机床的导轨上，以免把机床导轨碰坏，发生咬坏导轨的严重后果。

（6）每天下班前一刻钟，必须做好机床的清洁保养工作，严防碎屑和杂质进入机床的导轨发动面，把导轨咬坏。机床使用完毕后应把导轨上的冷却润滑油擦干净并加机油润滑保养；每周二下班前半小时，必顺做好机床的周例保工作。

（7）各类机器（机床）定机、定人。非规定操作人员，未经班长安排和机床保养人员的同意不准随便开动机床。

（8）各类机器（机床）的维护和保养工作具体按该机器（机床）的维护、保养规范（指导书）进行。

（9）各类机器（机床）的维护与保养工作由设备主管负责，班长负责执行。

九、普通车床维护保养规范案例

为了使机床保持良好的状态，防止或减少事故的发生，把故障消灭在萌芽之中，除了发生故障应及时修理外，还应坚持定期检查，经常维护和保养。

1. 日常保养

1）班前保养

（1）擦净机床外露导轨及滑动面的尘土。

（2）按规定润滑各部位。

（3）检查各手柄位置。

（4）空车试运转。

2）班后保养

（1）打扫场地卫生，保证机床底下无切屑、无垃圾，保证工作环境干净。

(2) 将铁屑全部清扫干净。
(3) 擦净机床各部位，保持各部位无污迹，各导轨面（大、中、小）无水迹。
(4) 各导轨面（大、中、小）和刀架加机油防锈。
(5) 清理工、量、夹具干净，归位；部件归位。
(6) 每个工作班结束后，应关闭机床总电源。

2．各部位定期保养

1）床头箱

(1) 拆洗滤油器。
(2) 检查主轴定位螺丝，调整适当。
(3) 调整摩擦片间隙和刹车阀。
(4) 检查油质保持良好。
(5) 清洗换油。
(6) 检查并更换必要的磨损件。

2）刀架及拖板

(1) 拆洗刀架、小托板、中溜板各件。
(2) 安装时调整好中溜板、小托板的丝杠间隙和塞铁间隙。
(3) 拆洗大托板，疏通油路，消除毛刺。
(4) 检查并更换必要的磨损件。

3）挂轮箱

(1) 拆洗挂轮及挂轮架并检查轴套有无晃动现象。
(2) 安装时调整好齿轮间隙，并注入新油脂。
(3) 检查并更换必要的磨损件。

4）尾座

(1) 拆洗尾座。
(2) 清除研伤毛刺，检查丝扣、丝母间隙。
(3) 安装时要求达到灵活可靠。
(4) 检查、修复尾座套筒锥度。
(5) 检查，并更换必要的磨损件。

5）走刀箱、溜板箱

(1) 清洗油线，注入新油。
(2) 走刀箱及溜板箱整体拆下清洗、检查并更换必要的磨损件。

6）外表

(1) 清洗机床外表及死角，拆洗各罩盖，要求内外清洁，无锈蚀、无油污。
(2) 清洗三杠及齿条，要求无油污。
(3) 检查补齐螺钉、手球、手柄。
(4) 检查导轨面，修光毛刺，对研伤部位进维修。

7）电气

(1) 清扫电气及电气箱内外尘土。
(2) 检查、擦拭电气元件及触点，要求完好、可靠、无灰尘，线路安全可靠。

(3) 检修电气装置，根据需要拆洗电动机并更换油脂。

3. 车床的各部位润滑

上班时注意检查各润滑部位是否漏油。

1) 主轴箱

(1) 主轴箱中主轴后轴承以油绳润滑。

(2) 主轴箱其他部位用齿轮溅油法进行润滑，换油期同样为每三个月一次。

2) 挂轮箱

挂轮箱的机构主要是靠齿轮溅油法进行润滑，换油期同样为每三个月一次。

3) 走刀箱

(1) 走刀箱内的轴承和齿轮，主要用齿轮溅油法进行润滑。

(2) 走刀路上部的储油槽，可通过油绳进行润滑。每班还要给走刀箱上部的储油槽适量加一次油。

4) 托板箱

(1) 托板箱内的蜗杆机构用箱内的油来注油润滑。

(2) 托板箱内的其他机构，用其上部储油槽里的油绳进行润滑，通常每班加油一次。

5) 床身导轨

床身导轨面大、中、小滑板导轨面，用油壶浇油润滑，每班一次。

任务实施

一、进行机床的润滑，保证机床处于合理的润滑状态。

主轴轴承、床头箱齿轮及各轴的持续润滑是通过专用油泵及分油器分配润滑的。床头箱右端设有油窗，检查供油情况，容积 5 升，箱内加注 L-HM32 或 MOBIL DTE24 液压油，要先看到油从油箱流出才能启动机床。

进给箱设有油窗，检查供油情况，容积 2 升，箱内加注 L-HM32 或 MOBILE DTE24 液压油。

溜板箱齿轮及轴承润滑是通过喷溅的方式进行油浴润滑。油窗在溜板箱的正面，泄油孔设在溜板箱底部，使用的润滑油为 L-HM68 或 MOBIL DTE 26。

挂轮架齿轮用加注润滑脂的方法进行润滑。润滑挂轮齿轮时必须切断总电源。

机床润滑使用润滑油为 L-HM32 和 L-HM68。润滑点如图 7-2 所示。

二、进行切削液的使用，检查切削液的状态，判断是否要进行更换

用户在注入切削液前，应详细阅读所选用的切削液的技术资料，了解切削液的各种技术性能指标、化学成分及注意事项，严格按照切削液技术资料中提供的配制方法配制切削液。同时，确认机床的冷却系统是否清洁、牢固。

按技术要求配制好的切削液从油盘注入，使其流入水箱，并保证切削液有足够的深度。禁止从冷却泵上灌注切削液，避免将冷却泵短路导致电动机烧毁。

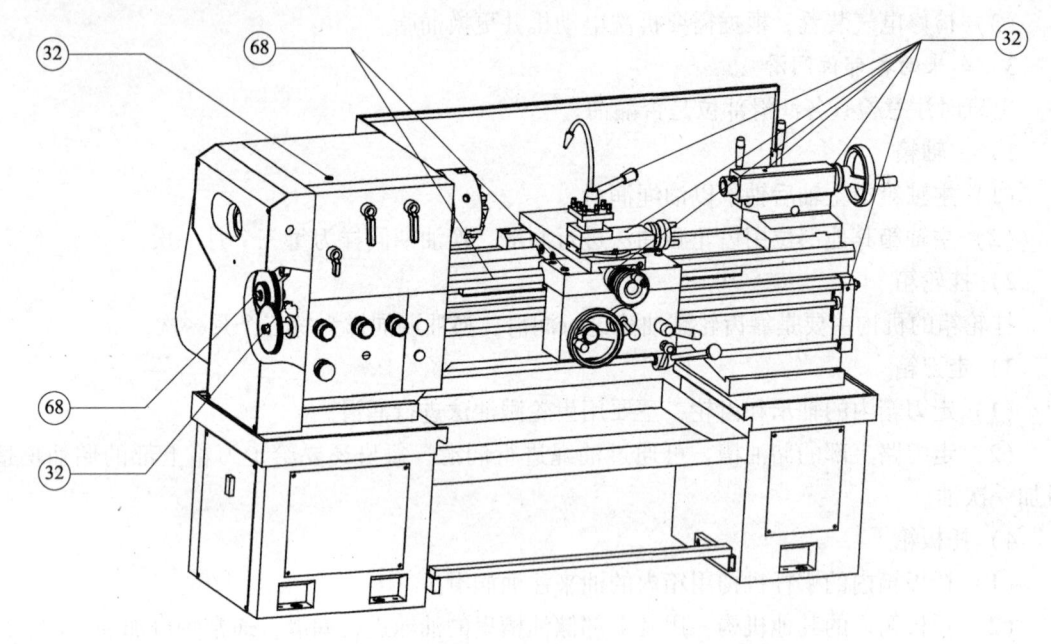

图 7-2　润滑点

机床在加工钢件时，建议使用切削液；在钻孔、铰孔、车螺纹、攻螺纹时，必须使用切削液。切削液的使用方法如下：

使用切削液时，首先打开冷却泵开关，启动冷却泵，使用时将冷却管的喷嘴对准加工部位，打开冷却管上的阀门，使切削液起到冷却作用。

推荐的切削液有：嘉实多 HYSOL GS 水溶性切削液（配比 1∶40）。为保持切削液优异的生物稳定性，其稀释度不应低于 3.5%。

切削液在使用过程中，机床的操作者发现切削液流量不足时应及时添加；观察到出现分层、有异味等现象时应判断切削液是否超过保质期（一般切削液的保质期为 2~3 个月，视温度变化而不同，详见用户使用的切削液技术资料）。如果切削液出现变质现象，应及时更换。一般情况下，切削液可以使用两个月；超过两个月时应及时添加或更换。因机床每天工作班次的不同，可根据具体使用情况及时添加或更换。

更换下来的废液，应按用户使用的切削液技术资料中提供的方法收集处理，也可收集后排放在用户指定的地方处理。

注意：
（1）不同牌号的切削液不可混用，更换牌号应彻底清洗冷却系统。
（2）每半年彻底清洗一次冷却系统。
（3）清洗冷却系统时应注意水泵电动机及其电线不得进水。

三、对机床进行基本的检查，如果有故障，分析故障原因

机床的维护是保持机床处于良好运行状态、延长使用寿命、提高生产效率所必须进行的日常工作。通常机床在运转 500 h 后，应该对机床进行常规的检查和保养。之后每三个月也应进行一次检查、保养。检查、保养工作一般应以操作工人为主，维修人员进行配合。检查

时必须先切断电源。

常规检查的项目如下：

1）电气系统

(1) 检查急停按钮是否灵活、可靠；

(2) 检查电动机运转是否正常，有无不正常的发热、噪声现象；

(3) 检查电线、电缆有无破损；

(4) 检查微动开关的按钮功能是否正常、动作是否可靠等。

2）操纵系统

(1) 检查各开关和操纵手柄是否正常工作；

(2) 检查挂轮间隙及固定有无松动。

3）冷却、润滑系统

(1) 检查切削液、润滑油是否符合要求；

(2) 检查油箱、切削液的液面高度是否达到规定要求；

(3) 检查各润滑点是否得到合理的润滑；

(4) 检查切削液是否有明显的污染，润滑油是否变质；

(5) 检查床鞍及滑板的刮屑板是否损坏等。

4）安全防护系统

溜板箱的安全挡销、卡盘防护、前刀架防护、后防护的功能是否正常发挥作用。

5）电动机装置

(1) 三角皮带张紧力是否合适；

(2) 三角皮带是否有损坏或裂纹；

(3) 皮带轮运转是否正常。

常见的故障及排除方法见表 7-2。

表 7-2 常见的故障及排除方法

序号	常见故障	产生原因	排除方法
1	主轴轴承温升过高，最高温度超过 70℃，或温升超过 40℃	润滑油牌号不对；润滑油不适量（过多或过少）；主轴轴承间隙过小	给主轴轴承供给适量的润滑油；更换正确牌号的润滑油；重新调整主轴轴承的间隙
2	在车削过程中，主轴有振动	主轴前轴承间隙过大	重新调整主轴前轴承，减小轴承间隙
3	床头箱内的离合器发热，温度过高（对床头箱有离合器的车床）	润滑情况不良，油未供上去；离合器间隙量太小；操纵离合器的拉杆销轴处间隙量过大，影响到摩擦片的实际操纵行程	检查床头箱内的油管供油情况；调整床头箱内的离合器间隙；检查离合器拉杆各销轴，如已经磨损或变形过大，应更换

续表

序号	常见故障	产生原因	排除方法
4	启动主电动机后床头箱上的油窗无油	油温过低； 润滑油泵由于管路漏气产生吸空现象； 滤油网已被纤维等脏物堵塞，吸不上油 油泵的转子端面或油泵的轴与套之间磨损产生过大的间隙而漏气； 油箱内的液位太低	冬季应检查环境温度及油温，当温度过低时油泵不能正常工作； 检查油泵及管接头处的紧固情况，试用黄干油密封检查，如有漏气，应加强密封； 拆下油箱，对滤油网进行清洗或更换； 修理或更换油泵； 给油箱加足润滑油
5	在机床工作中，溜板箱右端的十字手柄合上后，刀架无进给运动或仅在某一个方向上有运动	床头箱正面的左/右旋手柄处于中间位置	主轴正转时，左右旋手柄应指向右旋；主轴反转时，左右旋手柄应指向左旋。在车螺纹时不受此限制，与工件的螺纹方向有关
6	小刀架手柄锁紧位置不固定或小刀架锁不紧	小刀架锁紧螺母松动； 小刀架的转动部分有阻滞现象	将锁紧螺母紧固； 给小刀架转轴添加润滑油

机床的主要传动如三角带、轴承、齿轮等零件允许有轻微的磨损，当产生以下问题时应予以更换：

（1）当三角带发生磨损、变形时应予以更换。
（2）当三角带发生传动噪声、杂音时应予以更换。
（3）当三角带引起主轴力矩不足时应予以更换。
（4）建议每年更换一次三角带。
（5）当轴承、齿轮等零件发生传动噪声、杂音时应予以更换。
（6）当轴承、齿轮等零件引起机床加工精度降低时应予以更换。

在两班制和遵守使用规则的条件下，机床运转 5 年后应大修。根据机床上零件的磨损情况进行调整、修复或更换易损件。大修后的机床在投入生产前，应按《精度检验单》检查其精度，校正机床水平。

任务评价

根据表 7-3，对任务的完成情况进行评价。

表 7-3 成绩评定表

项次	项目和技术要求	实训记录	配分	得分 自我评价	得分 小组评价	得分 教师评价
1	润滑无遗漏，状态合理		15			
2	切削液使用正确		15			
3	对机床故障点的判断、分析合理		20			
4	能制定相应的保养规范		20			
5	现场 5S 规范		20			
6	团队合作精神		20			
	小计					
	总计					

注：自我评价占 30%，小组评价占 30%，教师评价占 40%

总结提高

列出在本任务中认识的专业词汇、学习到的知识点、会使用的工具、掌握的技能。

1. 新的专业词汇。

2. 新的知识点。

3. 新的工具。

4. 新的技能。

项目拓展

学习附录二中机床保养规范，总结各种机床的保养特点。

项目 8　典型机械系统装调

机械系统是指由许多机器、装置、监控仪器等组成的大型工业系统，或由零件、部件等组成的机器。从不同的角度出发，机械系统的构成有不同的描述。以前大多是按照系统的结构和组成的装置进行描述，这使得在设计时比较零乱，难以集成。现代科学的世界观认为，世界是由物质、能量及信息组成的。与此相对应，任何工程系统的功能，从本质上讲，都是接收物质、能量及信息，经过加工转换，输出新形态的物质、能量及信息。据此，本书从"流"的观点出发，将机械系统划分为物料流系统、能量流系统和信息流系统，如图8-1所示。由于能量流系统中的传动装置、信息流系统中的操纵装置及物料流系统中的执行装置均为常用机构所构成的机械运动部件，故从机械设计角度出发可将其归入机械运动系统。

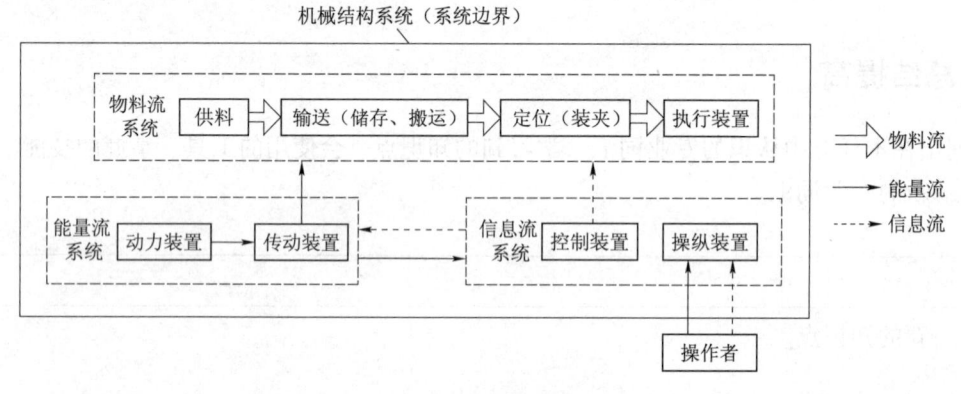

图 8-1　机械系统构成

一、物料流系统

物料是机械系统工作的对象，机械系统的任务就是改变物料的形状和状态。因此，在机械系统中，物料流是最重要的部分。机械系统中直接与物料接触且使物料发生形状和状态变化的部分就构成了物料流系统。

二、能量流系统

任何机器的工作都需要能量，要使物料的形状和状态发生变化，更需要大量的能量。因此，机械系统中用于提供能量、转换能量和传递能量的部分就构成了能量流系统。

三、信息流系统

在物料流和能量流中，各种机构与装置的工作和停止都要满足一定的要求。同时，系统还要随时发现一些故障，并给出相应的处理措施。这些都涉及信息的采集、处理以及指令的发送与接收。因此，机械系统中用于对系统内的信息和指令进行处理的部分就称为信息流系统。

四、机械结构系统

机械结构系统在机械系统中起着支撑和连接的作用，用来安装物料流、能量流、信息流系统中的零部件，并保证各零部件和系统之间的相互空间位置关系。机械结构系统由各部分结构件组成，常见的有机身、导轨、箱体、横梁和工作台等。

机械结构系统是机械系统的重要组成部分，其强度、刚度、动态性能和热性能等，都会对机械系统的整体性能和功能的可靠性产生重要影响。

五、机械运动系统

机械运动系统包含传动系统、执行系统和操纵系统。

传动系统是用于传递能量（以运动和动力的形式表现）的中间装置。当然，当动力机能量的输出形式完全符合工作机械的要求时，可以省略传动部件。

执行系统通常处于机械系统的末端，直接与作业对象接触，其输出是机械系统的主要输出，其功能是机械系统的主要功能。因此，执行部件有时也被称为机械系统的工作机，其功能及性能直接影响和决定着机械系统的整体功能和性能。

操纵系统用于将人和机械联系起来，即把操作者施加于机械的信号，经转换传递到执行部件，以实现机械系统的启停、换向、变速和变力等功能。

项目描述

本项目采用机械装调综合实训装置（见图8-2）完成多级变速箱、三轴齿轮变速器、二维工作台、间歇回转工作台、自动冲床机构、曲柄连杆及凸轮机构的装配和调整，以及机械传动的安装、调整和机械系统的运行与调整。

图8-2 机械装调综合实训装置外观结构
1—机械装调区域；2—钳工操作区域；3—电源控制箱；
4—抽屉；5—万向轮；6—吊柜

学习目标

一、知识要求

1. 认识典型机械零部件；
2. 掌握机械装配图的识读方法；
3. 掌握典型机械结构的工作原理。

二、技能要求

1. 能读懂典型机械装配图；
2. 能拟订拆装计划，按照工艺要求完成装配；
3. 能对典型机械故障进行分析判断，并排除故障。

任务描述

本项目主要完成机械装调对象的拆装与调整。机械装调对象的布局如图8-3所示。

图8-3 机械装调对象的布局
1—交流减速电动机；2—变速箱；3—三轴齿轮变速器；
4—二维工作台；5—间歇回转工作台；6—自动冲床机构

一、变速箱

具有双轴三级变速输出，其中一轴输出带正反转功能，顶部用有机玻璃防护。其主要由箱体、齿轮、花键轴、间隔套、键、角接触轴承、深沟球轴承、卡簧、端盖、手动换挡机构等组成，可完成多级变速箱的装配工艺实训。

二、三轴齿轮变速器

三轴齿轮变速器主要由直齿圆柱齿轮、角接触轴承、深沟球轴承、支架、轴、端盖、键等组成，可完成三轴齿轮变速器的装配工艺实训。

三、二维工作台

二维工作台主要由滚珠丝杠、直线导轨、台面、垫块、轴承、支座和端盖等组成，分上、下两层，上层由手动控制，下层由变速箱经齿轮传动控制，实现工作台往返运行，工作台面装有行程开关，实现限位保护功能；能完成直线导轨、滚珠丝杠、二维工作台的装配工艺及精度检测实训。

四、间歇回转工作台

间歇回转工作台主要由四槽槽轮机构、蜗轮蜗杆、推力球轴承、角接触轴承、台面、支架等组成。由变速箱经链传动、齿轮传动、蜗轮蜗杆传动及四槽槽轮机构分度后，实现间歇回转功能；能完成蜗轮蜗杆、四槽槽轮、轴承等的装配与调整实训。

五、自动冲床机构

自动冲床机构主要由曲轴、连杆、滑块、支架、轴承等组成，与间歇回转工作台配合，实现压料功能模拟，可完成自动冲床机构的装配工艺实训。

必备知识

一、多级变速箱的装配步骤

多级变速箱的装配按箱体装配的方法，即按从下到上的装配原则进行装配。

1. 多级变速箱底板和变速箱箱体连接

用内六角螺钉（M8×25）加弹簧垫圈，把变速箱底板和变速箱箱体连接，如图8-4所示。

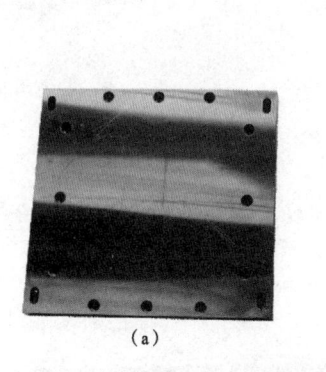

图8-4 变速箱底板和变速箱箱体
(a) 底板；(b) 箱体

2. 安装固定轴（见图8-5）

用冲击套筒把深沟球轴承压装到固定轴一端，固定轴的另一端从变速箱箱体的相应内孔中穿过，把第一个键槽装上键，安装上齿轮，装好齿轮套筒，再把第二个键槽装上键并装上齿轮，装紧两个圆螺母（双螺母锁紧），挤压深沟球轴承的内圈把轴承安装在轴上，最后打上两端的闷盖。

图 8-5　固定轴

3. 主轴的安装（见图 8-6）

将两个角接触轴承（按背靠背的装配方法）安装在轴上，中间加轴承内、外圈套筒。安装轴承座套和轴承透盖。将轴端挡圈固定在轴上，按顺序安装四个齿轮和齿轮中间的齿轮套筒后，装紧两个圆螺母，轴承座套固定在箱体上，挤压深沟球轴承的内圈，把轴承安装在轴上，装上轴承闷盖，套上轴承内圈预紧套筒，最后通过调整螺母来调整两角接触轴承的预紧力。

4. 花键导向轴的安装（见图 8-7）

把两个角接触轴承（按背靠背的装配方法）安装在轴上，中间加轴承内、外圈套筒。安装轴承座套和轴承透盖，然后安装滑移齿轮组，轴承座套固定在箱体上，挤压轴承的内圈把深沟球轴承安装在轴上，装上轴用弹性挡圈和轴承闷盖。套上轴承内圈预紧套筒，最后通过调整圆螺母来调整两角接触轴承的预紧力。

图 8-6　主轴　　　　　图 8-7　花键导向轴的安装

5. 滑块拨叉的安装（见图 8-8 和图 8-9）

把拨叉安装在滑块上，安装滑块滑动导向轴，装上 $\phi 8$ 的钢球，放入弹簧，盖上弹簧顶盖，装上滑块拨杆和胶木球。

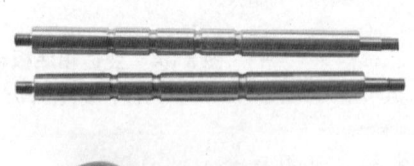

8-8　滑块拨叉和滑块　　　　　图 8-9　滑块拨杆和胶木球

6. 上封盖的安装

把三块有机玻璃固定到多级变速箱箱体顶端。

二、三轴齿轮变速器的装配步骤

1. 左右挡板的安装

将左右挡板固定在三轴齿轮变速器底座上。

2. 输入轴的安装

将两个角接触轴承（按背靠背的装配方法）装在输入轴上，轴承中间加轴承内、外圈套筒。安装轴承座套和轴承透盖。安装好齿轮和轴套后，轴承座套固定在箱体上，挤压深沟球轴承的内圈把轴承安装在轴上，装上轴承闷盖，套上轴承内圈预紧套筒。最后通过调整圆螺母来调整两角接触轴承的预紧力。

3. 中间轴的安装

把深沟球轴承压装到固定轴一端，安装两个齿轮和齿轮中间的齿轮套筒及轴套后，挤压深沟球轴承的内圈，把轴承安装在轴上，最后打上两端的闷盖。

4. 输出轴的安装

将轴承座套套在输入轴上，并把两个角接触轴承（按背靠背的装配方法）装在轴上，轴承中间加轴承内、外圈套筒，装上轴承透盖。安装好齿轮后，装紧两个圆螺母，挤压深沟球轴承的内圈把轴承安装在轴上，装上轴承闷盖，套上轴承内圈预紧套筒。最后通过调整圆螺母来调整两角接触轴承的预紧力。

三、二维工作台的装配步骤（参考附录五：附图三——二维工作台）

1. 安装直线导轨1

（1）以底板的侧面（磨削面）为基准面 A，调整底板的方向，将基准面 A 朝向操作者，以便以此面为基准安装直线导轨。

（2）将直线导轨1中的一根放到底板上，用 M4×16 的内六角螺钉预紧该直线导轨（加弹垫）。

（3）按照导轨安装孔中心到基准面 A 的距离要求（用深度游标卡尺测量），调整直线导轨1与底板的侧面基本平行。

（4）将杠杆式百分表吸在直线导轨1的滑块上，百分表的测量头接触在基准面 A 上，沿直线导轨1滑动滑块，通过橡胶锤调整导轨，使得导轨与基准面之间的平行度符合要求，将导轨固定在底板上。

后续的安装工作均以该直线导轨为安装基准（以下称该导轨为基准导轨）。

（5）将另一根直线导轨1放到底座上，用内六角螺钉预紧此导轨，用游标卡尺测量两导轨之间的距离，将两导轨的距离调整到所要求的距离。

（6）以安装好的导轨为基准，将杠杆式百分表吸在基准导轨的滑块上，百分表的测量头接触在另一根导轨的侧面，沿基准导轨滑动滑块，通过橡胶锤调整导轨，使得两导轨平行度符合要求，将导轨固定在底板上。

注：直线导轨预紧时，螺钉的尾部应全部陷入沉孔，否则拖动滑块时螺钉尾部与滑块发

生摩擦，将导致滑块损坏。

2. 安装丝杠1

（1）用 M6×20 的内六角螺钉（加 φ6 平垫片、弹簧垫圈）将螺母支座固定在丝杠1的螺母上。

（2）利用轴承安装套筒、铜棒、卡簧钳等工具，将端盖1、轴承内隔圈、轴承外隔圈、角接触轴承、φ15 轴用卡簧、轴承 6202 分别安装在丝杠1的相应位置。

（3）用游标卡尺测量轴承座1和轴承座2的中心高是否相等，并记录之间的差值。

（4）将轴承座1和轴承座2分别安装在丝杠上，用 M4×10 内六角螺钉将端盖1、端盖2固定。

（5）用 M6×30 内六角螺钉（加 φ6 平垫片、弹簧垫圈）加相应调整垫片将轴承座预紧在底板上。在丝杠有螺纹的一端安装限位套管、M14×1.5 圆螺母、齿轮、轴端挡圈、M4×16 外六角螺钉和键 4×4×16。

（6）用游标卡尺分别粗测量9（丝杠1）与两根2（直线导轨1）之间的距离，调整轴承座的位置，使丝杠位于两导轨的中间位置。

（7）将杠杆式百分表吸在直线导轨1的滑块上，杠杆式百分表测量头接触在丝杠1上，沿直线导轨滑动滑块，通过橡胶锤调整轴承座，使丝杠1与直线导轨1平行且位于两导轨的中间位置。

注：滚珠丝杠的螺母禁止旋出丝杠，否则将导致螺母损坏。轴承的安装方向及选择的内外隔环必须正确。

3. 安装中滑板及直线导轨2

（1）将等高块分别放在直线导轨1的滑块上，将中滑板放在等高块上（侧面经过磨削的面朝向操作者的左边），调整滑块的位置。用 M4×70 加 φ4 弹簧垫圈将等高块、中滑板固定在导轨滑块上。

（2）用 M6×20 内六角螺钉将中滑板和螺母支座预紧在一起。用塞尺测量丝杠螺母支座与中滑板之间的间隙大小。

（3）将 M4×70 的螺钉旋松，在丝杠螺母支座与中滑板之间加入与测量间隙厚度相等的调整垫片。

（4）将直线导轨2中的一根安放到中滑板上，用 M4×16 的内六角螺钉预紧该导轨（加弹垫）。

（5）按导轨安装孔中心到基准面 B 的距离要求（用深度游标卡尺测量），调整直线导轨2与中滑板侧面基本平行。

（6）将杠杆式百分表吸在直线导轨2的滑块上，百分表的测量头接触在基准面 B 上，沿直线导轨2滑动滑块，通过橡胶锤调整导轨，使得导轨与基准面之间的平行度符合要求，将导轨固定在中滑板上。

（7）将另一根直线导轨1安放到底座上，用内六角螺钉预紧此导轨的两端，用游标卡尺测量两导轨之间的距离，将两导轨调整到所要求的距离。

（8）以安装好的导轨为基准，将杠杆式百分表吸在基准导轨的滑块上，百分表的测量头接触在另一根导轨的侧面，沿基准导轨滑动滑块，通过橡胶锤调整导轨，使得两导轨平行度符合要求，将导轨固定在中滑板上。

注：直线导轨预紧时，螺钉的尾部应全部陷入沉孔，否则拖动滑块时螺钉尾部与滑块发生摩擦，将导致滑块磨损失效。

（9）将中滑板上的 M4×70 的螺栓预紧。用大磁性表座固定 90°角尺，使角尺的一边与中滑板左侧的导轨侧面紧贴在一起。将杠杆式百分表吸附在底板上的合适位置，百分表触头打在角尺的另一边上，同时将手轮装在丝杠 1 上面。摇动手轮使中滑板左右移动，观察百分表的示数是否发生变化。如果百分表示数不发生变化，则说明中滑板上的导轨与底板的导轨已经垂直；如果百分表示数发生了变化，则用橡胶锤轻轻打击中滑板，使上下两层的导轨保持垂直。

4. 安装丝杠 2

（1）用 M6×20 的内六角螺钉（加 ϕ6 平垫片、弹簧垫圈）将螺母支座固定在丝杠 2 的螺母上。

（2）利用轴承安装套筒、铜棒、卡簧钳等工具，将端盖 1、轴承内隔圈、轴承外隔圈、角接触轴承、ϕ15 轴用卡簧、轴承 6202 分别安装在丝杠 1 的相应位置。

（3）用游标卡尺粗测量轴承座 1 和轴承座 2 的中心高是否相等，并记录之间的差值。

（4）将轴承座 1、轴承座 2 分别安装在丝杠上，用 M4×10 内六角螺钉将端盖 1、端盖 2 固定。

（5）用 M6×30 内六角螺钉（加 ϕ6 平垫片、弹簧垫圈）加相应调整垫片将轴承座预紧在中滑板上。在丝杠有螺纹的一端安装限位套管、M14×1.5 圆螺母、齿轮、轴端挡圈、M4×16 外六角螺钉、键 4×4×16。

（6）用游标卡尺分别测量丝杠 1 与两根直线导轨 2 之间的距离，调整轴承座的位置，使丝杠位于两导轨的中间位置。

（7）将百分表吸在直线导轨 2 的滑块上，百分表测量头接触在丝杠 2 上，沿直线导轨滑动滑块，通过橡胶锤调整轴承座，使丝杠 2 与直线导轨 2 平行且位于两导轨的中间位置。

注：滚珠丝杠的螺母禁止旋出丝杠，否则将导致螺母损坏。轴承的安装方向及选择的内外隔环必须正确。

5. 安装上滑板

（1）将等高块分别放在直线导轨 2 的滑块上，将上滑板放在等高块上（侧面经过磨削的面朝向操作者），调整滑块的位置。用 M4×70（加 ϕ4 弹簧垫圈）将等高块、上滑板固定在导轨滑块上。

（2）用 M6×20 内六角螺钉将上滑板和螺母支座预紧在一起。用塞尺测量丝杠螺母支座与中滑板之间的间隙大小。

（3）将 M4×70 的螺钉旋松，在丝杠螺母支座与中滑板之间加入与测量间隙厚度相等的调整垫片。

（4）将上滑板上的 M4×70 的螺栓预紧。用大磁性百分表座固定 90°角尺，使角尺的一边与上滑板的基准面 C 紧贴在一起。将杠杆百分表吸附在底板上的合适位置，百分表触头打在角尺的另一边上，同时将手轮装在丝杠 2 上面。摇动手轮使上滑板前后移动，观察百分表的示数是否发生变化。如果百分表示数不发生变化，则说明上滑板与中滑板的导轨已经垂直。如果百分表示数发生了变化，则用橡胶锤轻轻打击上滑板，使上滑板与中滑板的导轨保持垂直。

四、间歇回转工作台的装配步骤（参考附录六：附图四——分度转盘部件）

间歇回转工作台的安装应遵循先局部后整体的安装方法，首先对分立部件进行安装，然后把各个部件进行组合，完成整个工作台的装配。

1. 蜗杆部分的装配

（1）将两个轴承座透盖二装在蜗杆的两端。

（2）用轴承装配套筒将四个角接触轴承以两个一组面对面的方式安装在蜗杆上。

注：中间加间隔环一和间隔环二。

（3）用轴端挡圈压紧蜗杆从动端轴承。

（4）用蜗杆、蜗轮轴用螺母压紧蜗杆主动端轴承。

（5）将两个轴承座一分别安装在蜗杆上，并把两个轴承座透盖二固定在轴承座上。

（6）在蜗杆的主动端装入相应键，并用轴端挡圈将小齿轮二固定在蜗杆上。

2. 锥齿轮部分的装配

（1）在小锥齿轮轴安装锥齿轮的部位装入相应的键，并将锥齿轮一和轴套装入。

（2）将两个轴承座一分别套在小锥齿轮轴的两端，并用轴承装配套筒将四个角接触轴承以两个一组面对面的方式安装在小锥齿轮轴上，然后将轴承装入轴承座。

注：中间加间隔环一和间隔环二。

（3）在小锥齿轮轴的两端分别装入 $\phi 15$ 轴用弹性挡圈，将两个轴承座透盖一固定到轴承座上。

（4）将两个轴承座分别固定在小锥齿轮底板上。

（5）在小锥齿轮轴两端各装入相应键，用轴端挡圈将大齿轮、链轮固定在小锥齿轮轴上。

3. 增速齿轮部分的装配

（1）用轴承装配套筒将两个深沟球轴承装在齿轮增速轴上，并在相应位置装入 $\phi 15$ 轴用弹性挡圈。

注：中间加间隔环一和间隔环二。

（2）将安装好轴承的齿轮增速轴装入轴承座一中，并将轴承座透盖二安装在轴承座上。

（3）在齿轮增速轴两端各装入相应的键，用轴端挡圈将小齿轮一、大齿轮固定在齿轮增速轴上。

4. 蜗轮部分的装配

（1）将蜗轮、蜗杆用透盖装在蜗轮轴上，用轴承装配套筒将圆锥滚子轴承内圈装在蜗轮轴上。

（2）用轴承装配套筒将圆锥滚子的外圈装入轴承座二中，将圆锥滚子轴承装入轴承座中，并将蜗轮、蜗杆用透盖固定在轴承座上。

（3）在蜗轮轴上安装蜗轮的部分安装相应的键，并将蜗轮装在蜗轮轴上，然后装入 $\phi18$ 轴用弹性挡圈。

5．槽轮拨叉部分的装配

（1）用轴承装配套筒将角接触轴承安装在槽轮轴上，并装上 $\phi17$ 轴用弹性挡圈。

（2）将槽轮轴装入底板中，并把底板轴承盖二固定在底板上。

（3）在槽轮轴的两端各加入相应的键，分别用轴端挡圈、紧定螺钉将拨叉和法兰盘固定在槽轮轴上。

（4）用轴承装配套筒将角接触轴承安装到底板的另一轴承装配孔中，并将底板轴承盖一安装到底板上。

6．整个工作台的装配

（1）将分度机构用底板安装在铸铁平台上。

（2）通过轴承座二将蜗轮部分安装在分度机构用底板上。

（3）将蜗杆部分安装在分度机构用底板上，通过调整蜗杆的位置，使蜗轮、蜗杆正常啮合。

（4）将立架安装在分度机构用底板上。

（5）在蜗轮轴装锁止弧的位置装入相应键，并用蜗轮、蜗杆轴用螺母将锁止弧固定在蜗轮轴上。

（6）调节槽轮拨叉部分拨叉的位置，将槽轮拨叉部分安装在支架上，同时将蜗轮轴轴端装入相应位置的轴承孔中，在蜗轮轴端用螺母将蜗轮轴锁紧在角接触轴承上。

（7）将推力球轴承限位块安装在底板上，并将推力球轴承套在推力球轴承限位块上。

（8）通过法兰盘将料盘固定。

（9）将增速齿轮部分安装在分度机构用底板上，调整增速齿轮部分的位置，使大齿轮和小齿轮二正常啮合。

（10）将锥齿轮部分安装在铸铁平台上，调节小锥齿轮用底板的位置，使小齿轮一和大齿轮正常啮合。

五、自动冲床部件的装配步骤（参考附录八：附图六——自动冲床）

1．轴承的装配与调整

首先用轴承套筒将 6002 轴承装入轴承室中（在轴承室中涂抹少许黄油），转动轴承内圈，轴承应转动灵活，无卡阻现象；观察轴承外圈是否安装到位。

2．曲轴的装配与调整

（1）安装轴二：将透盖用螺钉打紧，将轴二装好，然后再装好轴承的"右传动轴挡套"。

（2）安装曲轴：轴瓦安装在曲轴下端盖的U形槽中，然后装好中轴，盖上轴瓦另一半，将曲轴上端盖装在轴瓦上，将螺钉预紧，用手转动中轴，中轴应转动灵活。

（3）将已安装好的曲轴固定在轴二上，用 M5 的外六角螺钉预紧。

（4）安装轴一：将轴一装入轴承中（由内向外安装），将已安装好的曲轴的另一端固定在轴一上，此时可将曲轴两端的螺钉打紧，然后将"左传动轴压盖"固定在轴一上，再将左传动轴的闷盖装上，并将螺钉预紧。

（5）最后在轴二上装键，固定同步轮，然后转动同步轮，曲轴转动灵活，无卡阻现象。

3．冲压部件的装配与调整

将"压头连接体"安装在曲轴上。

4．冲压机构导向部件的装配与调整

（1）首先将"滑套固定垫块"固定在"滑块固定板上"，然后再将"滑套固定板加强筋"固定，安装好"冲头导向套"，螺钉为预紧状态。

（2）将冲压机构导向部件安装在自动冲床上，转动同步轮，冲压机构运转灵活，无卡阻现象，最后将螺钉打紧，再转动同步轮，调整到最佳状态，在滑动部分加少许润滑油。

5．装配完成后的效果图（见图 8-10）

完成上述步骤，将手轮上的手柄拆下，安装在同步轮上，摇动手柄，观察"模拟冲头"运行状态，多运转几分钟，仔细观察各个部件是否运行正常，正常后加入少许润滑油。

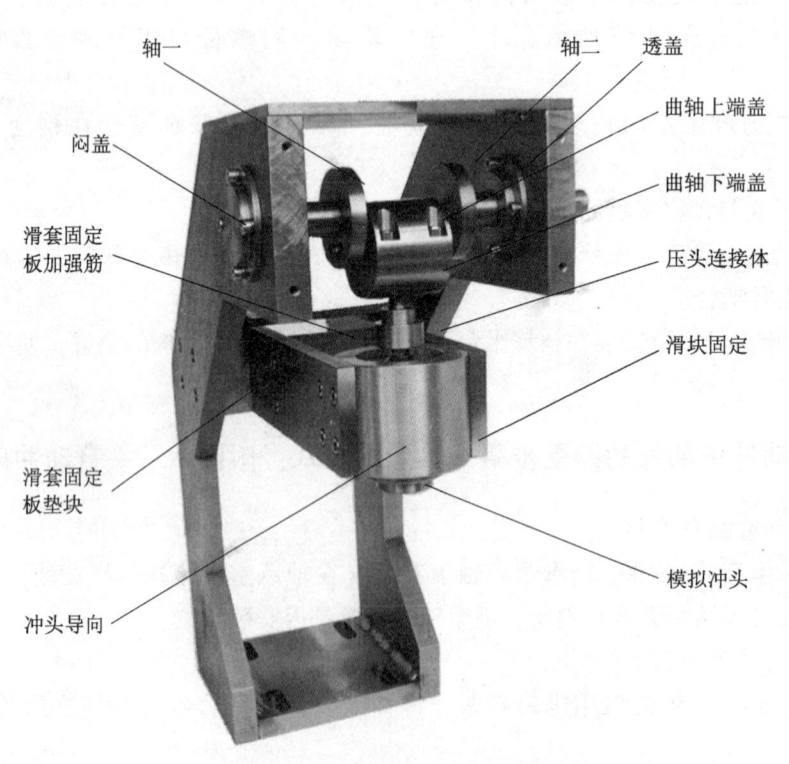

图 8-10　自动冲床装配效果图

六、曲柄连杆及凸轮机构的装配步骤（参考附录九：附图七——曲柄杆及凸轮机构）

曲柄连杆及凸轮机构的安装应遵循先局部后整体的安装方法，首先对分立部件进行安装，然后把各个部件进行组合，完成整个工作台的装配。

1．齿轮齿条部分的装配

（1）将齿条用不锈钢内六角螺栓 M4×10 和导向杆压装在推杆底板上。

（2）将 2 个齿轮（二）装配到两根轴（二）上，两根轴（二）上应先装配键。

（3）齿轮外面套上顶套，把装有两个角接触轴承 7002AC 的轴承座（一）装配在顶套外面，并在轴端装配轴用卡簧（两个角接触轴承 7002AC 按面对面的安装方式装配），把闷盖（三）用 M4×10 不锈钢内六角螺栓装配在轴承座上。

（4）把装有深沟球轴承的轴承座（二）装配在轴的另一端，并在轴端装配轴用卡簧，把轴承座透盖（一）用 M4×10 不锈钢内六角螺栓装配在轴承座上。

2．凸轮部分的装配

（1）把轴（一）装配在装有 2 个角接触轴承 7002AC 的轴承座（三）上，在轴端装配轴用卡簧，并将轴承座透盖（一）装配到轴承座（三）上。

（2）将装有挡片和支撑销（二）的凸轮装配到轴（一）上，并装配上轴端挡圈，用 M4×10 加 4 连杆隔环（一）的弹垫压牢在轴上。

（3）将装配好的调节杆组套，把齿条和凸轮连接在一起。

3．双摇杆机构的装配

（1）把连杆（一）装配到轴（二）上，并将轴端挡圈用 M4×10 加连杆隔环（一）的弹垫压牢在轴。

（2）把连杆（三）装配到轴（二）上，并将轴端挡圈用 M4×10 加连杆隔环（一）的弹垫压牢在轴。

（3）把连杆（一）和连杆（三）用连杆挡销和连杆（二）连接在一起。

七、机械传动的安装与调整步骤

将变速箱、交流减速电动机、二维工作台、三轴齿轮变速器、间歇回转工作台、自动冲床分别放在铸件平台上的相应位置，并将相应底板螺钉装入（螺钉不要打紧）。

1．间歇回转工作台与三轴齿轮变速器

（1）首先调节小锥齿轮部分，使得两直齿圆柱齿轮正常啮合。

（2）调节三轴齿轮变速器的位置，使得两锥齿轮正常啮合。

（3）打紧底板螺钉，固定底板。

2．三轴齿轮变速器与自动冲床同步带传动的安装和调节

（1）用轴端挡圈分别将同步带轮装在减速机输出端和自动冲床的输入端。

（2）通过自动冲床上的腰形孔调节冲床的位置，来减小两带轮的中心距，并将同步带装在带轮上。

（3）调节自动冲床的位置，将同步带张紧，完成减速器与自动冲床同步带传动的安装

和调节。

(4) 打紧底板螺钉，固定底板。

3. 变速箱与小锥齿轮部分链传动的安装

(1) 首先用轴端挡圈将两链轮固定在相应轴上。

(2) 用截链器将链条截到合适长度。

(3) 移动变速箱的前后位置，减小两链轮的中心距，将链条安装上。

4. 变速箱与二维工作台传动的安装和调整

(1) 用轴端挡圈分别将变速箱输出和二维工作台输入的齿轮固定在相应轴上。

(2) 通过调节变速箱的前后位置来调节两齿轮的中心距，使两齿轮能够正常啮合。

(3) 打紧底板螺钉，固定底板。

5. 手动试运行

在变速箱的输入同步带轮上安装手柄，转动同步带轮，检查各个传动部件是否运行正常。

6. 电动机与变速箱同步带传动的安装和调整

(1) 将同步带轮一固定在电动机输出轴上。

(2) 用轴端挡圈将同步带轮三固定在变速箱的输入轴上。

(3) 调节同步带轮一在电动机输出轴上的位置，将同步带轮一和同步带轮三调整到同一平面上。

(4) 通过电动机底座上的腰形孔调节电动机的位置，来减小两带轮的中心距，并将同步带装在带轮上。

(5) 调节电动机的前后位置，将同步带张紧，完成电动机与变速箱带传动的安装和调整。

(6) 打紧底板螺钉，固定底板。

八、QCMTZT-1B 机械系统的运行与调整

1. 安装与调整

根据项目 7 完成机械传动部件的安装与调整，检查同步带、链条是否安装正确，确认在手动状态下能够运行，且各个部件运转正常，并将二维工作台运行到中间位置。

2. 电气控制部分运行与调试。

电源控制箱，如图 8-11 所示。

图 8-11 电源控制箱

检查面板上"2A"保险丝是否安装好,保险丝座内的保险丝是否和面板上标注的规格相同,不同则更换保险丝。用万用表(自备)测量保险丝是否完好,检查完毕后装好保险丝,旋紧保险丝帽。

用带三芯蓝插头的电源线接通控制屏的电源(单相三线 AC220V±10%,50Hz),将带三芯开尔文插头的限位开关连接线接入"限位开关接口",旋紧连接螺母,保证连接可靠,并将带五芯开尔文插头的电动机电源线接入"电机接口",旋紧连接螺母,保证连接可靠。打开"电源总开关",此时"电源指示"红灯亮,并且"调速器"的"POWER"指示灯也同时点亮。此时通电完毕。经指导教师确认后方可进行下一步操作。

(2)电源控制接口(见图8-12):主要分为限位开关接口、电源接口和电机接口。

图8-12 电源控制箱

注意:在连接上述三个接线插头时,应注意插头的小缺口方向要与插座凸出部分对应。

在指导教师确认后,将"调速器"的小黑开关打在"RUN"的状态,顺时针旋转调速旋钮,电动机转速逐渐增加,调到一定转速时,观察机械系统的运行情况。转速可根据教师自行指导安排或根据实际情况确定。

电源操作及注意事项:

① 接通装置的单相三线工作电源,将交流电动机和限位开关分别与实训装置引出的电动机接口和限位开关接口相连接。

② 打开电源总开关,将调速器上的调速旋钮逆时针旋转到底,然后把调速器上的开关切换到"RUN",顺时针旋转调速旋钮,电动机开始运行。

③ 关闭电动机电源时,首先将调速器上的调速旋钮逆时针旋转到底,电动机停止运行,然后把调速器上的开关切换到"STOP",最后关闭电源总开关。

④ 二维工作台碰到限位开关停止后,必须先通过变速箱改变二维工作台运动方向,然后按下面板上的"复位"按钮,当二维工作台离开限位开关后,松开"复位"按钮。禁止没有改变二维工作台运动方向就按下面板上的"复位"按钮。

3. 机械系统运行与调试

电气系统接入并通电完毕后,根据实训指导教师要求对机械系统运行进行相关调整,箭头指向为系统运行时的旋转方向,如图8-13所示。

4. 机械系统的调整

(1)电动机转速的调整。

通过调节电源控制箱上的"调速器",顺时针旋转,转速增加;逆时针旋转,转速降低。指导教师可根据教学需求调节电动机的输出转速。

(2) 变速箱输出轴的转速调整。

① 变速箱输出轴一的转速调整（见图 8-14）。

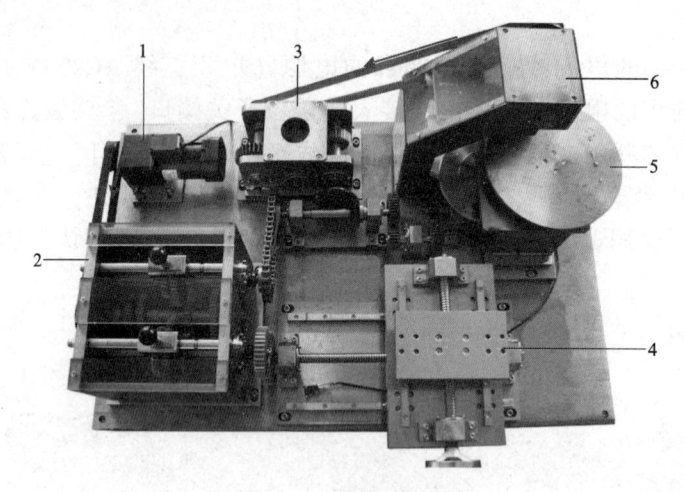

图 8-13 运行结构

1—交流减速电动机；2—变速箱；3—三轴齿轮变速器；
4—二维工作台；5—间歇回转工作台；6—自动冲床机构

图 8-14 齿轮箱结构

输出轴一的转速调整分别为（从左至右）中速、低速、高速，即当拨动滑块一的滑移齿轮组分别和输入轴的齿轮啮合时。

② 变速箱输出轴二的转速调整。

输出轴二的转速调整分别为（从左至右）中速横向移动（右行）、向左方横向移动、低速横向移动（右行）、高速横向移动（右行），即拨动滑块二的滑移齿轮组分别和输入轴的齿轮啮合时。

5. 机械系统运行与调整流程图

指导教师可根据本流程图指导学生完成系统运行。

本实训装置机械系统部分的运行，提供多种运行方式：可选择整机运行，也可实现不同模块之间的运行,更希望学生能够独立自主地完成设计流程图,自行完成系统运行。其相关说明见表8-1。

表8-1 实训说明

名称	图号	模数	齿数	备注
滑移齿轮组(一)	QCMTZT-1B.1J-4	2.5	(A) 48、(B) 25、(C) 35	见图8-15
滑移齿轮组(二)	QCMTZT-1B.1J-5	2.5	(A) 40、(B) 27、(C) 17	见图8-16
固定齿轮(一)	QCMTZT-1B.1J-6	2.5	20	见附录四(序号35)
固定齿轮(二)	QCMTZT-1B.1J-7	2.5	43	见附录四(序号34)
固定齿轮(三)	QCMTZT-1B.1J-8	2.5	33	见附录四(序号23)
固定齿轮(四)	QCMTZT-1B.1J-9	2	30	见附录四(序号29)
固定齿轮(五)	QCMTZT-1B.1J-10	2	42	见附录四(序号16)

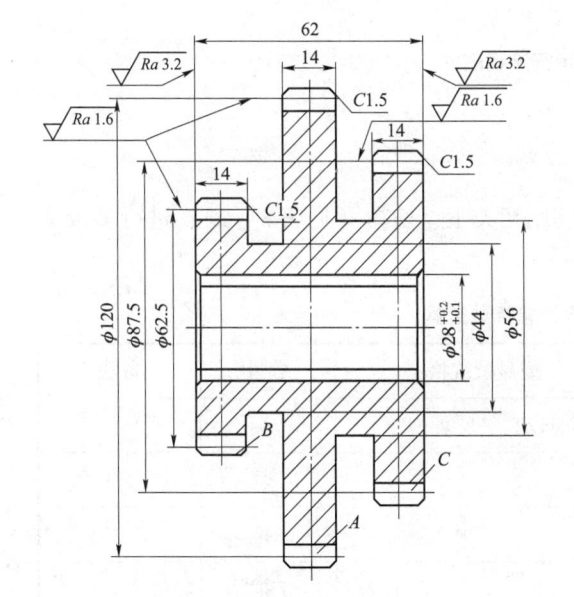

图8-15 滑移齿轮组(一)

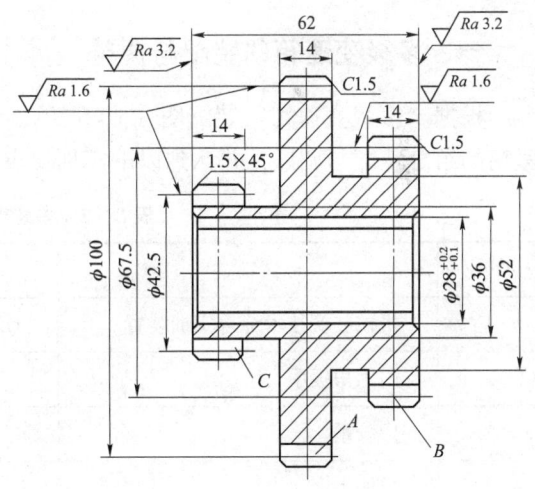

图8-16 滑移齿轮组(二)

运行流程图如8-17所示(仅供参考)。
说明:
二维工作台纵向往复运行可通过手轮摇动实现;
二维工作台横向往复调节,请注意控制面板上的操作注意事项。

任务实施

完成任务前,熟悉任务要求和图纸、零件清单、装配任务,检查文件和零件的完备情况,选择合适的工、量具,用清洁布清洗零件。

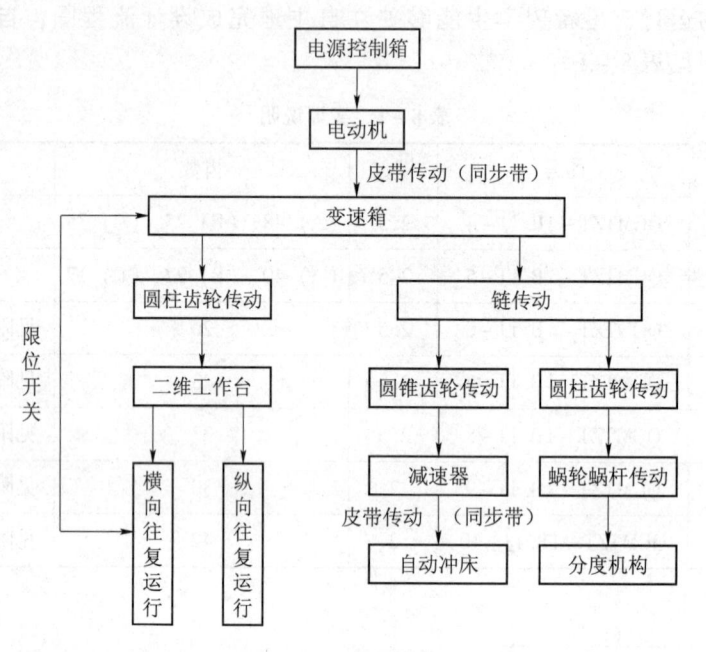

```
                    ┌──────────┐
                    │ 电源控制箱 │
                    └────┬─────┘
                         │
                    ┌────▼─────┐
                    │  电动机   │
                    └────┬─────┘
                    皮带传动（同步带）
         ┌───────────────▼──────────────┐
         │           变速箱              │
         └──┬────────────────────────┬──┘
            │                        │
      ┌─────▼──────┐          ┌──────▼─────┐
      │ 圆柱齿轮传动 │          │   链传动    │
      └─────┬──────┘          └──┬──────┬──┘
            │                    │      │
      ┌─────▼──────┐      ┌──────▼──┐ ┌─▼──────────┐
      │  二维工作台  │      │圆锥齿轮传动│ │圆柱齿轮传动 │
      └──┬──────┬──┘      └──────┬──┘ └─┬──────────┘
         │      │                │      │
    ┌────▼┐ ┌──▼──┐         ┌────▼───┐ ┌▼──────────┐
    │横向往│ │纵向往│         │ 减速器  │ │蜗轮蜗杆传动│
    │复运行│ │复运行│         └────┬───┘ └─┬─────────┘
    └─────┘ └─────┘      皮带传动 （同步带）
                              ┌────▼───┐ ┌─▼──────┐
                              │自动冲床 │ │分度机构 │
                              └────────┘ └────────┘
```

图 8 - 17　运行流程图

一、多级变速箱的装配与调整

根据"多级变速箱"装配图（附图二），使用相关工、量具（见表 8 - 2），进行多级变速箱的组合装配与调试，并达到以下实训要求。

表 8 - 2　多级变速箱拆装工具

序号	名称	型号及规格	数量	备注
1	机械装调技术综合实训装置	QCMTZT - 1B 型	1 套	
2	内六角扳手		1 套	
3	橡胶锤		1 把	
4	长柄十字		1 把	
5	三角拉马		1 个	
6	活动扳手	250 mm	1 把	
7	圆螺母扳手	M16、M27 圆螺母用	各 1 把	
8	外用卡簧钳	直角、7 寸	1 把	
9	防锈油		若干	
10	紫铜棒		1 根	
11	轴承装配套筒		1 套	
12	零件盒		1 个	

（1）能够读懂多级变速箱的部件装配图。通过装配图，能够清楚零件之间的装配关系、机构的运动原理及功能。理解图纸中的技术要求，基本零件的结构装配方法，轴承、齿轮精度的调整等。

（2）能够规范、合理地写出多级变速箱的装配工艺过程。

（3）轴承的装配。轴承的清洗（一般用柴油、煤油）；规范装配，不能盲目敲打（通过钢套，用锤子均匀的敲打）；根据运动部位要求，加入适量润滑脂。

（4）齿轮的装配。齿轮的定位可靠，以承担负载；移动齿轮灵活；圆柱啮合齿轮的啮合齿面宽度差不得超过5%（即两个齿轮的错位）。

（5）装配的规范化。合理的装配顺序；传动部件主次分明；运动部件的润滑；啮合部件间隙的调整。

二、三轴齿轮变速器的装配与调整

根据"三轴齿轮变速器"装配图（附图五），使用相关工、量具（见表8-3），进行三轴齿轮变速器的组合装配与调试，并达到以下实训要求。

表8-3 三轴齿轮变速器拆装工具

序号	名称	型号及规格	数量	备注
1	机械装调技术综合实训装置	QCMTZT-1B型	1套	
2	内六角扳手		1套	
3	橡胶锤		1把	
4	长柄十字		1把	
5	三角拉马		1个	
6	活动扳手	250 mm	1把	
7	圆螺母扳手	M16、M27圆螺母用	各1把	
8	外用卡簧钳	直角7寸	1把	
9	防锈油		若干	
10	紫铜棒		1根	
11	轴承装配套筒		1套	
12	零件盒		1个	

（1）能够读懂三轴齿轮变速器的部件装配图。通过装配图能够清楚零件之间的装配关系、机构的运动原理及功能。理解图纸中的技术要求，基本零件的结构装配方法，轴承、齿轮精度的调整等。

（2）能够规范、合理地写出三轴齿轮变速器的装配工艺过程。

（3）轴承的装配。轴承的清洗（一般用柴油、煤油）；规范装配，不能盲目敲打（通过钢套，用锤子均匀的敲打）；根据运动部位要求，加入适量润滑脂。

（4）齿轮的装配。齿轮的定位可靠，以承担负载；移动齿轮灵活；圆柱啮合齿轮的啮合齿面宽度差不得超过5%（即两个齿轮的错位）。

（5）装配的规范化。合理的装配顺序；传动部件主次分明；运动部件的润滑；啮合部件间隙的调整。

三、二维工作台的装配与调整

根据"二维工作台"装配图（附图三），使用相关工、量具（见表 8-4），进行二维工作台的组合装配与调试，并达到以下要求。

表 8-4　二维工作台拆装工具

序号	名称	型号及规格	数量	备注
1	机械装调技术综合实训装置	QCMTZT-1B 型	1 套	
2	普通游标卡尺	300 mm	1 把	
3	杠杆式百分表	0.8 mm，含小磁性表座	1 套	
4	大磁性表座		1 个	
5	塞尺		1 把	
6	直角尺		1 把	
7	内六角扳手		1 套	
8	橡胶锤		1 把	
9	防锈油		若干	
10	紫铜棒		1 根	
11	轴承装配套筒		1 套	
12	零件盒		1 个	

（1）以底板侧面（磨削面）为基准面 A，使靠近基准面 A 侧的直线导轨 1 与基准面 A 的平行度允差≤0.02 mm。

（2）两直线导轨 1 的平行度允差≤0.02 mm。

（3）调整轴承座垫片及轴承座，使丝杠 1 两端等高且位于两直线导轨 1 的对称中心。

（4）调整螺母支座与中滑板之间的垫片，用齿轮（手轮）转动丝杠 1，中滑板移动应平稳灵活。

（5）以中滑板侧面（磨削面）为基准面 B，使靠近基准面 B 侧的直线导轨 2 与基准面 B 的平行度允差≤0.02 mm。

（6）中滑板上直线导轨与底板上直线导轨的垂直度允差≤0.02 mm。

（7）两直线导轨 2 的平行度允差≤0.02 mm。

（8）调整轴承座垫片及轴承座，使丝杠 2 两端等高且位于两直线导轨 2 的对称中心。

（9）调整螺母支座与上滑板之间的垫片，用手轮转动丝杠，上滑板移动应平稳灵活。

四、间歇回转工作台的装配与调整

根据"间歇回转工作台"装配图(附图四),使用相关工、量具(见表8-5),进行间歇回转工作台的组合装配与调试,使"间歇回转工作台"运转灵活、无卡阻现象。

表8-5 间歇回转工作台的装配与调整工具

序号	名称	型号及规格	数量	备注
1	机械装调技术综合实训装置	QCMTZT-1B型	1套	
2	普通游标卡尺	300 mm	1把	
3	内六角扳手		1套	
4	橡胶锤		1把	
5	垫片		若干	
6	防锈油		若干	
7	紫铜棒		1根	
8	轴承装配套筒		1套	
9	零件盒		1个	

五、自动冲床机构的装配与调整

根据"自动冲床"装配图(附图六),使用相关工、量具(见表8-6),进行自动冲床的组合装配与调试,使自动冲床机构运转灵活、无卡阻现象。

表8-6 自动冲床机构的装配与调整工具

序号	名称	型号及规格	数量	备注
1	机械装调技术综合实训装置	QCMTZT-1B型	1套	
2	普通游标卡尺	300 mm	1把	
3	内六角扳手		1套	
4	橡胶锤		1把	
5	防锈油		若干	
6	紫铜棒		1根	
7	轴承装配套筒		1套	
8	零件盒		1个	

六、曲柄连杆及凸轮机构的装配与调整

根据"曲柄连杆及凸轮机构"装配图(附图七),使用相关工、量具(见表8-7),进行曲柄连杆及凸轮机构的组合装配与调试,使"曲柄连杆及凸轮机构"运转灵活、无卡阻现象。

表8-7 二维工作台拆装工具

序号	名称	型号及规格	数量	备注
1	机械装调技术综合实训装置	QCMTZT-1B型	1套	
2	普通游标卡尺	300 mm	1把	
3	内六角扳手		1套	
4	橡胶锤		1把	
5	防锈油		若干	
6	紫铜棒		1根	
7	轴承装配套筒		1套	
8	零件盒		1个	

七、机械传动的安装与调整

使用相关工、量具（见表8-8），完成机械传动的安装与调整。

表8-8 机械传动的安装与调整工具

序号	名称	型号及规格	数量	备注
1	机械装调技术综合实训装置	QCMTZT-1B型	1套	
2	普通游标卡尺	300 mm	1把	
3	深度游标卡尺		1把	
4	杠杆式百分表	0.8 mm，含小磁性表座	1套	
5	大磁性表座		1个	
6	塞尺		1把	
7	直角尺		1把	
8	内六角扳手		1套	
9	橡胶锤		1把	
10	垫片		若干	
11	防锈油		若干	
12	紫铜棒		1根	
13	轴承装配套筒		1套	
14	零件盒		2个	

（1）电动机与变速箱之间、减速机与自动冲床之间同步带传动的调整。
（2）变速箱与二维工作台之间直齿圆柱齿轮传动的调整。
（3）减速器与分度转盘机构之间锥齿轮的调整。
（4）链条的安装。

八、机械系统的运行与调整

根据"总装图"装配图（附图一），使用相关工、量具（见表 8-9），进行机械系统的运行与调整，并达到以下要求：

(1) 根据项目 7 完成相关机械传动部件的安装与调整；

(2) 连接好相关实训导线，完成电气部分线路连接，并通电调试，使设备运行正常。

表 8-9　机械系统的运行与调整工具

序号	名称	型号及规格	数量	备注
1	机械装调技术综合实训装置	QCMTZT-1B 型	1 套	
2	内六角扳手		1 套	
3	带三芯蓝插头的电源线		1 根	

任务评价

根据表 8-10，对各个任务的完成情况进行评价。

表 8-10　成绩评定表

项次	项目和技术要求	实训记录	配分	得分 自我评价	得分 小组评价	得分 教师评价
1	相关图纸技术资料理解透彻		15			
2	任务准备充分		15			
3	能进行系统的拆卸		20			
4	安装调试后系统运行正常		20			
5	现场 5S 规范		20			
6	团队合作精神		20			
	小计					
	总计					

注：自我评价占 30%，小组评价占 30%，教师评价占 40%

总结提高

列出在本任务中认识的专业词汇、学习到的知识点、会使用的工具、掌握的技能。

1. 新的专业词汇。

2. 新的知识点。

_____

_____

3. 新的工具。

_____

_____

4. 新的技能。

_____

_____

项目拓展

1. 如图 8-18 所示的自行车由哪几部分构成？请在图中分别标示出来。

图 8-18 自行车

2. 如果将自行车各部分按照表 8-11 进行分类，请将它们填入恰当的类别中。

表 8-11 自行车各部分分类

序号	类别	子项
1	动力	
2	传动	
3	执行	
4	控制	

3. 如图 8-19 所示的订书机由哪几部分构成？分别有什么作用？试一试列出拆装工具，拟订拆装步骤，明确测试要点。

图 8-19 订书机

项目9　数控车床装调

数控车床装调包括机械部分和电气部分，本项目只完成机械部分的装调。

项目描述

本项目主要完成实训车床的刮研和底座装配、主轴箱装配、尾架体装配、总装和精度验收。

学习目标

一、知识要求

1. 认识典型数控车床的机械结构和工作原理；
2. 掌握装配工艺图的识读方法；
3. 掌握数控车床的装调方法。

二、技能要求

1. 能读懂典型机械装配图和工艺图；
2. 能拟订装调计划，按照工艺要求完成装调；
3. 能对典型数控车床机械故障进行分析和判断，并排除故障。

任务描述

一、刮研和底座装配

完成底座的刮研清理和装配、安装导轨、装 Z 轴丝杆、装十字托板、装 X 导轨、装 X 丝杆、装托板。

二、主轴箱装配

完成主轴箱清理、主轴精度检查、轴承配对、主轴组装、主轴箱部装和主轴箱精度检查。

三、尾架体装配

完成套筒间隙调整、装锁紧块、装手轮和尾架部装。

四、总装和精度验收

完成校主轴试棒、装尾架、校等高①、校垂直、校等高②、总装和检验。

必备知识

数控车床是数字程序控制车床的简称，它集通用性好的万能型车床、加工精度高的精密型车床和加工效率高的专用型普通车床的特点于一身，是国内使用量最大、覆盖面最广的一种数控机床，占数控机床总数的25%左右（不包括技术改造而成的车床）。

一、数控车床的分类

1. 数控车床的分类

数控车床的分类方法较多，但通常都按和普通车床相似的方法进行分类。

1）按车床主轴位置分类

（1）立式数控车床。立式数控车床简称数控车床，其车床主轴垂直于水平面，并有一个直径很大的圆形工作台，供装夹工件用。这类机床主要用于加工径向尺寸大、轴向尺寸相对较小的大型复杂零件。

（2）卧式数控车床。卧式数控车床又分为数控水平导轨卧式车床和数控倾斜导轨卧式车床。倾斜导轨结构可以使车床具有更大的刚性，并易于排除切屑。

2）按加工零件的基本类型分类

（1）卡盘式数控车床。这类车床未设置尾座，适合车削盘类（含短轴类）零件。其夹紧方式多为电动或液动控制，卡盘结构多具有可调卡爪或不淬火（即软卡爪）。

（2）顶尖式数控车床。这类数控车床配置有普通尾座或数控尾座，适合车削较长的轴类零件及直径不太大的盘、套类零件。

3）按刀架数量分类

（1）单刀架数控车床。普通数控车床一般都配置有各种形式的单刀架，如四工位卧式自动转位刀架或多工位转塔式自动转位刀架。

（2）双刀架数控车床。这类车床其双刀架的配置（即移动导轨分布）可以是平行分布，也可以是相互垂直分布，以及同轨结构。

二、数控车床的组成及工作原理

1. 数控车床的组成

虽然数控车床种类较多，但一般均由车床主体、数控装置和伺服系统三大部分组成。

1）车床主体

除了基本保持普通车床传统布局形式的部分经济型数控车床外，目前大部分数控车床均已通过专门设计并定型生产。

（1）主轴与主轴箱。

① 主轴数控车床主轴的回转精度，直接影响到零件的加工精度；其功率大小、回转速度影响到加工的效率；其同步运行、自动变速及定向准停等要求，影响到车床的自动化程度。

② 主轴箱具有有级自动调速功能的数控车床，其主轴箱内的传动机构已经大大简化；具有无级自动调速（包括定向准停）的数控车床，起机械传动变速和变向作用的机构已经不复存在了，其主轴箱也成了"轴承座"及"润滑箱"的代名词；对于改造式（具有手动操作和自动控制加工双重功能）数控车床，则基本上保留了其原有的主轴箱。

(2) 导轨。

数控车床的导轨是保证进给运动准确性的重要部件，它在很大程度上影响着车床的刚度、精度及低速进给时的平稳性，是影响零件加工质量的重要因素之一。除部分数控车床仍沿用传统的滑动导轨（金属型）外，定型生产的数控车床已较多地采用贴塑导轨。这种新型滑动导轨的摩擦系数小，其耐磨性、耐腐蚀性及吸振性好，润滑条件也比较优越。

(3) 机械传动机构。

除了部分主轴箱内的齿轮传动等机构外，数控车床已在原普通车床传动链的基础上做了大幅度的简化，如取消了挂轮箱、进给箱、溜板箱及其绝大部分传动机构，而仅保留了纵、横向进给的螺旋传动机构，并在驱动电动机至丝杠间增设了（少数车床未增设）可消除其侧隙的齿轮副。

① 螺旋传动机构数控车床中的螺旋副，是将驱动电动机所输出的旋转运动转换成刀架在纵、横方向上直线运动的运动副。构成螺旋传动机构的部件，一般为滚珠丝杠副。

滚珠丝杠副的摩擦阻力小，可消除轴向间隙及预紧，故传动效率及精度高，运动稳定，动作灵敏。但结构较复杂，制造技术要求较高，所以成本也较高。另外，自行调整其间隙大小时，难度亦较大。

② 齿轮副。在较多数控车床的驱动机构中，其驱动电动机与进给丝杠间设置有一个简单的齿轮箱（架）。齿轮副的主要作用是：保证车床进给运动的脉冲当量符合要求，避免丝杠可能产生的轴向窜动对驱动电动机的不利影响。

(4) 自动转动刀架。

除了车削中心采用随机换刀（带刀库）的自动换刀装置外，数控车床一般带有固定刀位的自动转位刀架，有的车床还带有各种形式的双刀架。

(5) 检测反馈装置。

检测反馈装置是数控车床的重要组成部分，对加工精度、生产效率和自动化程度有很大影响。检测装置包括位移检测装置和工件尺寸检测装置两大类，其中工件尺寸检测装置又分为机内尺寸检测装置和机外尺寸检测装置两种。工件尺寸检测装置仅在少量的高档数控车床上配用。

(6) 对刀装置。

除了极少数专用性质的数控车床外，普通数控车床几乎都采用了各种形式的自动转位刀架，以进行多刀车削。这样，每把刀的刀位点在刀架上安装的位置，或相对于车床固定原点的位置，都需要对刀、调整和测量，并予以确认，以保证零件的加工质量。

2) 数控装置和伺服系统

数控车床与普通车床的主要区别就在于是否具有数控装置和伺服系统这两大部分。如果说，数控车床的检测装置相当于人的眼睛，那么数控装置就相当于人的大脑，伺服系统则相当于人的双手。这样，就不难看出这两大部分在数控车床中所处的重要位置了。

(1) 数控装置。

数控装置的核心是计算机及其软件，它在数控车床中起"指挥"作用：数控装置接收由加工程序送来的各种信息，并经处理和调配后，向驱动机构发出执行命令；在执行过程中，其驱动、检测等机构同时将有关信息反馈给数控装置，以便经处理后发出新的执行命令。

（2）伺服系统

伺服系统准确地执行数控装置发出的命令，通过驱动电路和执行元件（如步进电动机等），完成数控装置所要求的各种位移。

2. 数控车床的工作过程

（1）首先根据零件加工图样进行工艺分析，确定加工方案、工艺参数和位移数据。

（2）用规定的程序代码和格式规则编写零件加工程序单；或用自动编程软件进行 CAD/CAM 工作，直接生成零件的加工程序文件。

（3）将加工程序的内容以代码形式完整记录在信息介质（如穿孔带或磁带）上。

（4）通过阅读机把信息介质上的代码转变为电信号，并输送给数控装置。由手工编写的程序，可以通过数控机床的操作面板输入；由编程软件生成的程序，通过计算机的串行通信接口直接传输到数控机床的数控单元（MCU）。

（5）数控装置将所接收的信号进行一系列处理后，再将处理结果以脉冲信号的形式向伺服系统统发出执行命令。

（6）伺服系统接到执行的信息指令后，立即驱动车床进给机构严格按照指令的要求进行位移，使车床自动完成相应零件的加工。

任务实施

一、刮研和底座装配

1. 刮研清理

（1）把车床几个主要部件放到工作台，如床身（见图 9-1）、主轴箱（见图 9-2）、十字拖板（见图 9-3）和尾架（见图 9-4）等。

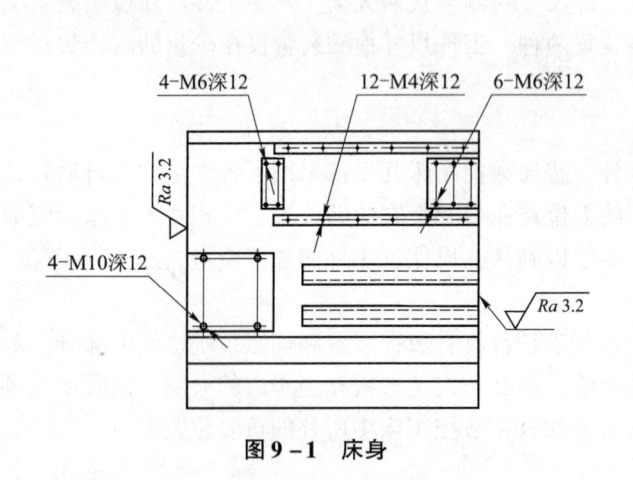

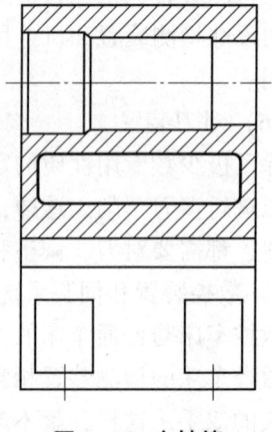

图 9-1 床身

图 9-2 主轴箱

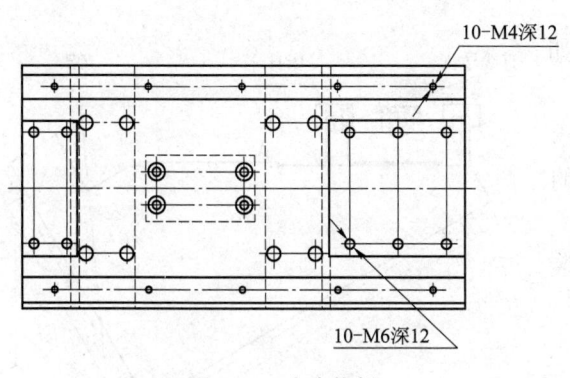

图 9-3 十字拖板

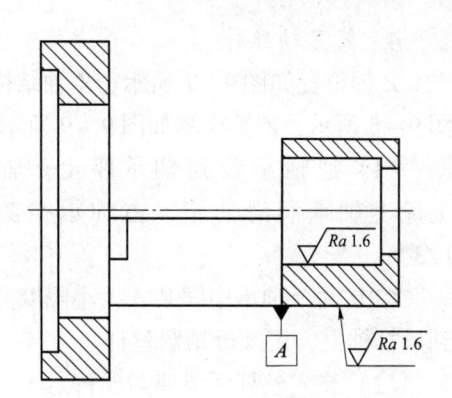

图 9-4 尾架

（2）用汽油擦洗零件加工面，把工件表面擦洗干净。用锉刀和油石推平各个安装面上的毛刺。

（3）棘轮扳手（M4、M5、M6、M10）。

2. 底座装配

（1）把机床底座放到支架上，用 0.05/100 水平仪校调底座水平，如图 9-5 所示。

（2）支撑架螺钉调实。

3. 装导轨（见图 9-6）

（1）把机床底座导轨安装面清洗干净，用油石去除表面毛刺，螺纹孔去毛刺倒角。

（2）把机床 Z 轴导轨放到机床导轨安装面上，用螺钉旋上。

（3）用导轨夹夹紧导轨和底座的导轨靠山面，根据螺孔位置逐一用高强度螺钉紧固。

（4）安装时注意主导轨和副导轨的安装方向。

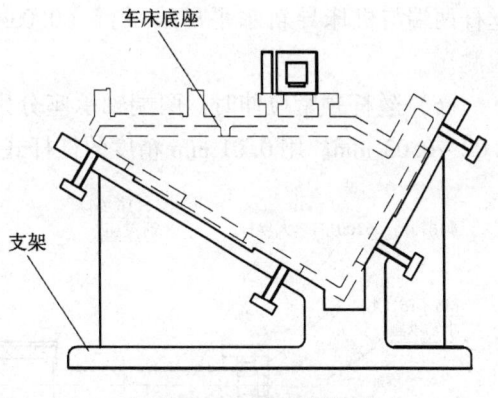

图 9-5 底座装配

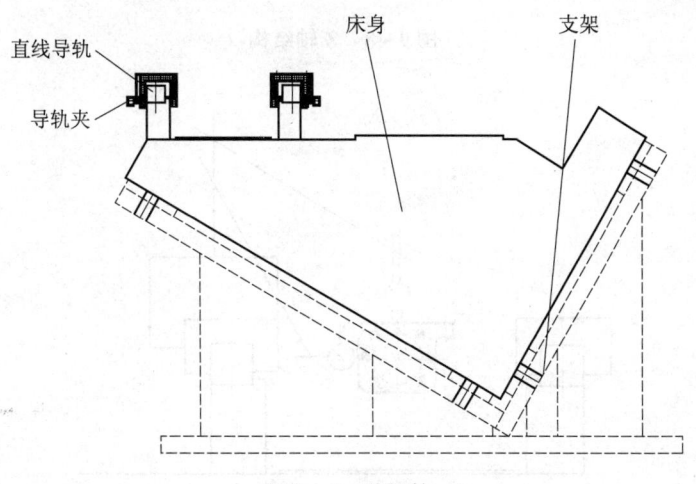

图 9-6 装导轨

4. 装 Z 轴丝杆

Z 轴位置如图 9-7 所示，Z 轴结构如图 9-8 所示，Z 轴检测如图 9-9 所示。

（1）把轴承装到轴承座上。轴承上涂上轴承润滑油脂，占轴承空隙的 1/3。

（2）两个轴承中间装入大小隔圈并装到丝杆轴上，用螺母锁紧丝杆。

（3）装入丝杆活灵座与丝杆。

（4）另一头轴承座也装入轴承，与丝杆另一头用卡簧卡入。

（5）把两端轴承座用螺钉撬到底座上，丝杆与机床导轨平行。用月牙形扳手扳紧丝杆上的圆螺母，对轴承进行预紧。要求丝杆两端与导轨垂直母线平行（0.02/全长），丝杆两端与机床导轨水平母线平行（0.03/全长）。用 0.01 mm 精度的杠杆式百分表完成检测。

（6）丝杆预紧拉伸时，两端轴承座分别打上销钉，打表调整预紧隔圈。丝杆拉伸量为 0.02～0.03 mm。用 0.01 mm 精度的杠杆式百分表完成检测。

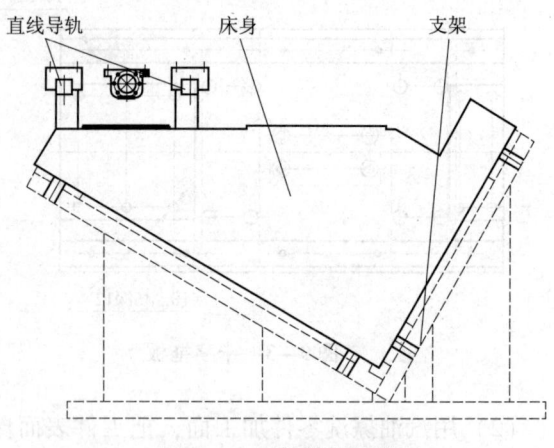

图 9-7 Z 轴丝杆位置

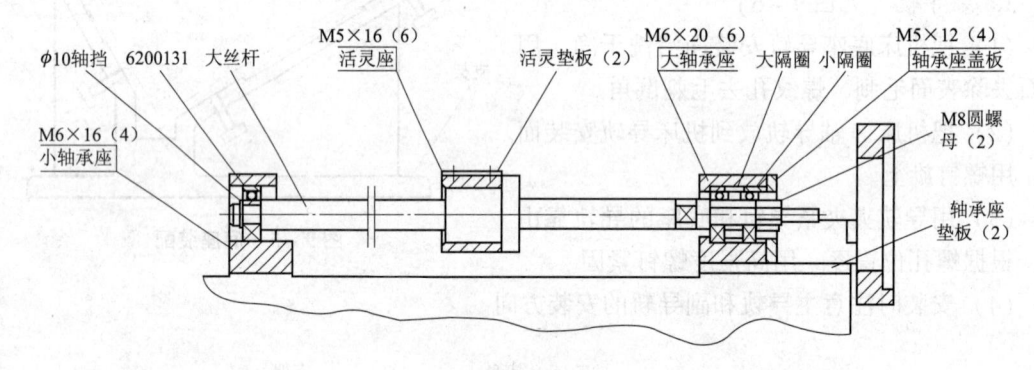

图 9-8 Z 轴结构

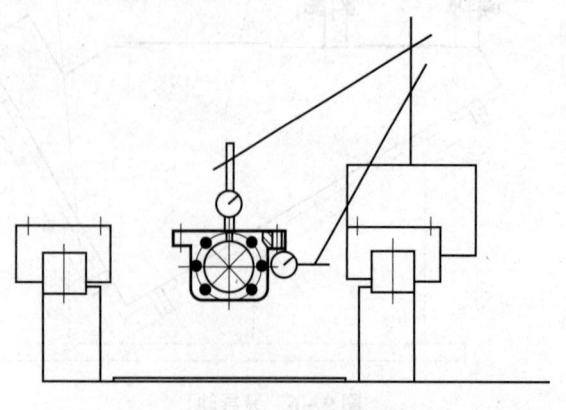

图 9-9 检测方法

5. 装十字拖板（见图9-10和图9-11）

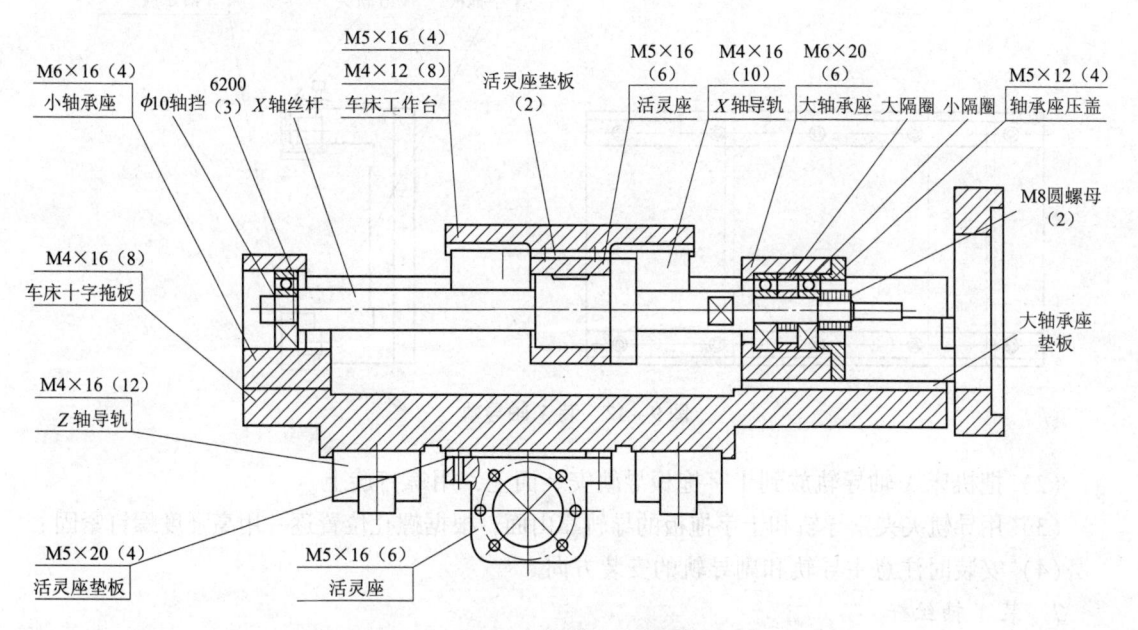

图9-10 装十字拖板

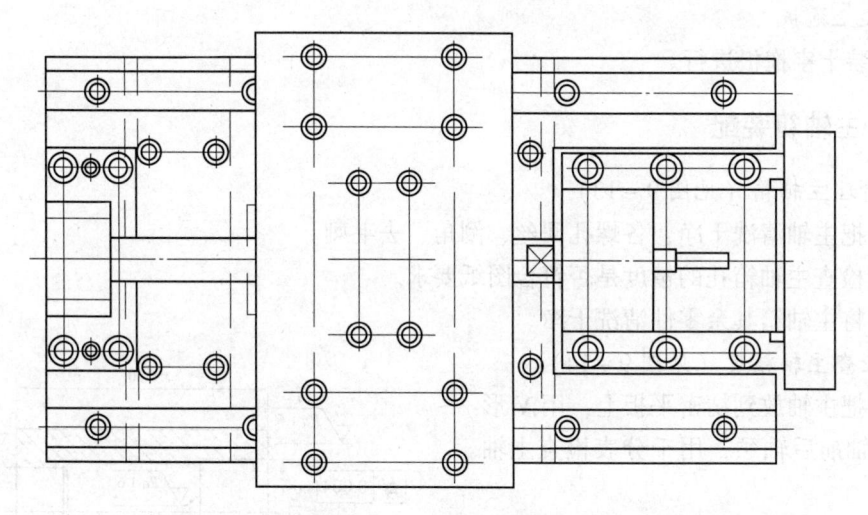

图9-11 十字拖板布局

(1) 把十字拖板装到Z轴导轨座上，用螺钉撬紧。导轨座侧面基准与十字拖板定位基准靠平，用高强度螺钉撬紧。

(2) 配Z轴丝杆活灵座上的垫铁，测量Z轴丝杆活灵座与十字拖板的间隙，根据实测间隙大小配磨垫铁尺寸。

(3) 用高强度螺钉把活灵座拧紧。

(4) 用摇把转动丝杆，拖动十字拖板前后移动，检查丝杆的松紧度。

6. 装X轴导轨（见图9-12）

(1) 把十字拖板导轨安装面清洗干净，用油石去除表面毛刺，螺纹孔去毛刺倒角。

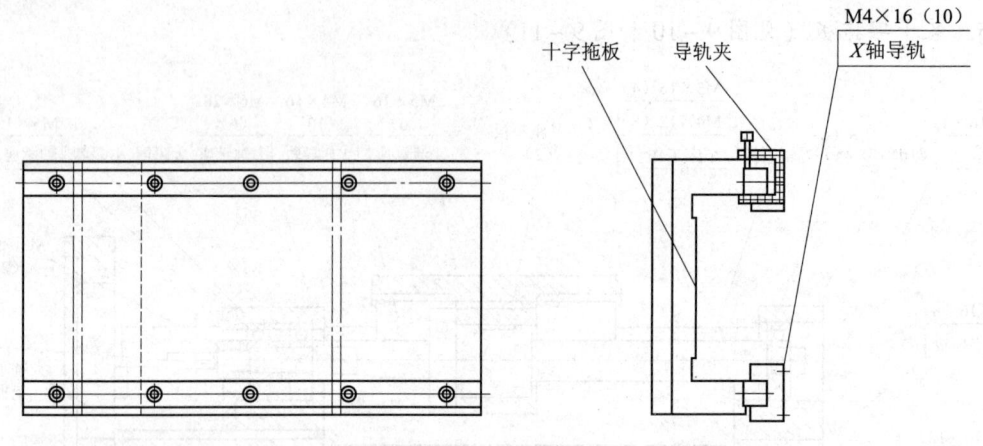

图 9-12　装 X 轴导轨

（2）把机床 X 轴导轨放到十字拖板导轨安装面上，用螺钉旋上。
（3）用导轨夹夹紧导轨和十字拖板的导轨靠山面，根据螺孔位置逐一用高强度螺钉紧固。
（4）安装时注意主导轨和副导轨的安装方向。

7．装 X 轴丝杆

参考装 Z 轴丝杆进行。

8．装上拖板

参考装十字拖板进行。

二、主轴箱装配

1．清理主轴箱（见图 9-13）
（1）把主轴清洗干净，各螺孔回丝、倒角、去毛刺。
（2）检查主轴箱孔的精度是否符合图纸要求。
（3）将主轴箱其余零件清洗干净。

2．检查主轴精度（见图 9-14）
（1）把主轴放到精密平板上，用 V 形块支承主轴前后轴颈，用千分表检查主轴径向跳动。
（2）用外径千分尺检查主轴前后轴颈尺寸公差是否符合图纸要求。
（3）检查主轴表面外观，各间隔处去毛刺、倒角。

3．轴承配对（见图 9-15）
（1）把主轴轴承放到精密平板上，用支承块支承轴承外圈，内圈加上砝码。
（2）用千分尺检查轴承内、外环尺寸公差 δ。

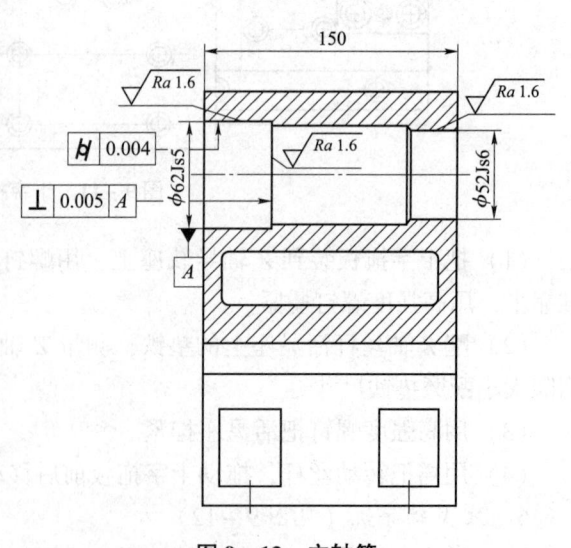

图 9-13　主轴箱

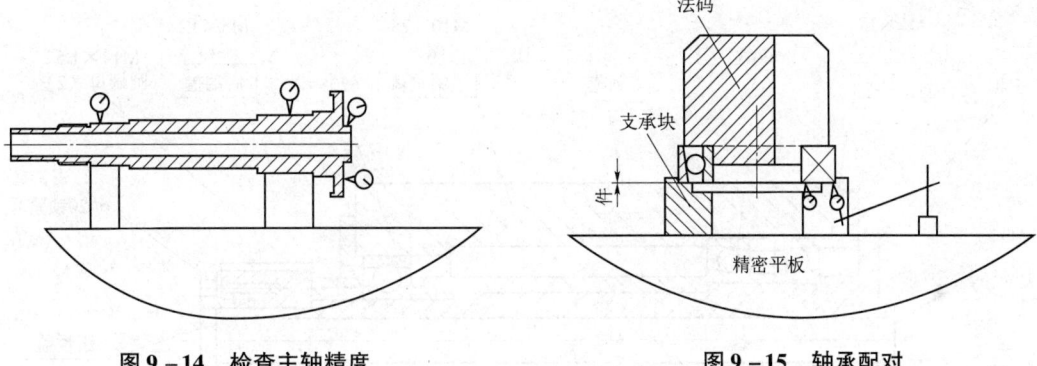

图 9-14　检查主轴精度　　　　　　　　图 9-15　轴承配对

(3) 在修磨轴承内外圈时，先把内、外圈同时放到平磨上磨削，两面磨平后再把外圈拿下修磨内圈达到尺寸公差要求。其中：

$$修磨轴承内外圈 = 外圈 - （轴承\delta_1 + 轴承\delta_2） - 0.015$$

4．主轴组装（见图 9-16）

(1) 把主轴轴承清洗干净，把轴承润滑脂涂装到轴承内。轴承油脂占轴承内空间的 1/3 体积。

(2) 把主轴轴承加热至 800℃ ~ 1 200℃ 后，按图纸装配顺序装到主轴上。

(3) 装入内套和后轴承。

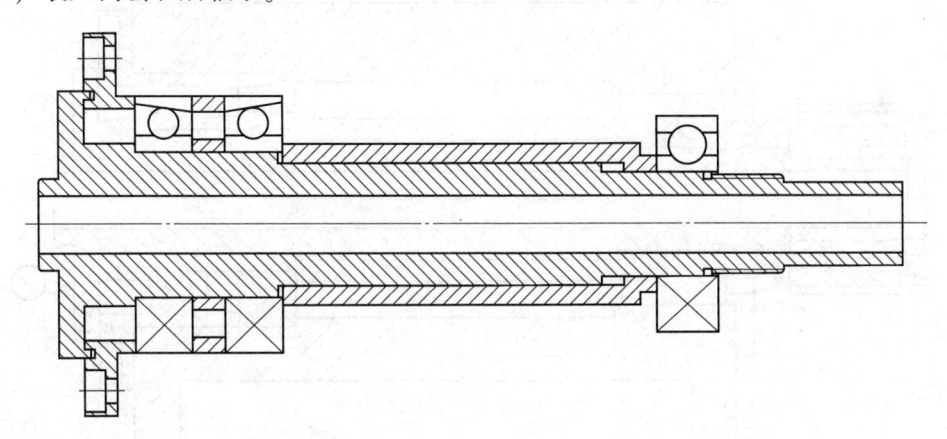

图 9-16　主轴组装

4．主轴箱部装（见图 9-17）

(1) 把主轴组装轻轻敲到主轴箱体中去。用螺钉分别把法兰盘和后法兰盘盖撬紧到主轴箱上。

(2) 用月牙形扳手把主轴螺母锁紧。

(3) 装入皮带轮与张紧圈和盖，用螺钉撬紧。

(4) 用手转动主轴旋转查看主轴松紧程度。

4．主轴箱精度检查（见图 9-18）

用千分表检查主轴径向跳动和轴向窜动，其中主轴径向跳动量为 0.01 mm，轴向窜动量为 0.012 mm。

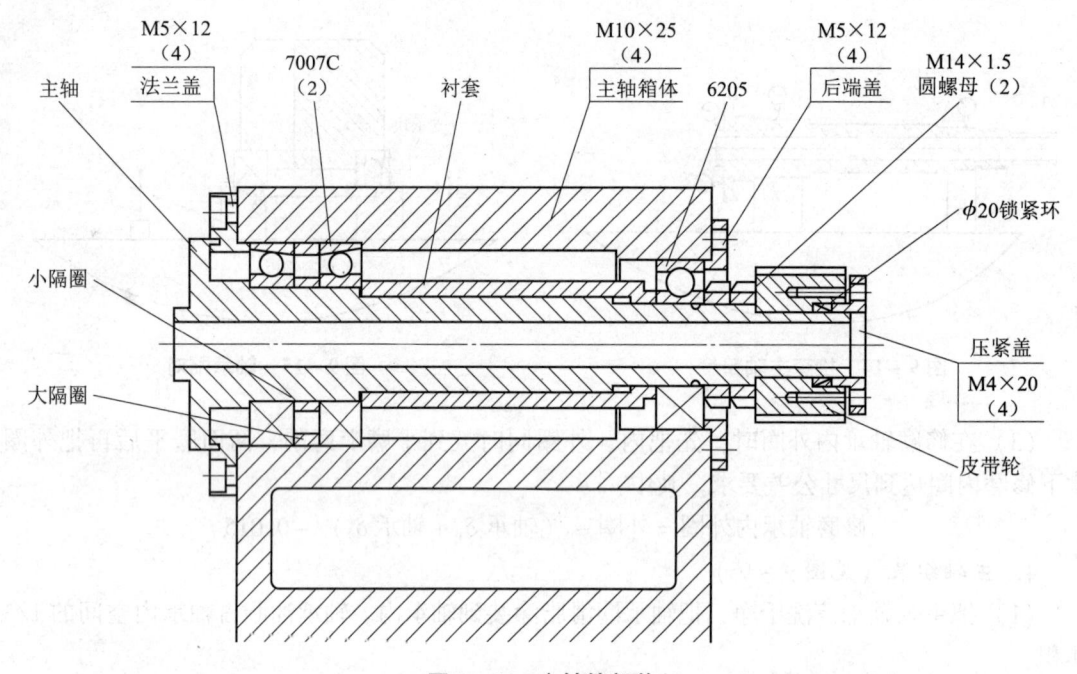

图 9-17 主轴箱部装

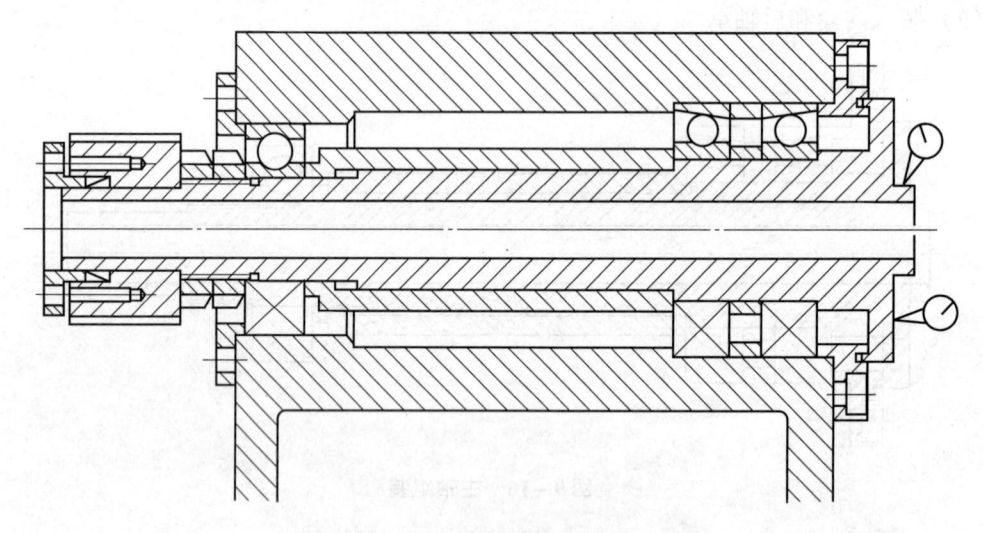

图 9-18 主轴箱精度检查

三、尾架体装配

1. 套筒间隙调整（见图 9-19）

(1) 尾架体孔内擦洗干净，去除毛刺。

(2) 用内径量表测量内孔实际尺寸，然后在磨床上与尾架套筒修磨间隙要求 0.008～0.012 mm。

(3) 尾架体孔内涂抹机油，把尾架套筒装入到尾架体上。

2. 装锁紧块（见图9-20）

（1）锁紧块与螺杆装入到尾架体上，检查锁紧块与尾架套筒圆弧接触面，涂红粉检查达到60%。

（2）锁紧块和螺杆与手柄在夹紧的情况下配打销孔，并装入圆销。

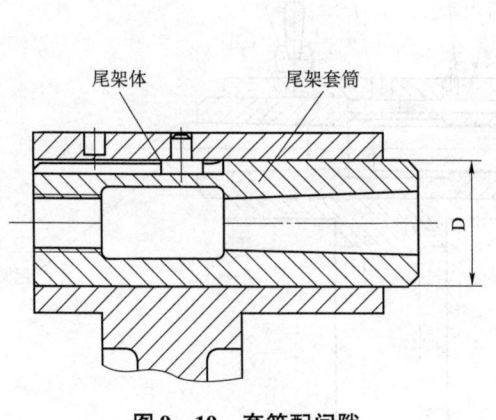

图9-19 套筒配间隙

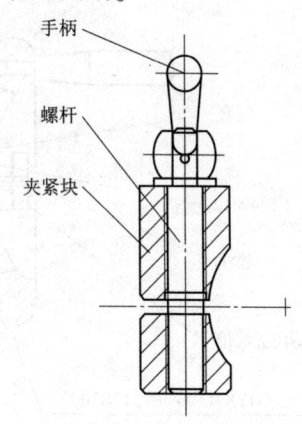

图9-20 装锁紧块

3. 装手轮（见图9-21）

（1）安装尾架丝杆与手轮，要求键与丝杆轴紧密配合，与手轮滑动配合。

（2）安装轴承和盖板，将轴承和盖板用螺钉撬到尾架体上，然后装入手轮和螺母。旋转丝杆与套筒连接。

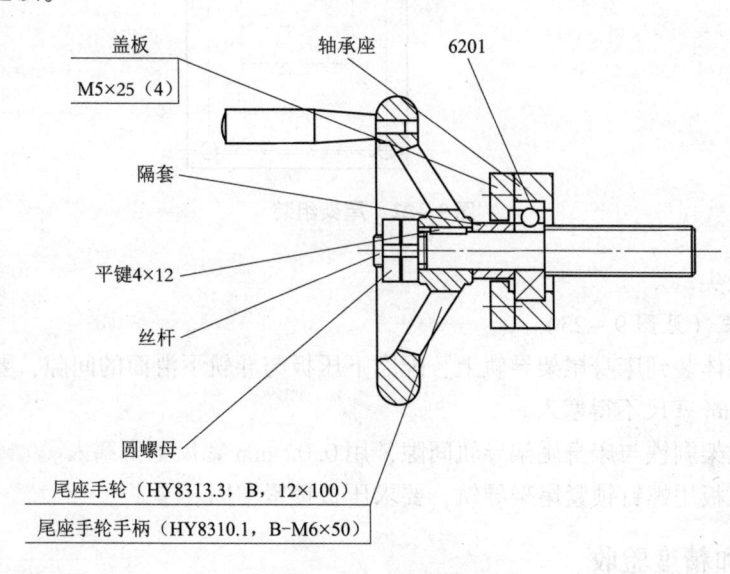

图9-21 装手轮

3. 尾架组装（见图9-22）

（1）把尾架各零件拆下，敲入弹子油杯。

（2）把丁字键和尾架套筒装入到尾架体上，再把轴承涂上轴承润滑脂装配到尾架体上。

（3）装入手轮和螺母及锁紧块，转动手轮检查套筒伸出自如。尾架伸出时不得有轻重感觉。

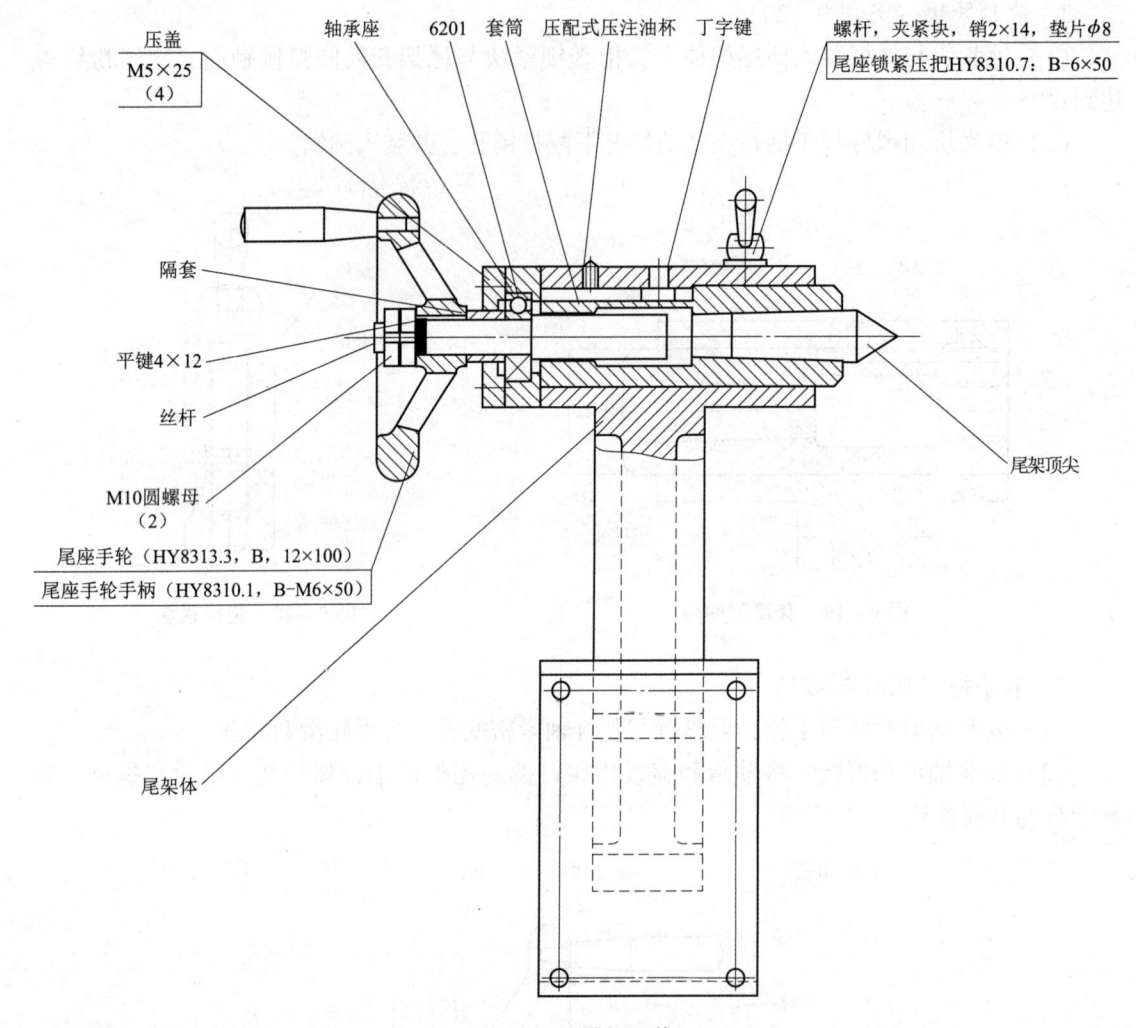

图 9-22 尾架组装

（4）装入顶尖。

3. 尾架部装（见图 9-23）

（1）把尾架体装到床身尾架导轨上，配磨下压板与导轨下滑面的间隙，要求在 0.02 mm 范围内用 0.02 mm 塞尺不得塞入。

（2）调整尾架刹铁与床身尾架导轨间隙，用 0.02 mm 塞尺不得塞入。

（3）装入压板用螺钉锁紧尾架导轨，要求压板锁紧牢固。

四、总装和精度验收

1. 校主轴试棒（见图 9-24）

（1）把主轴试棒装到主轴，旋转主轴检查主轴跳动要求：近端跳动量为 0.01 mm，远端跳动量为 0.04 mm。

（2）测量主轴试棒与床身导轨的平行度：水平母线 0.01/300，垂直母线 0.01/300（允许主轴倾头）。

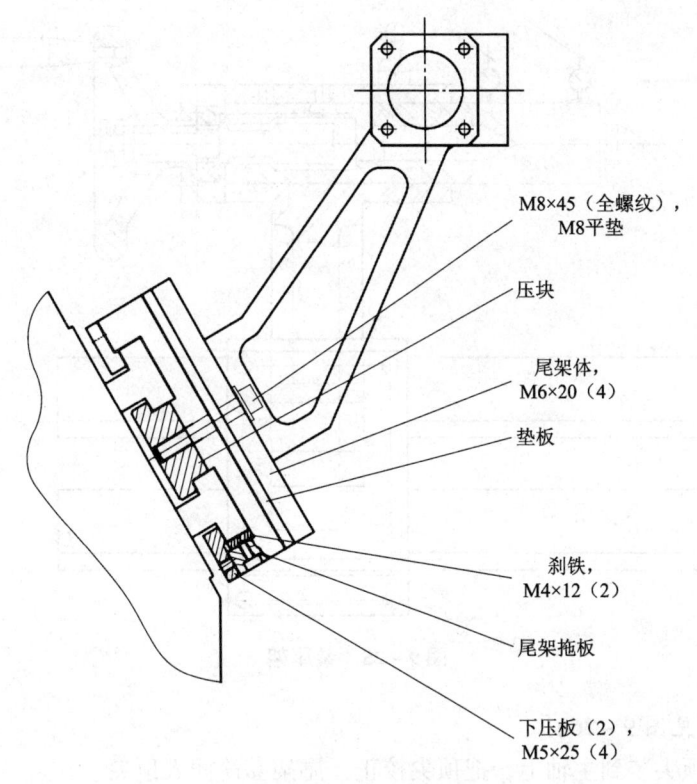

图 9-23 尾架部装

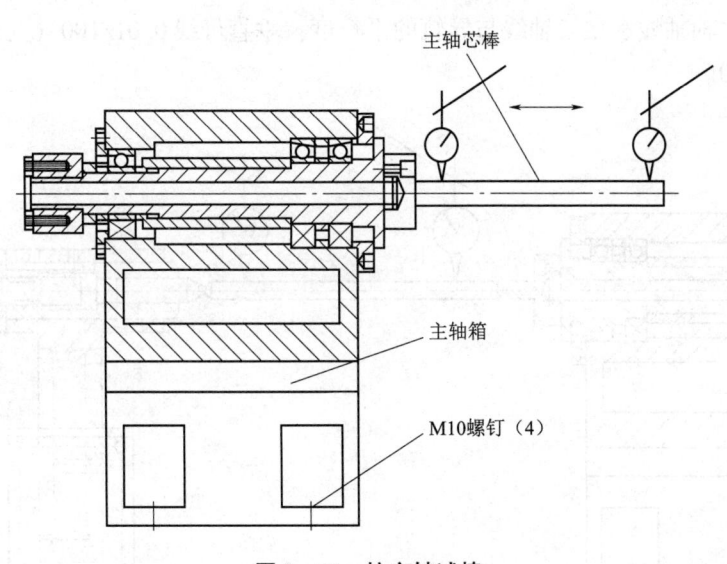

图 9-24 校主轴试棒

(3) 用螺钉把主轴箱撬紧。

2. 装尾架（见图9-25）

(1) 把尾架撬紧在尾架导轨上。

(2) 移动拖板，校正尾架套筒与导轨的平行度。

(3) 校尾架轴线与导轨的平行度：垂直母线0.01/100，水平母线0.01/100。

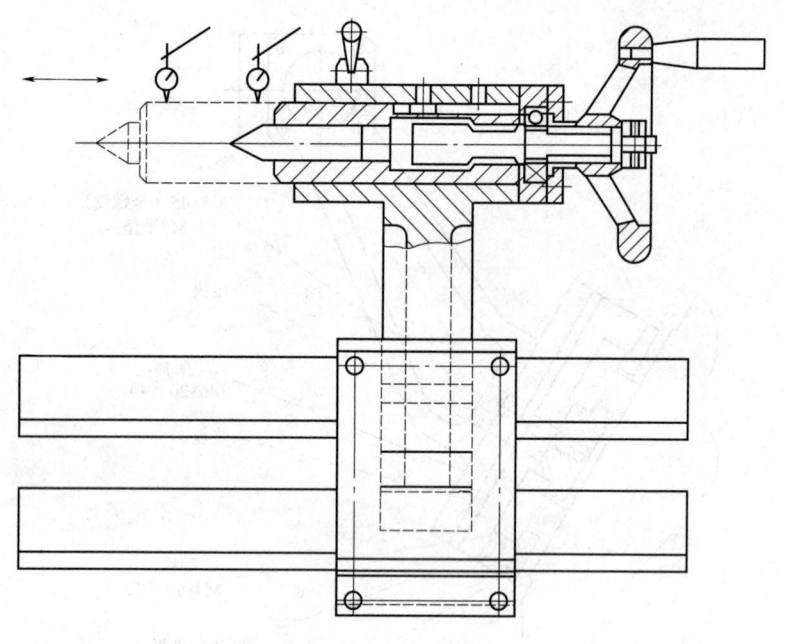

图 9-25 装尾架

3. 校等高（见图 9-26）

（1）把主轴顶尖装到主轴上，把顶尖校正，尾架套筒插入顶尖。

（2）把芯棒顶紧在主轴顶尖和尾架顶尖上。

（3）校正主轴轴线和尾架轴线与导轨的平行度：垂直母线 0.01/100（允许尾架高），水平母线 0.01/100。

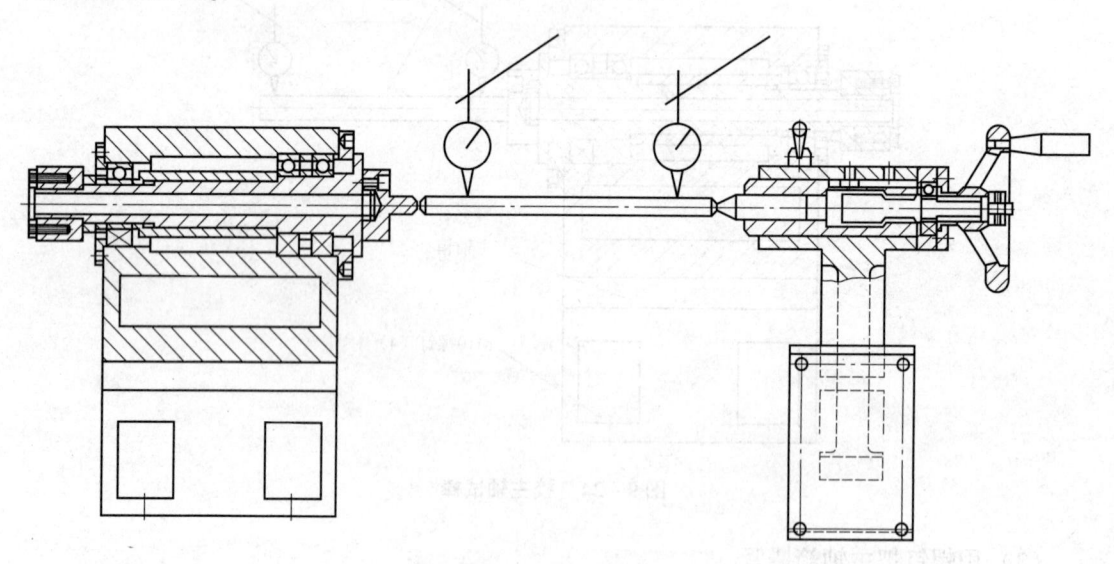

图 9-26 校等高

4. 校垂直（见图 9-27）

（1）把校垂直工具装到主轴上。

（2）调校垂直工具的端面跳动。

图 9-27 较垂直

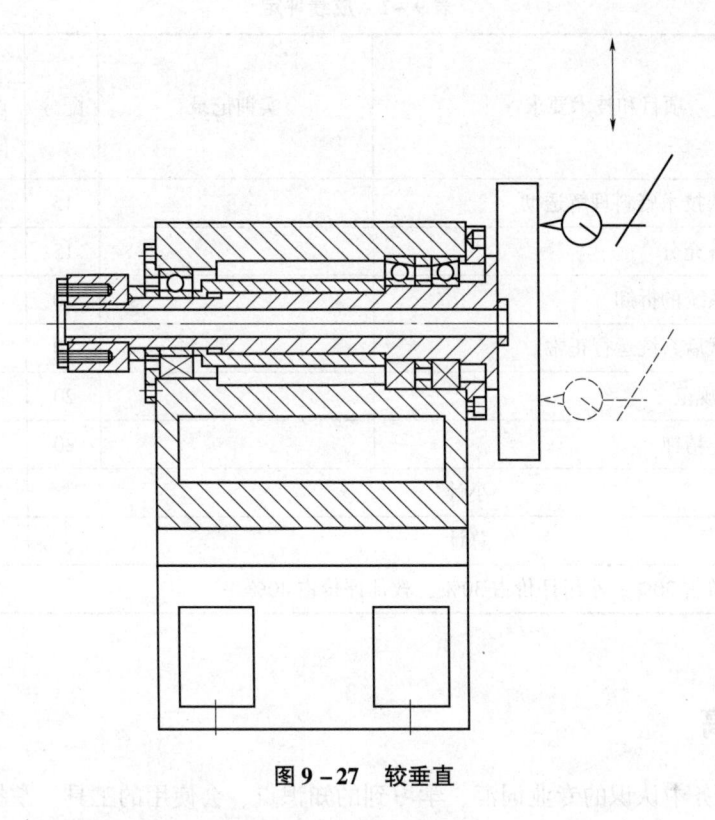

（3）移动 X 轴拖板与主轴轴线的垂直度：0.01/100。

4．校主轴精度

要求主轴径向跳动量为 0.015 mm，主轴轴向跳动量为 0.01 mm。

5．检验：

（1）复查机床精度。

（2）检测主轴精度：主轴径向跳动量为 0.015 mm，主轴轴向跳动量为 0.01 mm。

（3）测量主轴试棒与床身导轨的平行度：水平母线 0.01/300，垂直母线 0.01/300（允许主轴倾头）。

（4）检查主轴轴线和尾架轴线与导轨的平行度：垂直母线 0.011 100（允许尾架高），水平母线 0.01/100。

（5）检查 X 轴拖板与主轴轴线的垂直度：0.01/100。

（6）检查尾架轴线与导轨的平行度：垂直母线 0.011 100（允许尾架高），水平母线 0.01/100。

（7）检查刀架与主轴的等高度。

任务评价

根据表 9-1，对完成情况进行评价。

表 9-1 成绩评定

项次	项目和技术要求	实训记录	配分	得分 自我评价	得分 小组评价	得分 教师评价
1	相关图纸技术资料理解透彻		15			
2	任务准备充分		15			
3	能进行系统的拆卸		20			
4	安装调试后系统运行正常		20			
5	现场 5S 规范		20			
6	团队合作精神		20			
	小计					
	总计					

注：自我评价占 30%，小组评价占 30%，教师评价占 40%

总结提高

列出在本任务中认识的专业词汇、学习到的知识点、会使用的工具、掌握的技能。

1. 新的专业词汇。

_____

2. 新的知识点。

_____

3. 新的工具。

_____

4. 新的技能。

_____

项目拓展

说一说数控车床与普通车床机械机构的异同。

项目 10　数控铣床装调

数控铣床装调包括机械部分和电气部分，本项目只完成机械部分的装调。

项目描述

本项目主要完成实训铣床的主轴箱装配、底座装配、立柱装配和总装。

学习目标

一、知识要求

1. 认识典型数控铣床的机械结构和工作原理；
2. 掌握装配工艺图的识读方法；
3. 掌握数控铣床的装调方法。

二、技能要求

1. 能读懂典型机械装配图和工艺图；
2. 能拟订装调计划，按照工艺要求完成装调；
3. 能对典型数控铣床机械故障进行分析、判断，并排除故障。

任务描述

一、底座装配

完成底座安装水平、装下拖板、装 Y 轴导轨、装 Y 轴丝杆、装 X 轴导轨、装 X 轴丝杆、装工作台。

二、立柱的安装

完成立柱导轨的安装、立柱丝杆的安装、铣头箱的安装、立柱配重的安装。

三、主轴箱装配

完成主轴箱清理、主轴精度检查、轴承配对、主轴组装、主轴箱部装和主轴箱精度检查。

四、总装

完成校铣头、校主轴试棒、总装。

必备知识

数控铣床由床身、立柱、主轴箱、工作台、滑鞍、滚珠丝杠、伺服电动机、伺服装置、数控系统等组成。床身用于支撑和连接机床各部件。主轴箱用于安装主轴。主轴下端用于安装铣刀。当主轴箱内的主轴电动机驱动主轴旋转时,铣刀能够切削工件。主轴箱还可沿立柱上的导轨在 Z 向移动,使刀具上升或下降。工作台用于安装工件或夹具。工作台可沿滑鞍上的导轨在 X 向移动,滑鞍可沿床身上的导轨在 Y 向移动,从而实现工件在 X 和 Y 向的移动。无论是 X、Y 向,还是 Z 向的移动都是靠伺服电动机驱动滚珠丝杠来实现的。

伺服装置用于驱动伺服电动机。控制器用于输入零件加工程序和控制机床工作状态。控制电源用于向伺服装置和控制器供电。

数控铣床装配时内容非常丰富,需要考虑很多工艺环节。主轴箱装配时要完成主轴检验、轴承检验、隔圈检验、前轴承装配、后轴承装配、主轴组装配、主轴试温、主轴部装。底座装配时完成底角安装、安装面刮研、底座与床鞍合研、底座与床鞍装配、刮研床鞍、底座安装水平、导轨开档检验、装配丝杆。十字托板装配时要完成十字托板刮研、十字托板贴塑、底座与十字托板合研、十字托板与工作台合研、校验垂直度、调整压板间隙、丝杆装配、刮研轴承座端面。立柱装配时要完成立柱刮研、立柱开档检验、立柱贴塑、立柱与主轴箱合研、立柱丝杆装配、调整压板间隙、装平衡块、立柱部装。立柱与床鞍装配时完成立柱刮研、立柱与床鞍合研、立柱与床鞍紧固、立柱与工作台校垂直、立柱校垂直、立柱与导轨校平、配作销空、装防护罩。

任务实施

一、底座装配

1. 底座安装水平(见图 10-1)

(1) 把机床底脚装到机床底座上。

(2) 调整机床底座水平,要求纵向精度为 0.04/1 000,横向精度为 0.06/1 000。

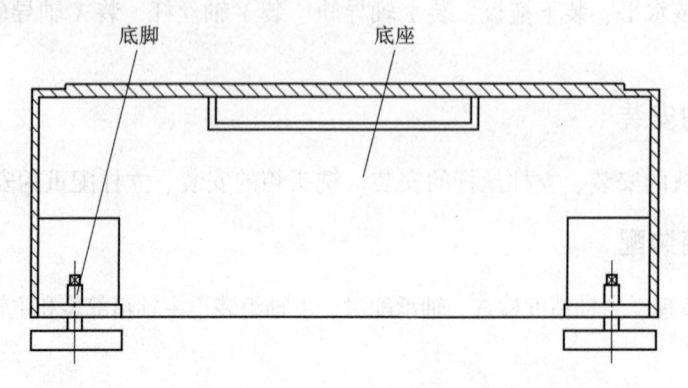

图 10-1 底座安装

2. 装下拖板（见图10-2）

（1）把下拖板装到机床底座上。

（2）下拖板和底座进行合研，要求下拖板和底座接合面不得少于8点/（25×25）mm。

（3）用螺钉把下拖板撬紧在底座上。用塞尺检查下拖板和底座的接合面，要求用0.02 mm塞尺不得塞入。

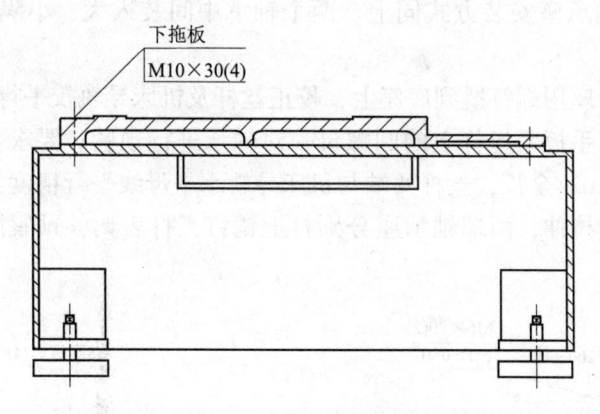

图10-2 装下拖板

3. 装Y轴导轨（见图10-3）

（1）把机床底座导轨安装面清洗干净，用油石去除表面毛刺，螺纹孔去毛刺倒角。

（2）把机床Y轴导轨放到机床导轨安装面上，用螺钉旋上。

（3）用导轨夹夹紧导轨和底座的导轨靠山面，根据螺孔位置逐一用高强度螺钉紧固。

（4）安装时注意主导轨和副导轨的安装方向。

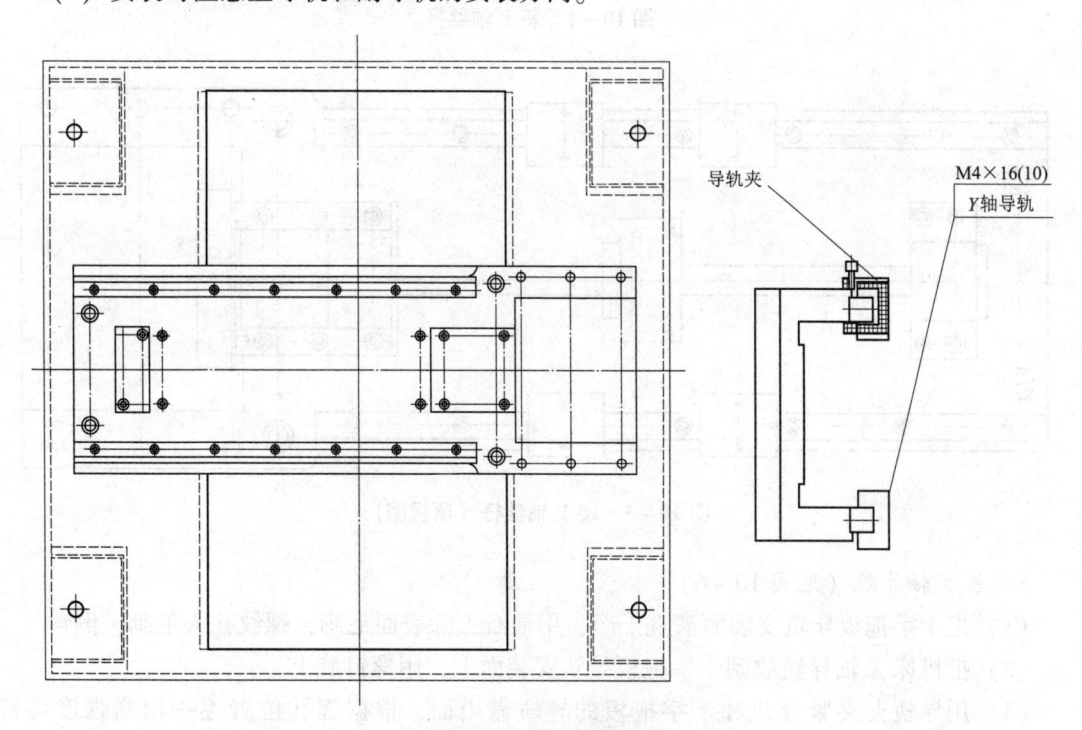

图10-3 装Y轴导轨

4. 装 Y 轴丝杆（见图 10-4 和图 10-5）

（1）把轴承装到大轴承座上。轴承上涂上轴承润滑油、脂，占轴承空隙的 1/3。

（2）两个轴承中间装入大、小隔圈并装到丝杆轴上，用螺母锁紧丝杆。

（3）丝杆活灵座与丝杆装入。

（4）另一头小轴承座安装方式同上。两个轴承中间装入大、小隔圈并装到丝杆轴上，用螺母锁紧丝杆。

（5）把两端轴承座用螺钉撬到底座上，校正丝杆及机床导轨校平行。

（6）用月牙形扳手扳紧丝杆上的圆螺母，对轴承进行预紧。要求：丝杆两端与导轨垂直母线平行精度为 0.02/全长，丝杆两端与机床导轨水平母线平行精度为 0.03/全长。

（7）丝杆的预紧拉伸，两端轴承座分别打上销钉，打表调整预紧隔圈。丝杆拉伸量为 0.02~0.03 mm。

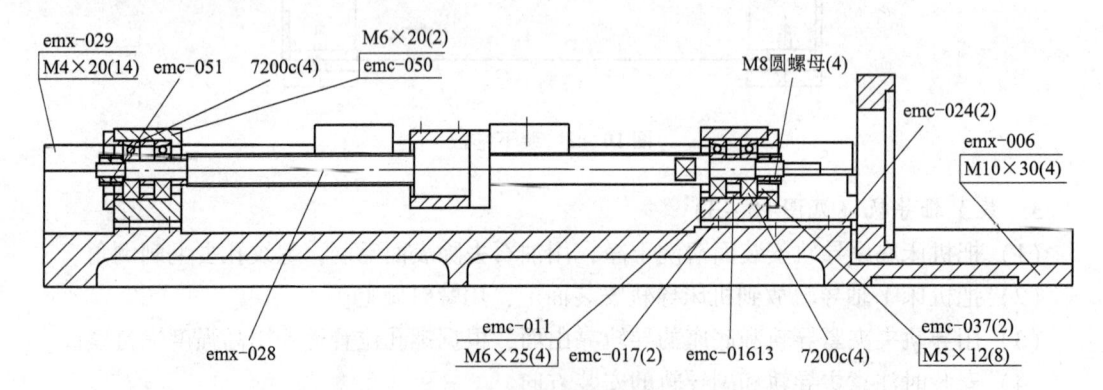

图 10-4 装 Y 轴丝杆

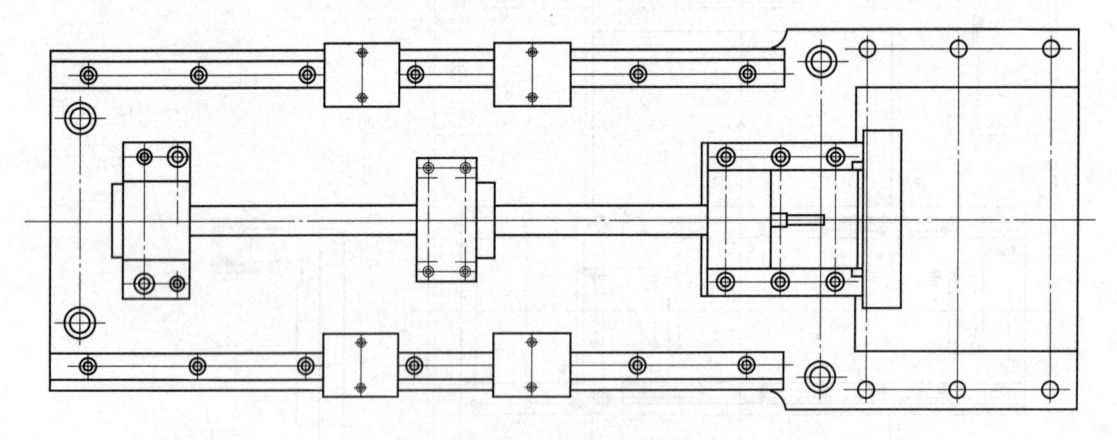

图 10-5 装 Y 轴丝杆（顶视图）

5. 装 X 轴导轨（见图 10-6）

（1）把十字拖板导轨安装面清洗干净，用油石去除表面毛刺，螺纹孔去毛刺、倒角。

（2）把机床 X 轴导轨放到十字拖板导轨安装面上，用螺钉旋上。

（3）用导轨夹夹紧导轨和十字拖板的导轨靠山面，根据螺孔位置逐一用高强度螺钉紧固。

项目10 数控铣床装调

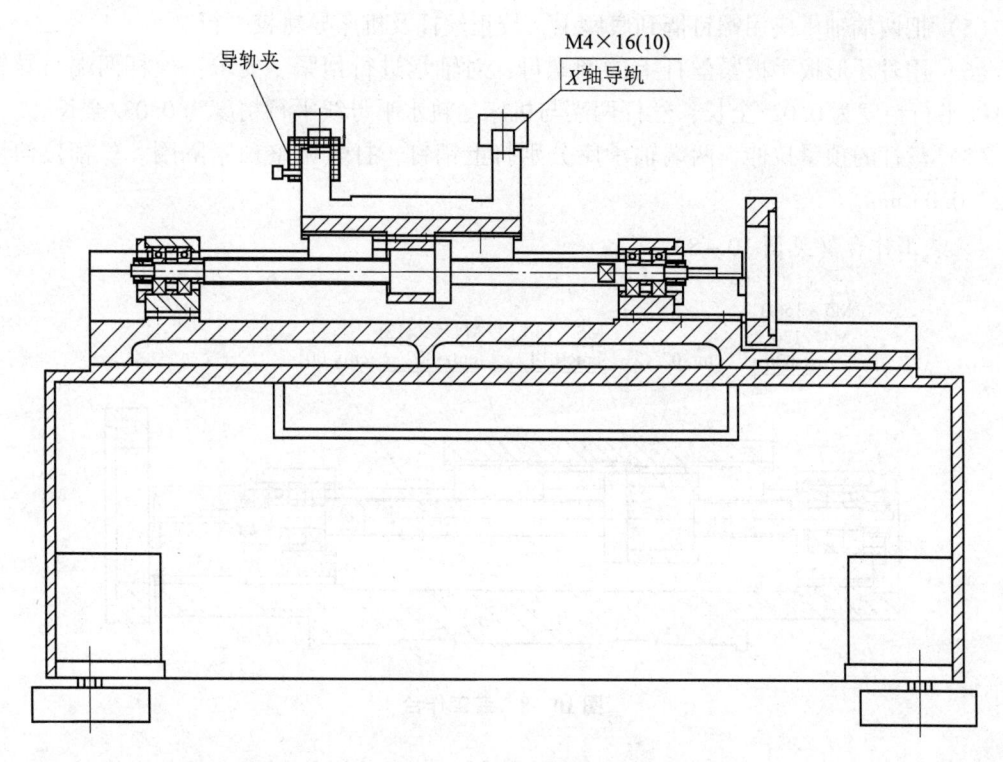

图 10-6 装 X 轴导轨

（4）安装时注意主导轨和副导轨的安装方向。

6. 装 X 轴丝杆（见图 10-7）

（1）把轴承装到大轴承座上。轴承上涂上轴承润滑油、脂，占轴承空隙的 1/3。

（2）两个轴承中间装入大、小隔圈并装到丝杆轴上，用螺母锁紧丝杆。

（3）丝杆活灵座与丝杆装入。

（4）另一头小轴承座安装方式同上。两个轴承中间装入大小隔圈并装到丝杆轴上，用螺母锁紧丝杆。

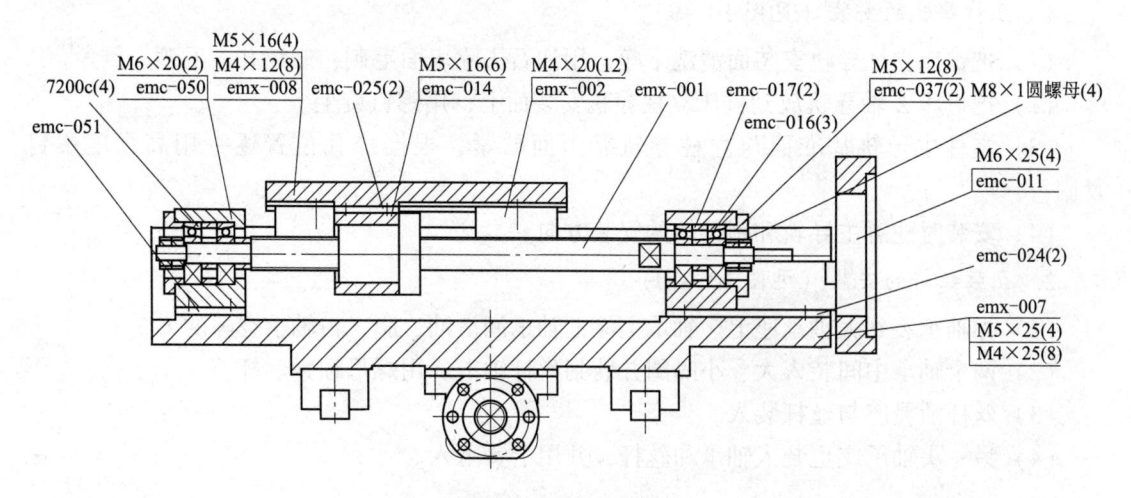

图 10-7 装 X 轴丝杆

221

（5）把两端轴承座用螺钉撬到底座上，校正丝杆及机床导轨校平行。

（6）用月牙形扳手扳紧丝杆上的圆螺母，对轴承进行预紧。要求：丝杆两端与导轨垂直母线平行精度为 0.02/全长，丝杆两端与机床导轨水平母线平行精度为 0.03/全长。

（7）丝杆的预紧拉伸，两端轴承座分别打上销钉，打表调整预紧隔圈。丝杆拉伸量为 0.02 ~ 0.03 mm。

7. 装工作台（见图 10 - 8）

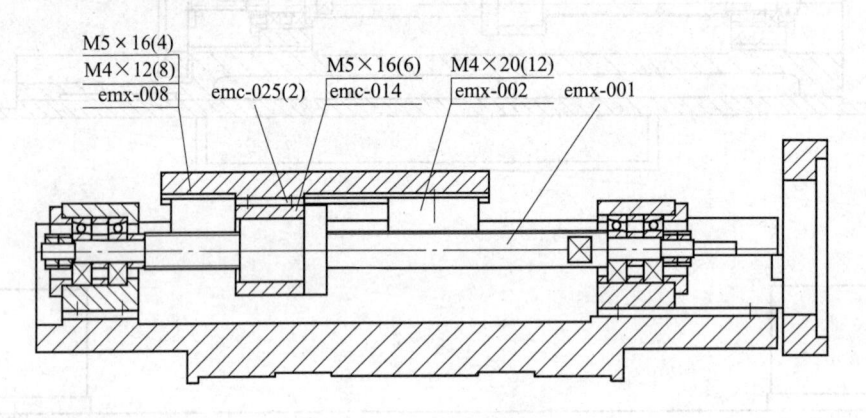

图 10 - 8　装工作台

（1）把工作台装 X 轴导轨滑块上，用螺钉撬紧。导轨滑块侧面基准与上拖板定位基准靠平。用高强度螺钉撬紧。

（2）配 X 轴丝杆活灵座上的垫铁，测量 X 轴丝杆活灵座与工作台之间的间隙，根据实测间隙大小配磨垫铁尺寸至要求。

（5）用高强度螺钉把活灵座拧紧。

（6）用摇把转动丝杆，拖动上拖板前、后移动，检查丝杆的松紧度。

二、立柱的安装

1. 立柱导轨的安装（见图 10 - 9）

（1）把铣床立柱导轨安装面清洗干净，用油石去除表面毛刺，螺纹孔去毛刺、倒角。

（2）把机床 Z 轴导轨放到铣床立柱导轨安装面上，用螺钉旋上。

（3）立柱主导轨基准面与立柱导轨靠山面贴紧，根据螺孔位置逐一用高强度螺钉紧固。

（4）安装时注意主导轨和副导轨的安装方向。

2. 立柱丝杆的安装（见图 10 - 10）

（1）把轴承装到大轴承座上。轴承上涂上轴承润滑油、脂，占轴承空隙的 1/3。

（2）两个轴承中间装入大、小隔圈并装到丝杆轴上，用螺母锁紧丝杆。

（3）丝杆活灵座与丝杆装入。

（4）另一头轴承座也装入轴承和丝杆，并用卡簧卡入。

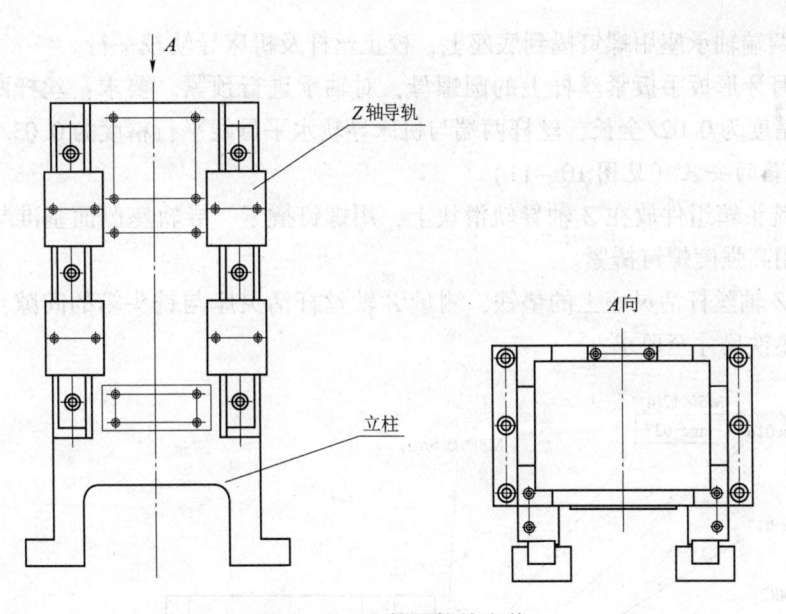

图 10-9 立柱导轨的安装

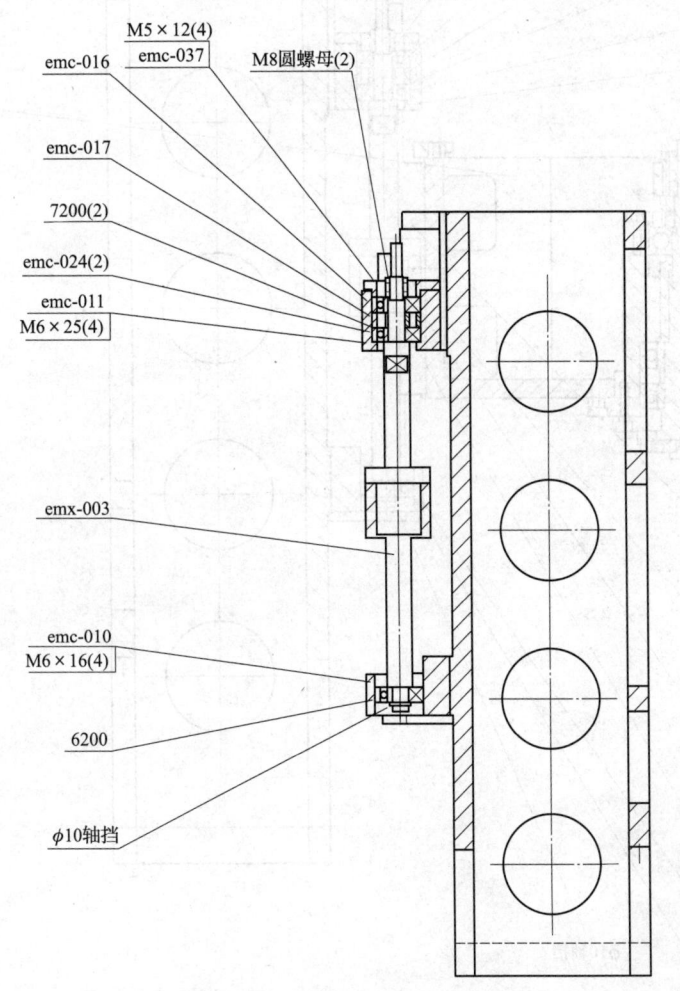

图 10-10 立柱丝杆的安装

（5）把两端轴承座用螺钉撬到底座上，校正丝杆及机床导轨校平行。

（6）用月牙形扳手扳紧丝杆上的圆螺母，对轴承进行预紧。要求：丝杆两端与导轨垂直母线平行精度为 0.02/全长，丝杆两端与机床导轨水平母线平行精度为 0.03/全长。

3. 铣头箱的安装（见图 10-11）

（1）把铣头箱组件放在 Z 轴导轨滑块上，用螺钉撬紧。导轨座侧面基准与铣头箱定位基准靠平，用高强度螺钉撬紧。

（2）配 Z 轴丝杆活灵座上的垫铁，测量 Z 轴丝杆活灵座与铣头箱的间隙，根据实测间隙大小配磨垫铁尺寸至要求。

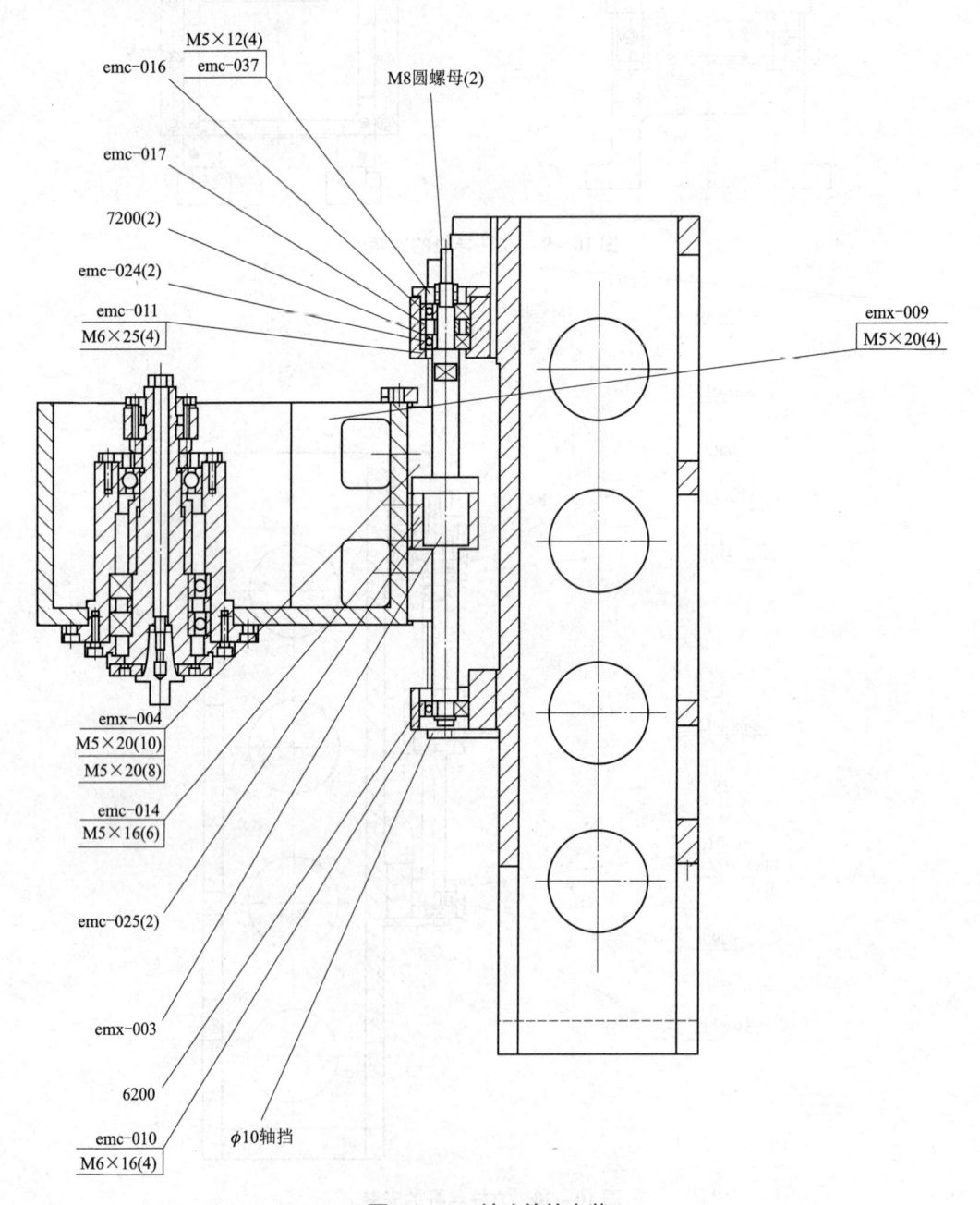

图 10-11　铣头箱的安装

（3）用高强度螺钉把活灵座拧紧。

4．立柱配重的安装（见图10-12和图10-13）

（1）清洗铣床配重各零件，螺孔回丝、倒角。

（2）组装配重支架，将配重滚轮安装在配重支架上，再将支架整体安装在立柱顶部。

（3）装入配重块，用钢丝绳将配重块与主轴箱连接，再安装配重导向钢丝绳。

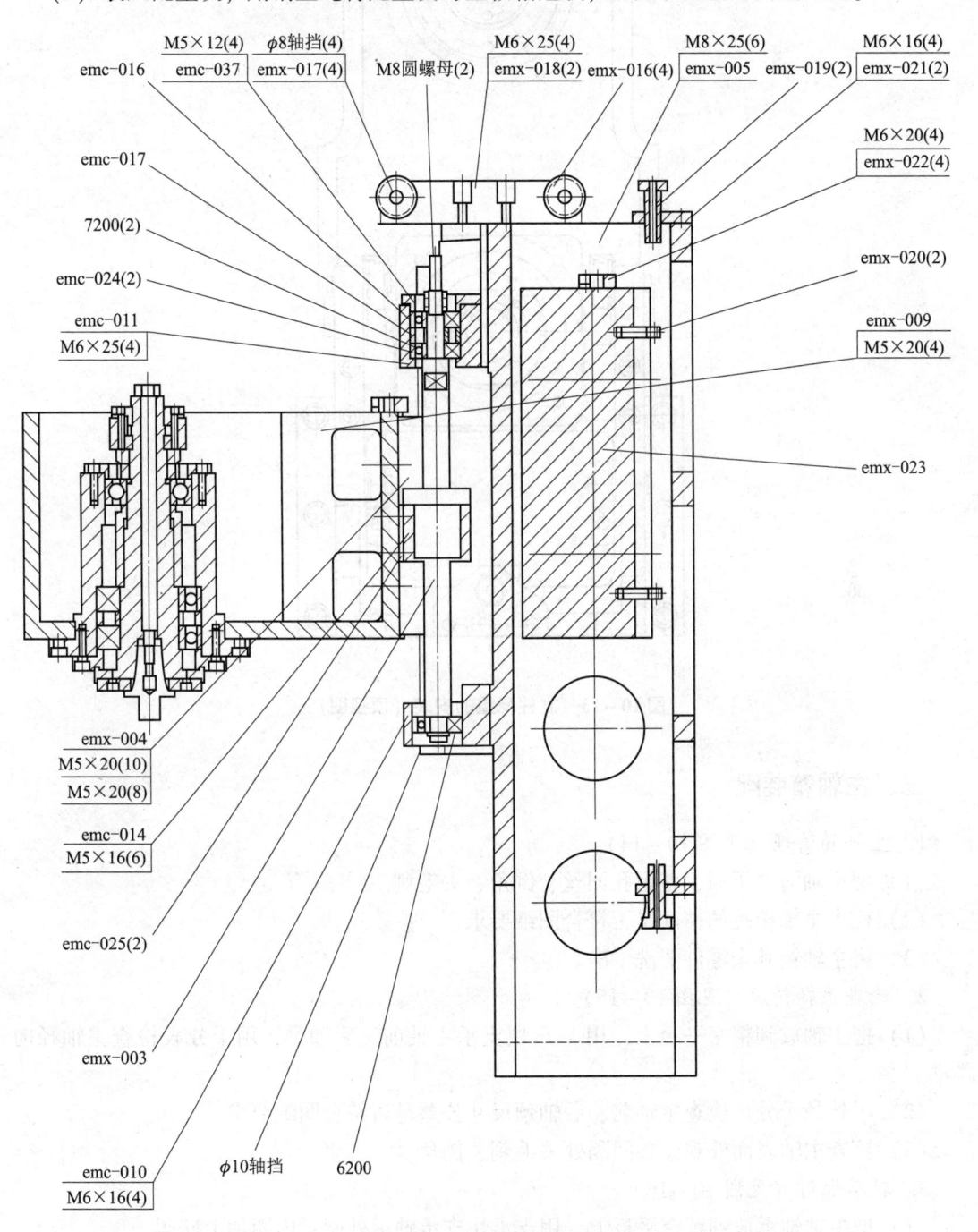

图10-12　立柱配重的安装

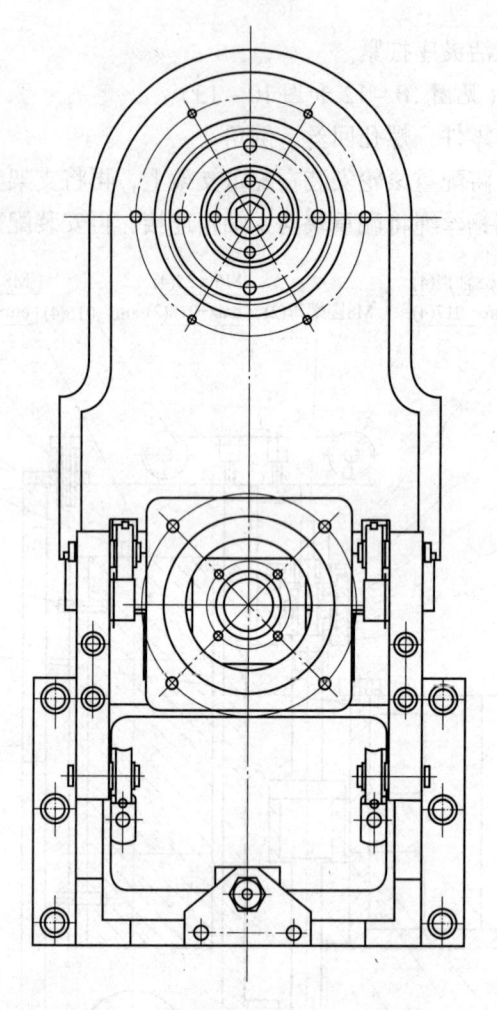

图 10 –13　立柱配重的安装（顶视图）

三、主轴箱装配

1. 主轴箱清理（见图 10 –14）

（1）把主轴清洗干净，各螺孔回丝、倒角、去毛刺。

（2）检查主轴箱孔的精度是否符合图纸要求。

（3）将主轴箱其余零件清洗干净。

2. 检查主轴精度（见图 10 –15）

（1）把主轴放到精密平板上，用 V 形块支承主轴前、后轴颈，用千分表检查主轴径向跳动。

（2）用外径千分尺检查主轴前、后轴颈尺寸公差是否符合图纸要求。

（3）检查主轴表面外观，各间隔处去毛刺、倒角。

3. 轴承配对（见图 10 –16）

（1）把主轴轴承放到精密平板上，用支承块支承轴承外圈，内圈加上砝码。

（2）用千分尺检查轴承内、外环的尺寸公差 δ。

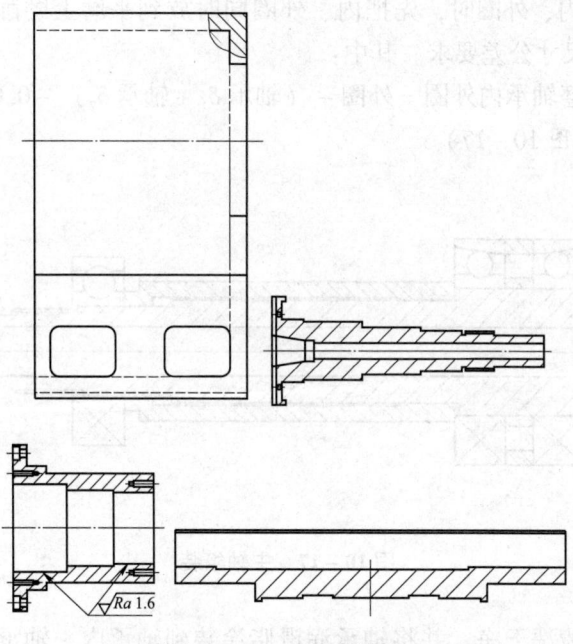

图 10-14　主轴箱清理

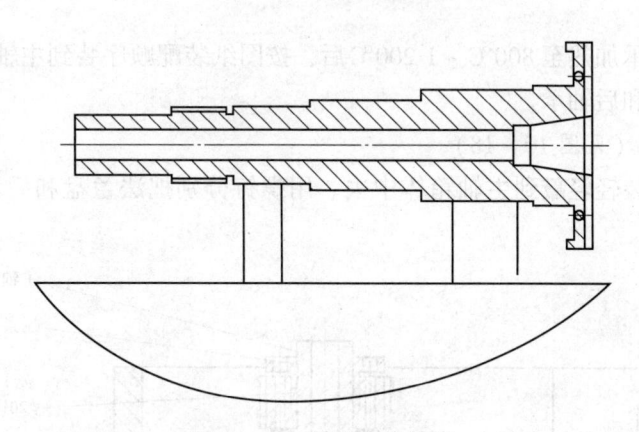

图 10-15　检查主轴精度

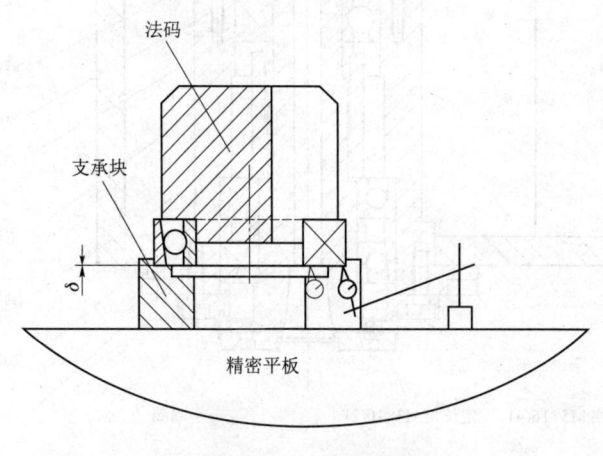

图 10-16　轴承配对

(3) 在修磨轴承内、外圈时,先把内、外圈同时放到平磨上磨削,两面磨平后,再把外圈拿下修磨内圈至尺寸公差要求。其中:

修磨轴承内外圈 = 外圈 - (轴承δ_1 + 轴承δ_2) - 0.015

4. 主轴组装(见图10-17)

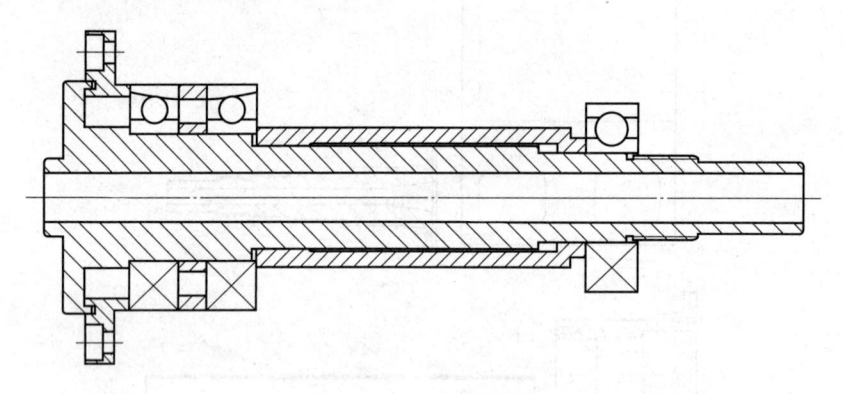

图10-17 主轴组装

(1) 把主轴轴承清洗干净,并将轴承润滑脂涂装到轴承内,轴承油、脂占轴承内空间的1/3。

(2) 把主轴轴承加热至800℃~1 200℃后,按图纸装配顺序装到主轴上。

(3) 装入内套和后轴承。

5. 主轴箱部装(见图10-18)

(1) 把主轴组装轻轻敲到主轴箱体中去。用螺钉分别把法兰盘和后法兰盘盖撬紧到主轴箱上。

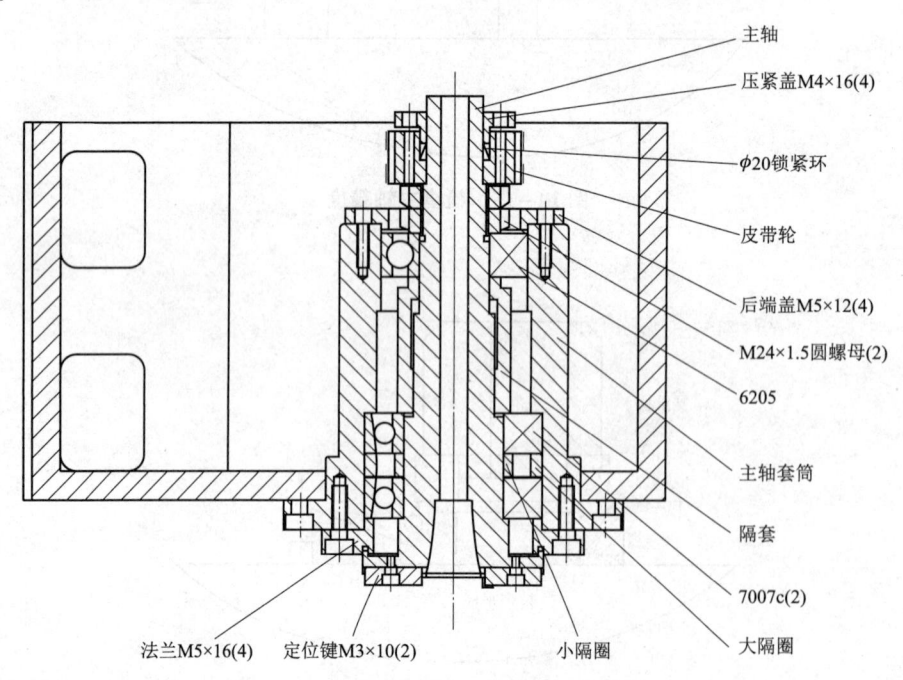

图10-18 主轴箱部装

(2) 用月牙形扳手把主轴螺母锁紧。

(3) 装入皮带轮、张紧圈和盖，用螺钉撬紧。

(4) 用手转动主轴，查看主轴松紧程度。

6. 主轴箱精度检查（见图10-19）

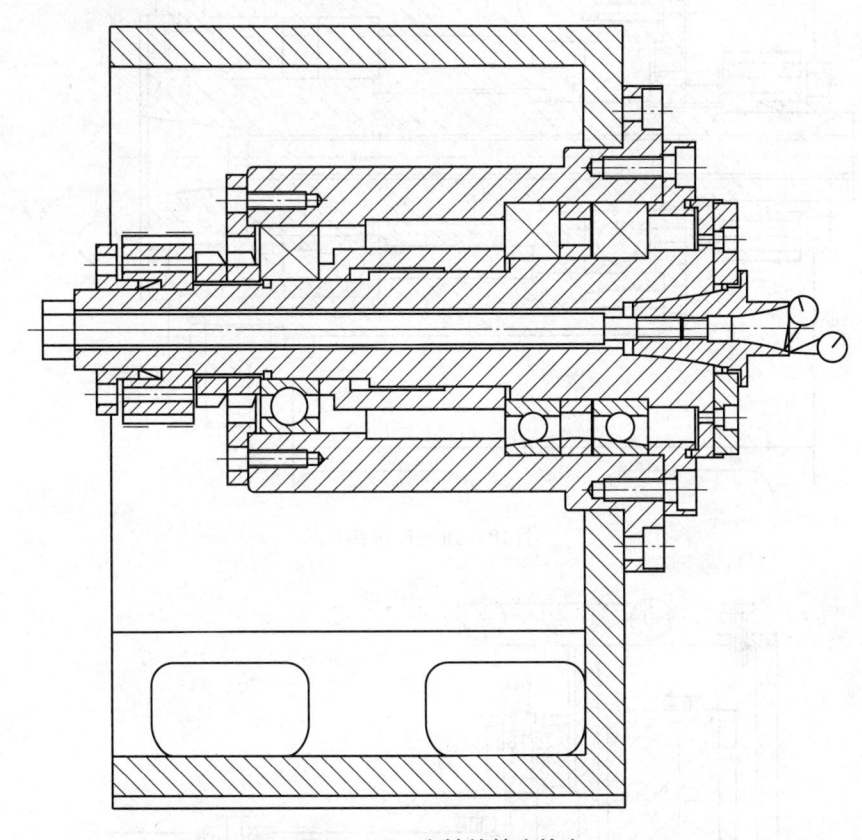

图 10-19　主轴箱精度检查

用千分表检查主轴径向跳动和轴向窜动，要求主轴径向跳动量为 0.01 mm，轴向窜动量为 0.012 mm。

四、总装

1. 校铣头（见图10-20）

校主轴精度，要求主轴径向跳动量为 0.015 mm，主轴轴向跳动量为 0.01 mm。

2. 校主轴试棒（见图10-21和图10-22）

(1) 把主轴试棒装到主轴，旋转主轴，检查主轴跳动要求：近端跳动量为 0.01 mm，远端跳动量为 0.04 mm。

(2) 测量主轴试棒与床身的垂直度：在平行于 Y 轴轴线的 $Y-Z$ 垂直平面内 0.015/300。

(3) 在平行于 X 轴轴线的 $Z-X$ 垂直平面内 0.015/300。

3. 总装（见图10-23和图10-24）

(1) 装铣刀和其他附件，清理外观。

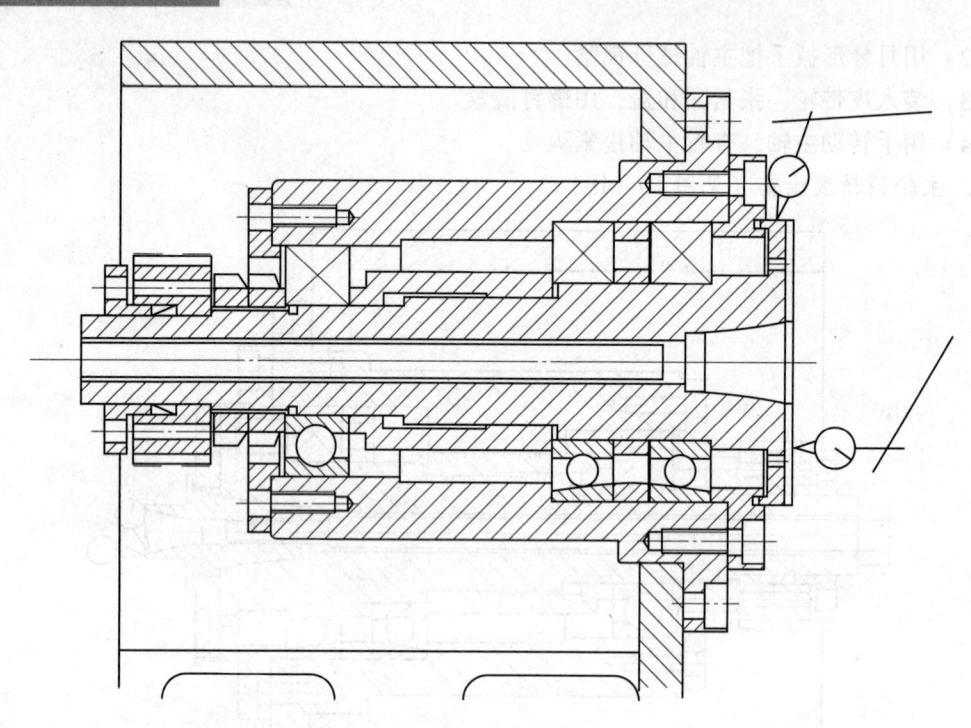

图 10-20 校铣头

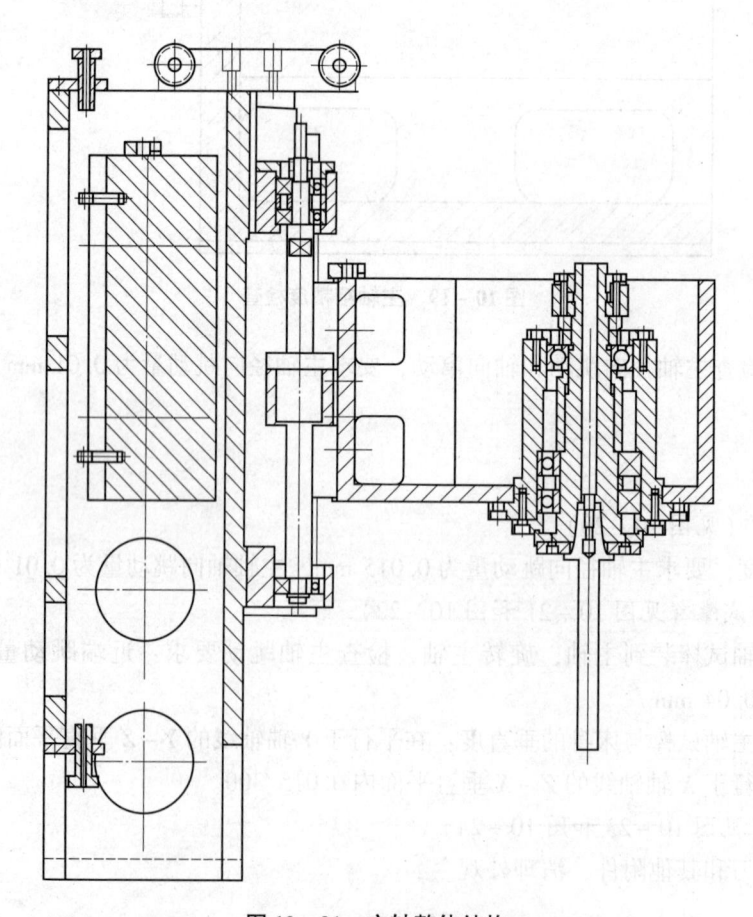

图 10-21 主轴整体结构

项目10 数控铣床装调

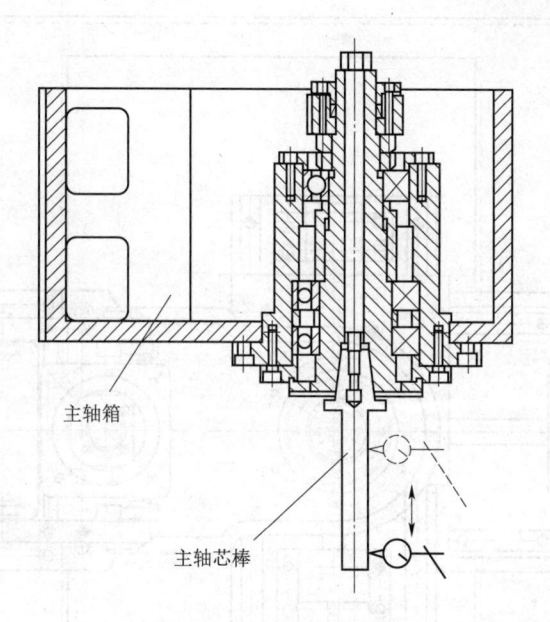

主轴箱

主轴芯棒

图 10-22 校主轴试棒

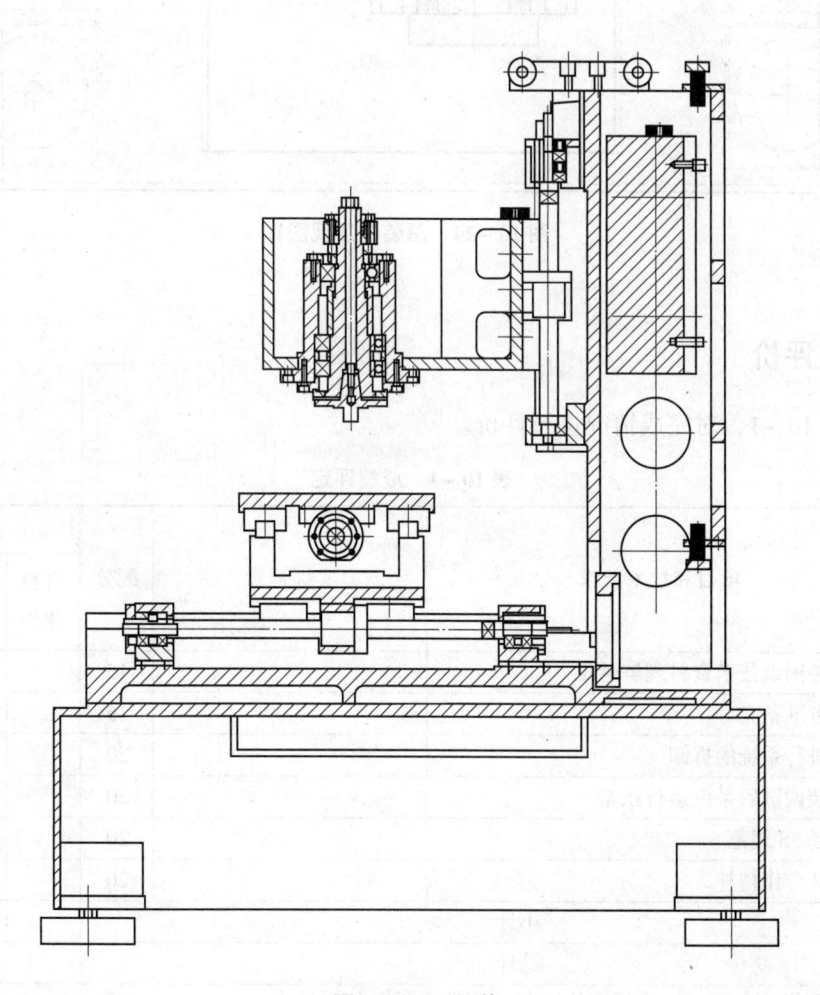

图 10-23 总装

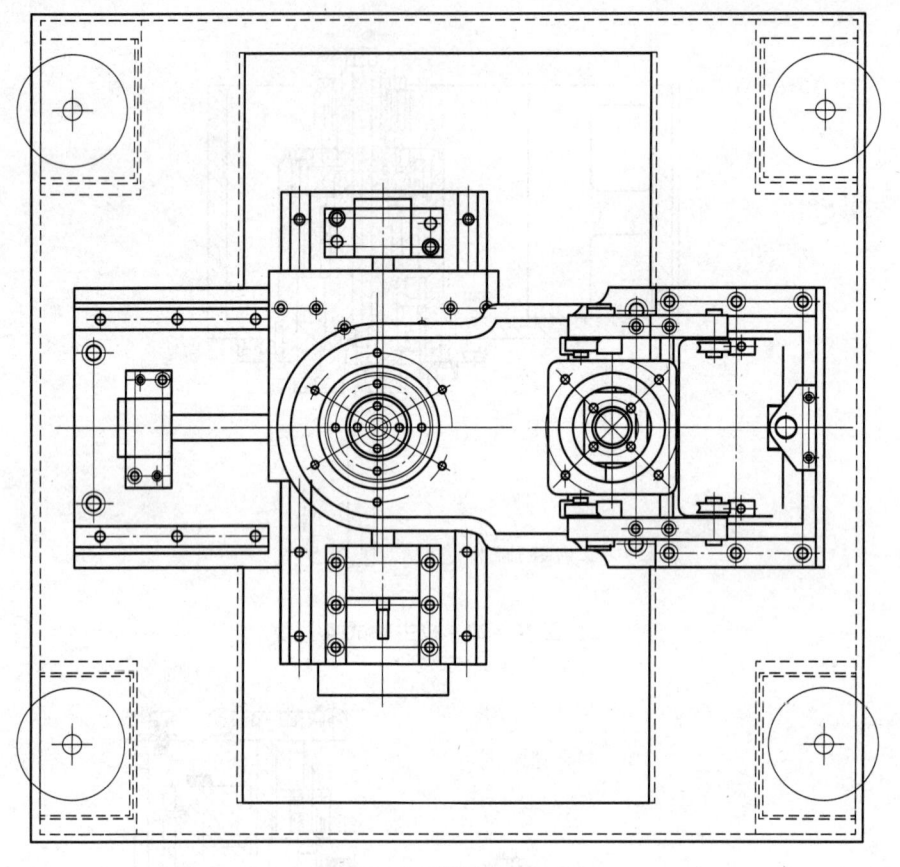

图 10-24　总装（顶视图）

任务评价

根据表 10-1，对完成情况进行评价。

表 10-1　成绩评定

项次	项目和技术要求	实训记录	配分	得分 自我评价	得分 小组评价	得分 教师评价
1	相关图纸技术资料理解透彻		15			
2	任务准备充分		15			
3	能进行系统的拆卸		20			
4	安装调试后系统运行正常		20			
5	现场 5S 规范		20			
6	团队合作精神		20			
小计						
总计						
注：自我评价占 30%，小组评价占 30%，教师评价占 40%						

总结提高

列出在本任务中认识的专业词汇、学习到的知识点、会使用的工具、掌握的技能。

1. 新的专业词汇。
   _____
   _____

2. 新的知识点。
   _____
   _____

3. 新的工具。
   _____
   _____

4. 新的技能。
   _____
   _____

项目拓展

说一说数控铣床与普通铣床机械机构的异同。

附　录

附录一　安　全　标　志

禁止启动	禁止抛物	紧急出口	可动火区
避险处	当心火车	当心激光	当心爆炸
当心电缆	当心腐蚀	当心裂变物质	当心冒顶
当心塌方	当心坠落	当心机械伤人	当心弧光
当心微波	当心中毒	当心感染	注意安全

当心火灾	当心烫伤	当心车辆	当心电离辐射
当心伤手	当心扎脚	当心落物	当心坑洞
当心触电	必须戴防护眼镜	必须戴防毒面具	必须戴安全帽
必须系安全带	必须加锁	必须戴防尘口罩	必须戴护耳器
必须戴防护帽	必须穿防护鞋	必须穿救生衣	必须穿防护服

必须戴防护手套	必须配戴遮光护目镜	必须拔出插头	必须洗手
必须接地	禁止伸入	禁止依靠	禁止蹬踏
禁止坐卧	禁止推动	禁止游泳	禁止滑冰
禁止伸出窗外	禁止叉车和厂内机动车通行	禁止开启无线通讯设备	禁止携托运易燃易爆物品
禁止携托放射性及磁性物品	禁止携托运毒物品及有害液体	禁止佩戴心脏起搏器者靠近标志	禁止携带武器及仿真武器

禁止携带金属物或手表	禁止植入金属材料者靠近	当心吊物	当心障碍物
当心滑倒	应急避难场所	紧急医疗站	急救点
应急电话	击碎板面	禁止触摸	禁止饮用
当心挤压	当心夹手	当心有犬	当心自动启动
当心碰头	当心叉车	当心跌落	当心磁场

当心低温　当心高温表面　当心落水　当心缝隙

附录二　常见机床维护与保养规范

数控车床的维护保养规范

为了使机床保持良好的状态，防止或减少事故的发生，把故障消灭在萌芽之中，除了发生故障应及时处理外，还应坚持定期检查，经常进行维护与保养。

一、日常保养

1. 班前保养
（1）擦净机床外露导轨及滑动面的尘土。
（2）按规定润滑各部位。
（3）检查各手柄位置。
（4）空车试运转。

2. 班后保养
（1）打扫场地卫生，保证机床底下无切屑、无垃圾，保证工作环境干净。
（2）将铁屑全部清扫干净。
（3）擦净机床各部位，保持各部位无污迹，各导轨面（大、中、小）无水迹。
（4）各导轨面（大、中、小）和刀架加机油防锈。
（5）清理工、量、夹具，部件归位。
（6）每个工作班结束后，应关闭机床总电源。

二、各部位定期保养

1. 一级保养
（1）机床运行 600 h 进行一级保养，以操作工人为主，维修工人配合进行。
（2）首先切断电源，然后进行保养工作（见附表1）。

附表1　一级保养工作

序号	保养部位	保养内容及要求
一	外保养	（1）清洗机床外表面及各罩壳，保持内外清洁，无锈蚀、黄袍。 （2）清洗导轨面，检查并修光毛刺。 （3）清洗长丝杆、光杆、操作杆，要求清洁无油污。 （4）补齐紧固螺钉、螺母、手球、手柄等机件，保持机床整齐。 （5）清洗机床附件，做到清洁、整齐和防锈
二	车头箱	（1）清洗滤油器。 （2）检查主轴螺母有无松动，定位螺钉调整适宜。 （3）检查调整摩擦片间隙及制动器。 （4）检查传动齿轮有无错位和松动

续表

序号	保养部位	保养内容及要求
三	走刀箱挂轮架	(1) 清洗各部位。 (2) 检查、调整挂轮间隙。 (3) 检查轴套,应无松动拉毛
四	刀架拖板	(1) 拆洗刀架,调整中小拖板镶条间隙。 (2) 拆洗、调整中小拖板丝杆螺母间隙
五	尾架	(1) 拆洗丝杆、套筒。 (2) 修光套筒外表及锥孔毛刺伤痕。 (3) 清洗调整刹紧机构,拆洗丝杆、套筒
六	润滑	(1) 清洗油线、油毡,保证油孔、油路畅通。 (2) 油质、油量符合要求,油杯齐全,油标明亮
七	冷却	清洗冷却泵、过滤器、冷却槽、水管水阀,消除泄漏
八	数控	检查数控部分接头是否松动,清除积尘和油污
九	电器	(1) 清洗电动机、电气箱。 (2) 检查各电气元件触点,要求性能良好、安全可靠。 (3) 检查、紧固接零装置

2. 二级保养

(1) 机床运行 5 000 h 进行二级保养,以维修工人为主,操作工人参加,除执行一级保养内容及要求外,应做好下列工作,并测绘易损件,提出备品配件。

(2) 首先切断电源,然后进行保养工作(见附表2)。

附表2 二级保养工作

序号	保养部位	保养内容及要求
一	车头箱	(1) 清洗主轴箱。 (2) 检查传动系统,修复或更换磨损零件。 (3) 调整主轴轴向间隙。 (4) 清除主轴锥孔毛刺,以符合精度要求
二	走刀箱挂轮架	检查、修复或更换磨损零件
三	刀架拖板	(1) 拆洗刀架及拖板。 (2) 检查、修复或更换磨损零件

续表

序号	保养部位	保养内容及要求
四	溜板箱	（1）清洗溜板箱。 （2）调整开合螺母间隙。 （3）检查、修复或更换磨损零件
五	尾架	（1）检查、修复尾架套筒维度。 （2）检查、修复或更换磨损零件
六	润滑	清洗油池，更换润滑油
七	电器	（1）拆洗电动机轴承。 （2）检修、整理电气箱，应符合设备完好标准要求
八	精度	（1）校正机床水平，检查、调整、修复精度。 （2）调整数控尺寸和实际尺寸的误差，调整电流、电压在规定范围内。 （3）精度符合设备完好标准要求

普通铣床维护保养规范

一、日常保养

1. 班前保养

（1）对重要部位进行检查。
（2）擦净外露导轨面并按规定润滑各部位。
（3）空运转并查看润滑系统是否正常。检查各油平面，不得低于油标以下，各部位加注润滑油。

2. 班后保养

（1）做好床身及部件的清洁工作，清扫铁屑及周边环境卫生。
（2）擦拭机床。
（3）清洁工、夹、量具。
（4）各部归位。

二、各部位定期保养

1. 床身及外表

（1）擦拭工作台、床身导轨面、各丝杆、机床各表面及死角、各操作手柄及手轮。
（2）导轨面去毛刺。
（3）清洁，无油污。
（4）拆卸清洗油毛毡，清除铁片杂质。

(5) 除去各部锈蚀，保护喷漆面，勿碰撞。

(6) 停用、备用设备导轨面、滑动面及各部手轮手柄及其他暴露在外易生锈的各种部位应涂油覆盖。

2. 主轴箱

(1) 清洁、润滑良好。

(2) 传动轴无轴向窜动。

(3) 清洗换油。

(4) 更换磨损件。

(5) 检查调整离合器、丝杆、镶条、压板松紧合适。

3. 工作台及升降台

(1) 清洁，润滑良好。

(2) 调整夹条间隙。

(3) 检查并紧固工作台压板螺钉，检查并紧固操作手柄螺丝螺帽。

(4) 调整螺母间隙。

(5) 清洗手压油泵。

(6) 清除导轨面毛刺。

(7) 对磨损件进行修理或更换。

(8) 清洗工作台、丝杆手柄及柱上镶条。

4. 工作台变速箱

(1) 清洁。

(2) 润滑良好。

(3) 清洗换油。

(4) 传动轴无窜动。

(5) 更换磨损件。

5. 冷却系统

(1) 各部清洁，管路畅通。

(2) 冷却槽内无沉淀铁末。

(3) 清洗冷却液槽。

(4) 更换冷却液。

6. 润滑系统

(1) 各部油嘴、导轨面、线杆及其他润滑部位加注润滑油。

(2) 检查主轴油箱、进给油箱油位，并加油至标高位置。

(3) 油内清洁，油路畅通，油毡有效，油标醒目。

(4) 清洗油泵。

(5) 更换润滑油。

立式钻床的维护保养规范

立式钻床的保养工作见附表3。

附表3　立式钻床的保养工作

日保内容和要求	一，二级保养内容和要求		
	保养部位	一级保养	二级保养
班前： 1. 擦净外露导轨面及工作台面的尘土。 2. 按规定润滑各部位油量符合要求。 3. 检查各手柄灵活可靠。 4. 空车试运转。 班后： 1. 将铁屑全部清扫干净。 2. 擦净机床各部位。 3. 部件归位	外表	(1) 清洗机床外表及死角，拆洗各罩盖，要求内外清洁、无锈蚀、无黄袍，漆见本色、铁见光。 (2) 清除导轨面及工作台面上的磕碰毛刺。 (3) 检查并补齐螺钉、手球、手板。 (4) 清洗工作台、丝杠、齿条、伞齿轮，要求无油污	包含一级保养的所有内容
	主轴进刀箱	(1) 检查油质，保持良好，油量符合要求。 (2) 清除主轴锥孔毛刺。 (3) 检查、调整电动机皮带，要求松紧适宜。 (4) 检查各手柄灵活可靠	(1) 包含一级保养的所有内容。 (2) 检查传动机构，并更换必要的磨损件。 (3) 清洗换油
	润滑	清洁油毡，要求油杯齐全、油路畅通、油窗明亮	清洁油毡，要求油杯齐全、油路畅通、油窗明亮
	冷却	(1) 清洗冷却泵过滤器及冷却液槽。 (2) 检查冷却液管路，保持无漏水现象	(1) 包含一级保养的所有内容。 (2) 清洗并更换冷却液
	电器	清扫电动机及电气箱内外尘土	(1) 清扫电动机及电气箱内外尘土。 (2) 检修电气元件，根据需要拆洗电动机，更换油脂

折弯机维护保养作业指导书

一、维护类别和职责

(1) 日常维护，每班工作中或工作后，操作人员进行维护。
(2) 一级技术保养，每月进行一次，以操作工人为主，维修工人配合进行。
(3) 二级技术保养，根据设备实际使用情况，安排维修人员进行。

二、维护项目

1. 日常维护

(1) 检查左右墙板、油箱、撑挡、工作台、前后横梁等的固定。
(2) 检查工作缸主缸活塞杆表面无拉伤。
(3) 检查油泵、电磁阀组合及液压管路是否漏油。
(4) 检查电动机、油泵、电磁阀组及整机清洁。
(5) 检查上下模在滑块和工作台上固定是否牢固。
(6) 检查并润滑各润滑部位：滑座（左、右）；左右导轨；同步臂轴承（左、右）；同步臂扭轴轴承。
(7) 检查各部连接紧固件是否松动。
(8) 检查控制台按钮、仪表和显示是否正常
(9) 系统油温应为35℃~60℃，不得超过70℃，如过高会导致油质及配件变质损坏。
(10) 每周彻底清洁设备表面油污一次。
(11) 以上保养项目由操作者承担。

2. 一级技术保养

按照"日常维护"项目进行，并增添下列工作。
(1) 每月检查油箱油位，如进行液压系统维修后也应检查，油位低于油窗应加注液压油。
(2) 检查各螺栓的紧固。
(3) 检查电气系统各线路及零部件工作是否完好。

3. 二级技术保养

液压系统大保养：
(1) 液压油每一至两年换油一次。
(2) 换油时放空原油箱中的液压油，检查油箱底部有无杂质，并清洗油箱。
(3) 过滤器。每次换油时，过滤器均应更换或彻底清洗。
(4) 各液压控制元件（阀门）视情况进行清洗。
(5) 检查各油管弯曲处有无变形，如有异常应予更换。
(6) 油缸检查，如有漏油应更换密封件。

剪板机维护保养作业指导书

一、维护类别和职责

（1）日常维护，每班工作前或工作后，由操作人员进行维护。
（2）一级技术保养，每月进行一次，以操作工人为主，维修工人配合进行。
（3）二级技术保养，根据设备实际使用情况，安排维修人员进行。

二、维护项目

1. 日常维护

（1）开车前应检查并确认各运行部位处于良好状况。开机前检查刀片运动过程有无异物影响安全运行，再开空车检验正常后才能开始剪料，严禁突然启动。
（2）运行中检查机器运转是否平稳，有无异响。
（3）运行中检查刃口是否锋利，有无缺损。
（4）检查系统油温应为 35℃ ~ 60℃，不得超过 70℃，如过高会导致油质及配件变质损坏。
（5）检查油泵、电磁阀及液压油管有无漏油现象。
（6）定期检查三角皮带、手柄、旋钮、按键是否损坏，磨损严重的应及时报修更换。
（7）定期每两周应清洁一次刀模，并涂上防护油。
（8）定期每周应进行上刀模上下导轨的清洁维护。
（9）定期每周清洁导轨面，在上下导轨面上加油脂，并用毛刷涂均匀。
（10）检查电动机运转有无异响。
（11）每周彻底清洁设备表面油污一次。
（12）润滑部位要求定时、定点、定量加润滑油，油应清洁无沉淀（润滑部位：上刀架回转支承轴；上刀架摆动支点；后挡料导向杆；丝杆及链条；齿轮；电动机轴承）。

以上保养项目由操作者承担。

2. 一级技术保养

按照"日常维护"项目进行，并增添下列工作：
（1）检查电气部分工作是否正常且安全可靠。
（2）检查系统压力是否正常。
（3）检查各密封部位的磨损，并及时更换。
（4）紧固所有配件的连接处。
（5）每月检查油箱油位，如进行液压系统维修后也应检查，油位低于油窗应加注液压油。
（6）做好设备各部分的润滑。

3. 二级技术保养

液压系统大保养：
（1）液压油每一至两年换油一次。
（2）换油时放空原油箱中的液压油，检查油箱底部有无杂质，并清洗油箱。

(3) 过滤器。每次换油时，过滤器应更换或彻底清洗。

(4) 各液压控制元件（阀门）视情况进行清洗。

锯床的保养

(1) 检查液压油及冷却液面高度，不足时应及时添加到要求高度。

(2) 检查带锯条，确保其已被正确地张紧在主、被动轮上，并夹持在左右导向臂内。

(3) 检查钢丝刷与带锯条接触是否恰当，如钢丝轮磨损应及时更换。

(4) 各润滑点、滑动配合面应加油润滑。

附图一

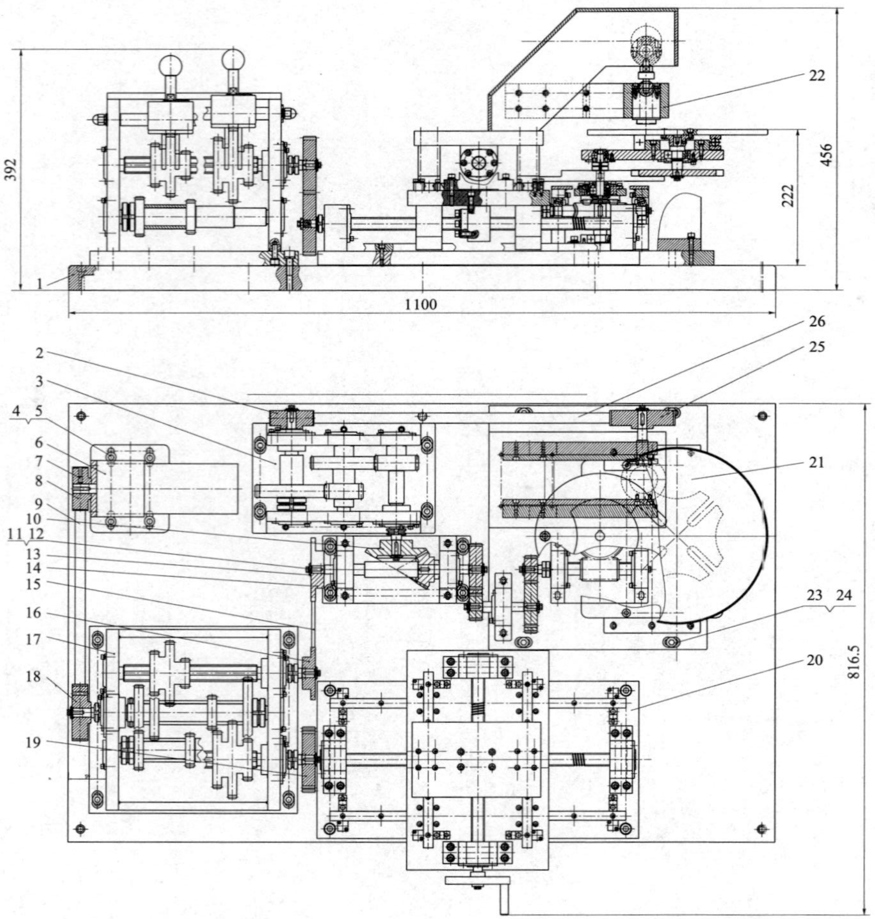

技术要求：

1. 装配前，全部零件用煤油或柴油清洗；
2. 整机装配好后应转动平稳轻巧，不允许有卡阻爬行现象；
3. 装配过程不要划伤工件表面，整体完好；
4. 整机装配好后，部件及零件应做防锈处理。

序号	代号	名称	数量	材料	单件质量	总计质量	备注
26		同步带2	1				580XL 075
25	QCMTZT-1B.0J-4	同步带轮4	1				60XL075BF
24		不锈钢φ10弹垫	26				
23		M10×30不锈钢内六角螺钉	22				
22	QCMTZT-1B.5	自动冲床	1				
21	QCMTZT-1B.3	分度转盘部件	1				
20	QCMTZT-1B.2	二维工作台	1				
19	QCMTZT-1B.2J-15	小齿轮3	1	45#			Z=36 M=2.5
18	QCMTZT-1B.0J-3	同步带轮3	1				50XL075BF
17	QCMTZT-1B.1	变速箱	1				
16	QCMTZT-1B.3J-1	08B20 链轮	1				外购
15		链条	1				外购
14	QCMTZT-1B.3J-2	08B24 链轮	1				外购
13		轴端挡圈	14				
12		M4×10外六角不锈钢螺栓	14				
11		φ4弹垫	14				
10	QCMTZT-1B.3J-25	锥齿轮2	1	45#			Z=48 M=2
9		同步带1	1				372XL 075
8	QCMTZT-1B.0J-1	同步带轮1	1				40XL075BF
7		M6×16普通内六角锥端紧定螺钉	1				
6		主动电动机	1				外购
5		M10×20不锈钢内六角螺钉	4				
4		不锈钢φ10平垫	4				
3	QCMTZT-1B.4	齿轮减速器	1				
2	QCMTZT-1B.0J-2	同步带轮2	1				40XL075BF
1	QCMTZT-1B.0J-1	底座	1	HT200			

标记	处数	更改文件号	签字	日期	
设计		标准化			
绘图		审定			
工艺					
审核		日期	11-12-21		

QCMTZT-1B型机械装调技术综合实训考核装置

图样标记	数量	重量	比例
	1		
共 张	第 张		

杭州启才科技有限公司

总装图

QCMTZT-1B

借(通)用件登记	
描 图	
描 校	
旧底图总号	
底图总号	
签 字	
日 期	

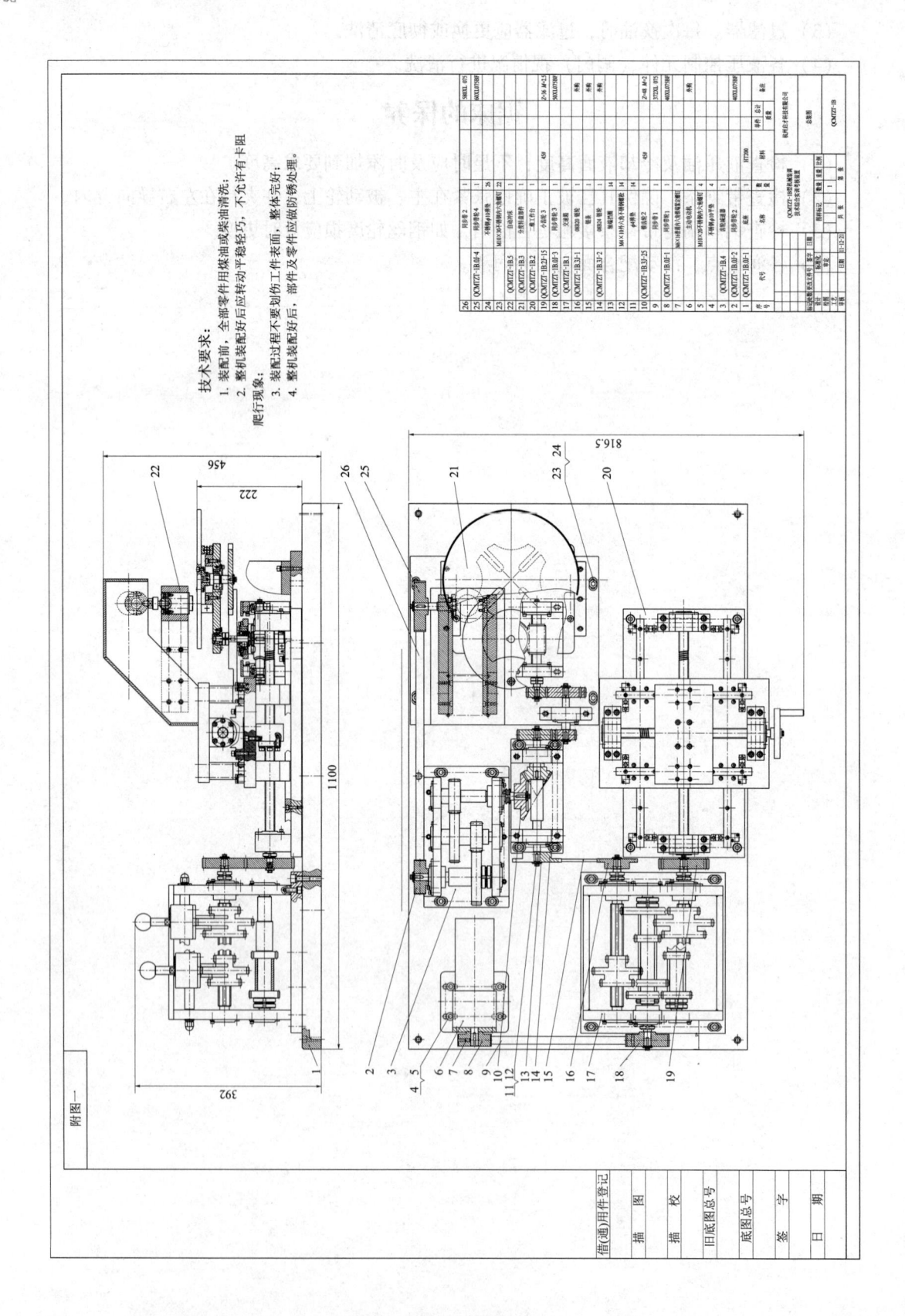

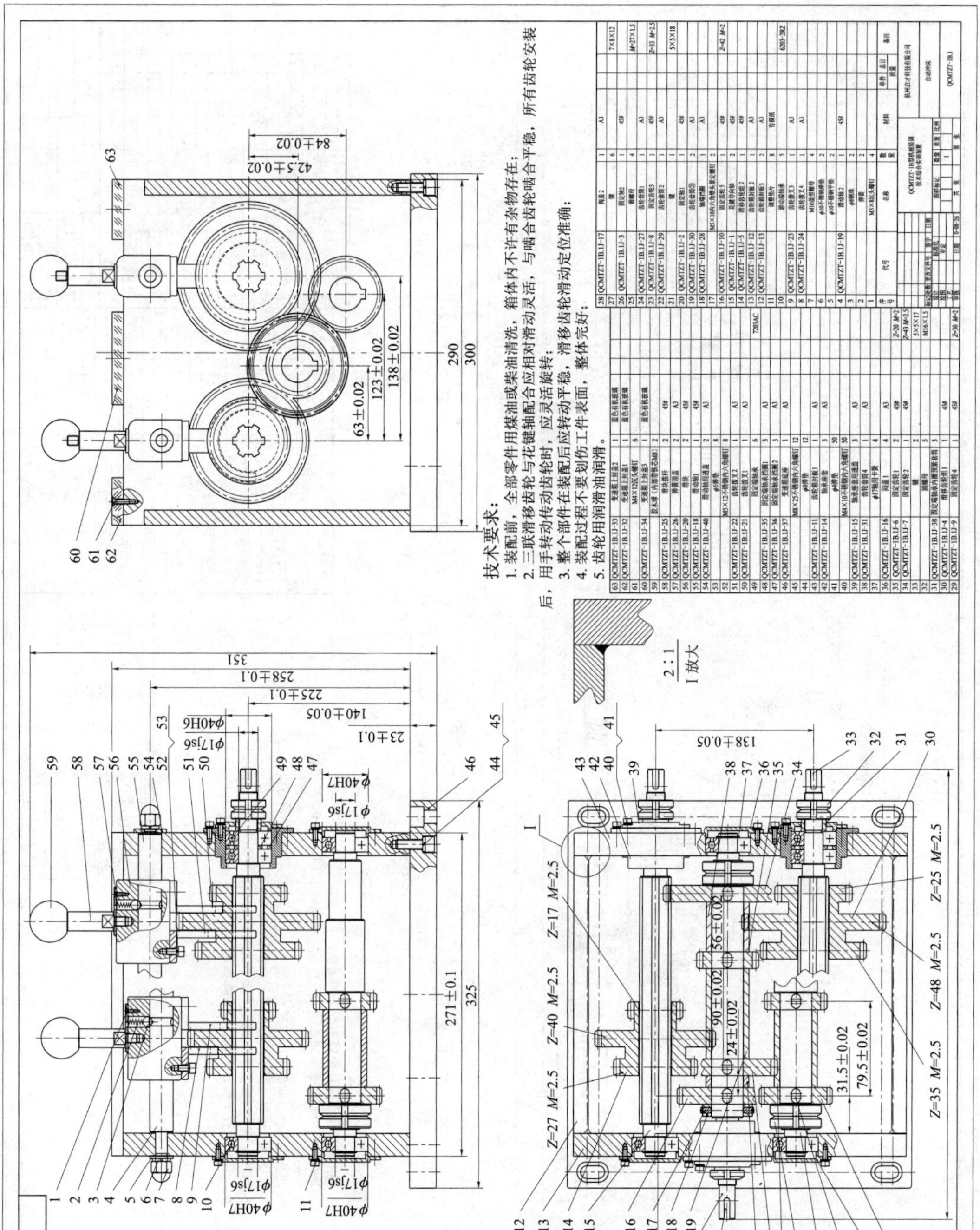
附图二
技术要求：
1. 装配前，全部零件用煤油或柴油清洗，箱体内不许有杂物存在；
2. 三联滑移齿轮与花键轴配合应相对滑动灵活，与啮合齿轮啮合平稳，所有齿轮安装后，用手转动传动齿轮时，应灵活旋转；
3. 整个部件在装配后应转动平稳，滑移齿轮滑动定位准确；
4. 装配过程不要划伤工件表面，整体完好；
5. 齿轮用润滑油润滑。
2：1
I 放大
借(通)用件登记
描　图
描　校
旧底图总号
底图总号
签　字
日　期

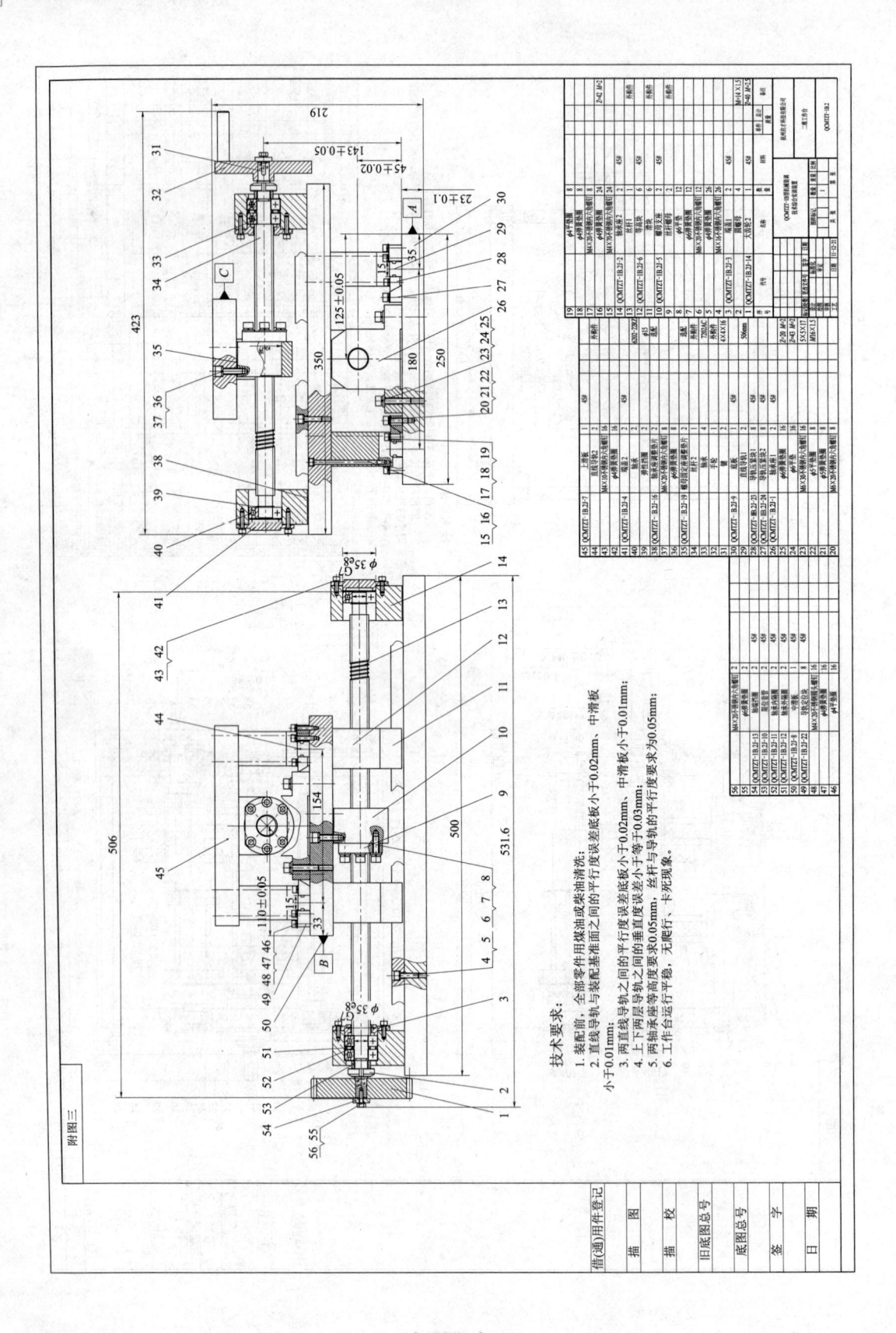

技术要求：
装配前，全部零件用煤油或柴油清洗。
1. 直线导轨与安装配基准面之间的平行度误差底板小于0.01mm；
2. 两直线导轨之间的平行度误差底板小于0.02mm，中滑板小于0.02mm，中滑板小于0.01mm；
3. 上下两层导轨之间的垂直度误差小于等于0.03mm；
4. 两轴承座等高度要求0.05mm，丝杆与导轨的平行度要求为0.05mm；
5. 工作台运行平稳，无爬行、卡死现象。

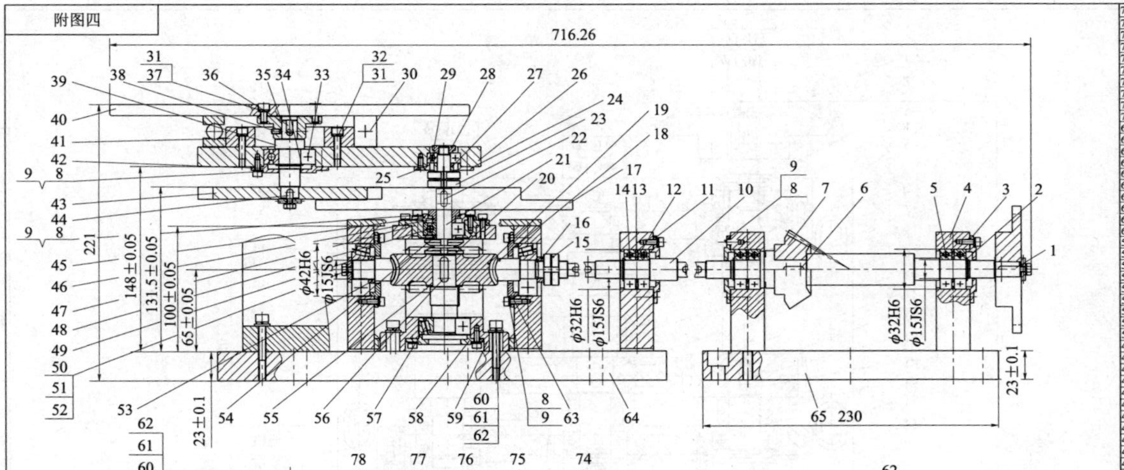

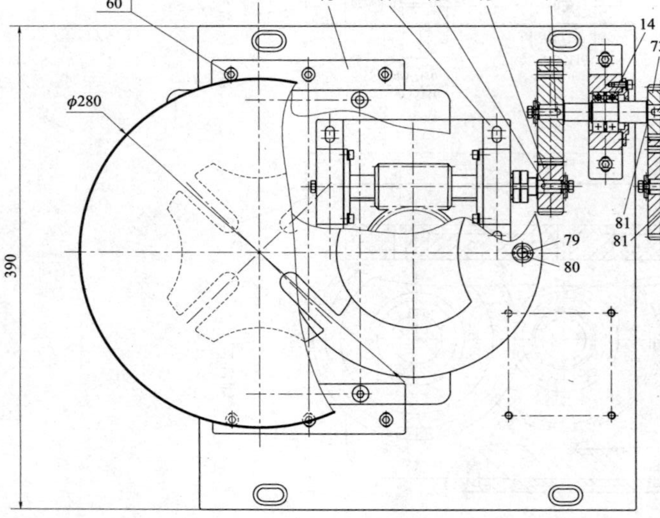

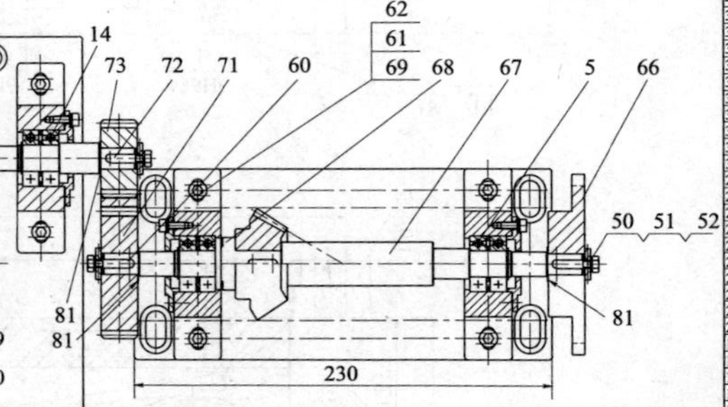

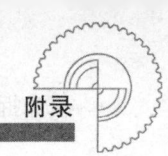

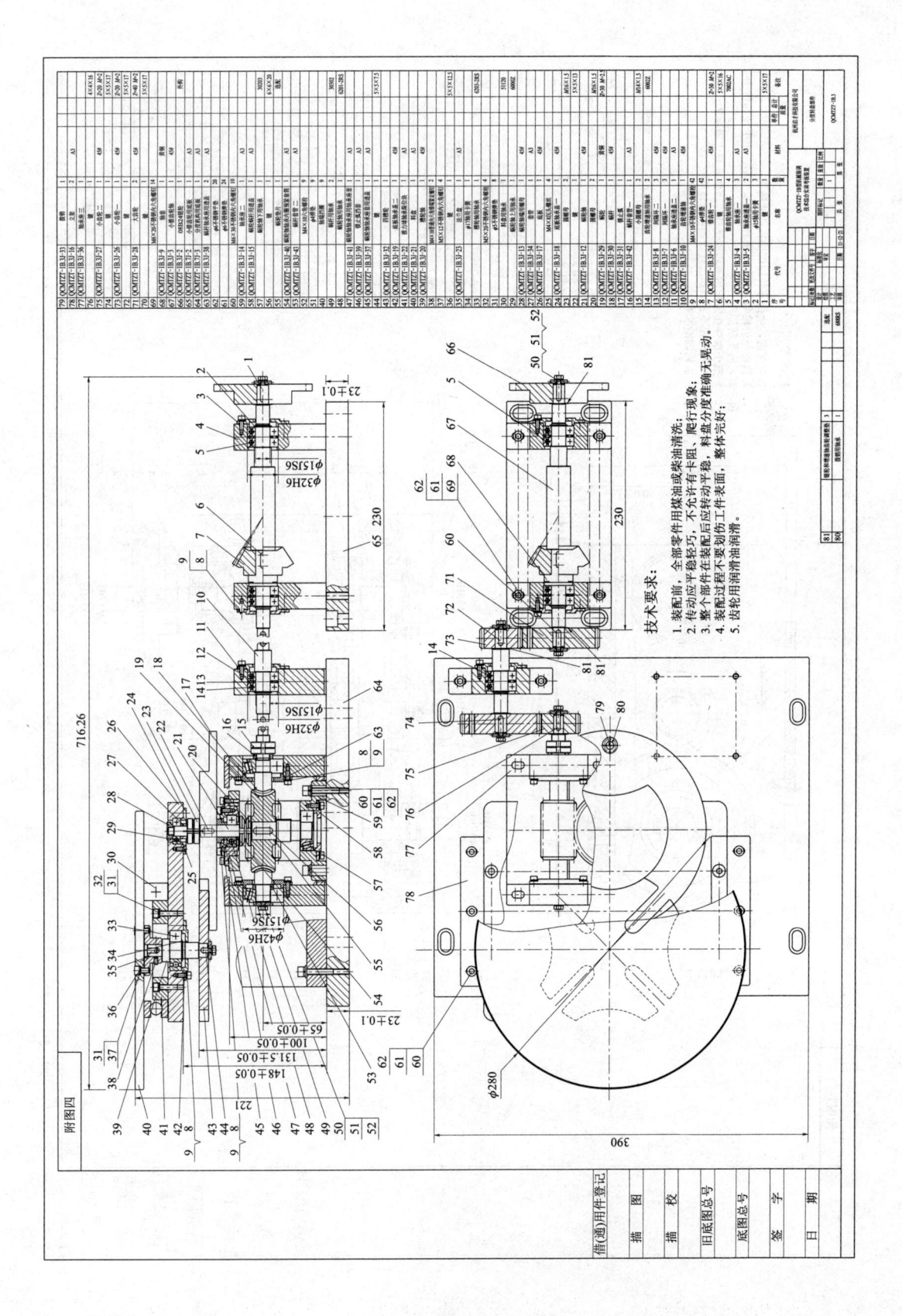

机床拆装与维护

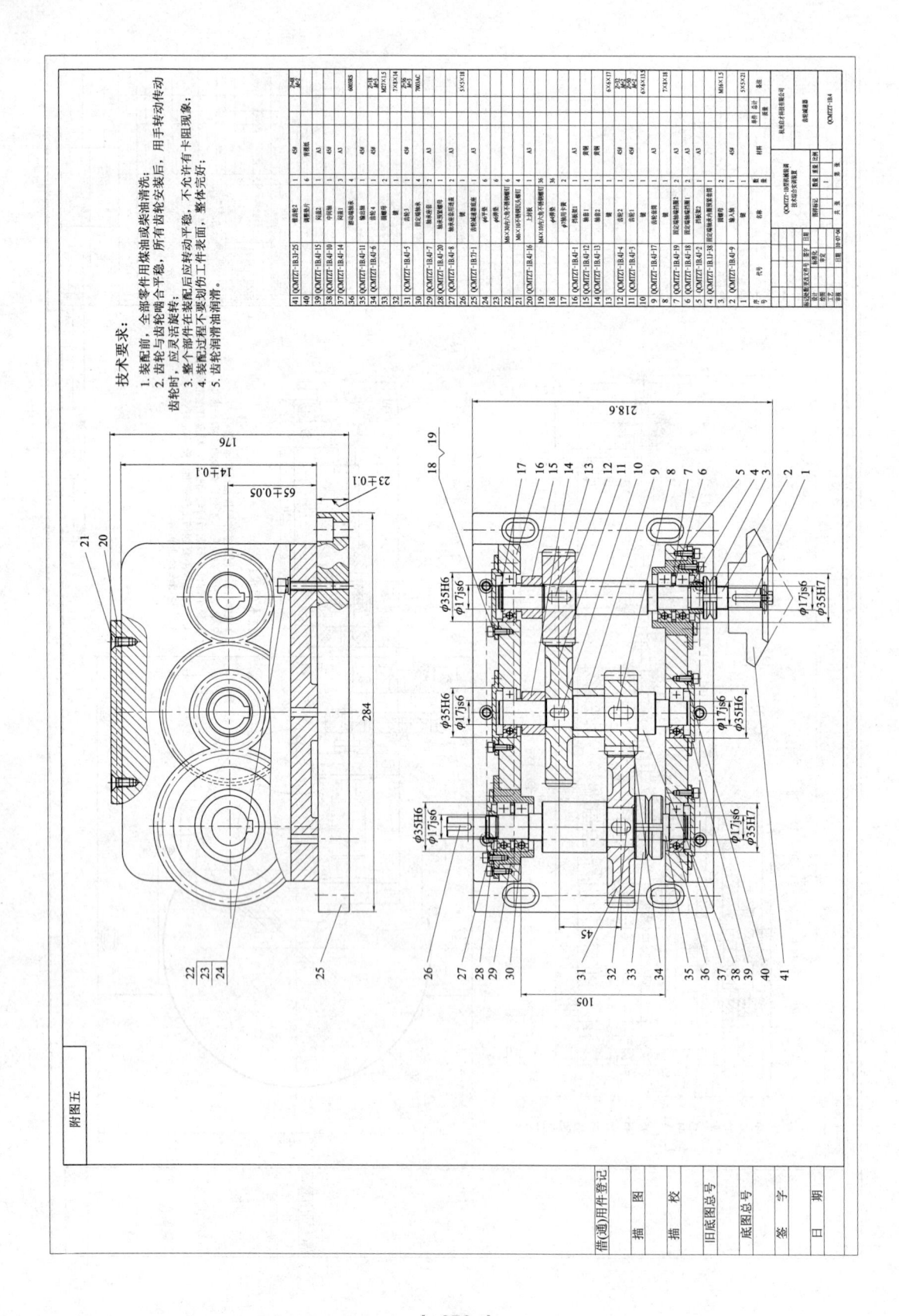

附图六

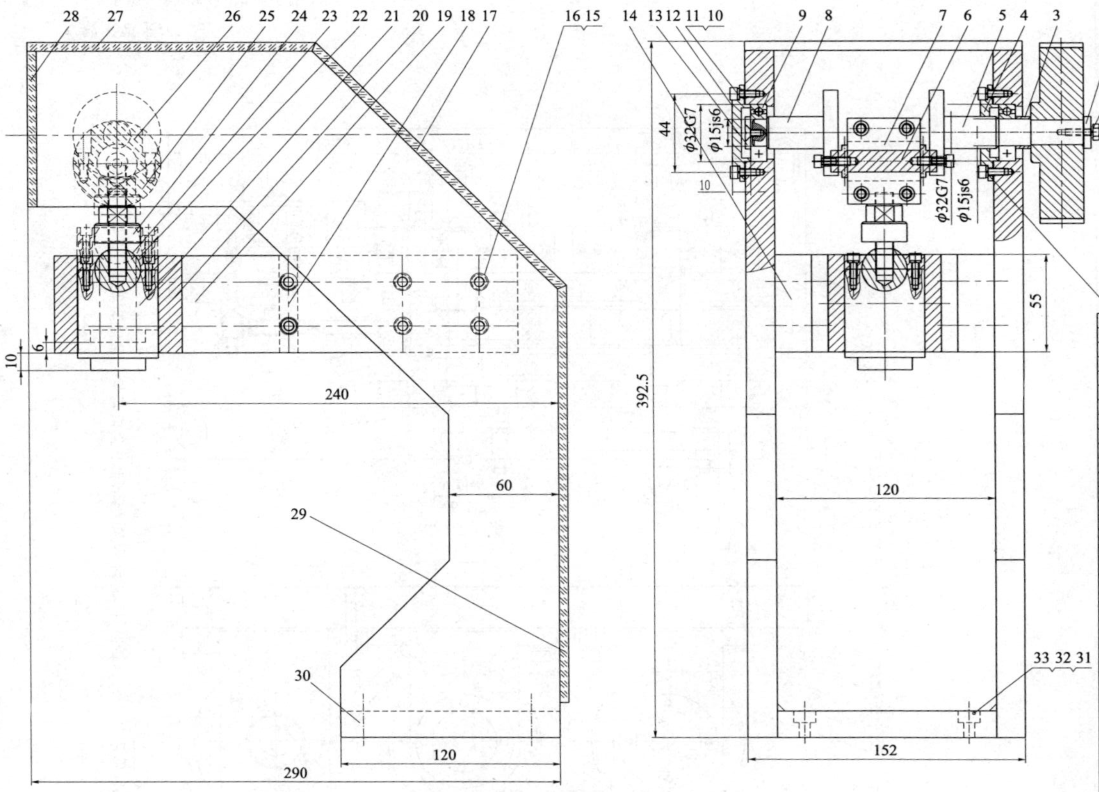

34		调整垫片	2	青稞纸			
33		φ6不锈钢平垫	4				
32		φ6不锈钢垫圈	4				
31		M6×20不锈钢内六角螺钉	4				
30	QCMTZT-1B.5J-26	自动冲床大身	1	A3			焊接件
29	QCMTZT-1B.5J-25	自动冲床右侧边挡板	1	浅蓝色有机玻璃			
28	QCMTZT-1B.5J-23	模拟冲床左挡板	1	蓝色有机玻璃			
27	QCMTZT-1B.5J-14	模拟冲床顶端拉板	1	A3			
26	QCMTZT-1B.5J-5	曲轴上端盖	1	45#			
25	QCMTZT-1B.5J-6	曲轴下端盖	1	45#			
24	QCMTZT-1B.5J-7	压头连接体	1	45#			
23	QCMTZT-1B.5J-8	活结圆球	1	45#			
22	QCMTZT-1B.5J-10	活结上端盖	1	45#			
21	QCMTZT-1B.5J-9	模拟冲头	1	45#			
20	QCMTZT-1B.5J-18	冲头导向套	1	59铜			
19	QCMTZT-1B.5J-16	滑套固定板	2	A3			
18	QCMTZT-1B.5J-17	滑套固定板加强筋	1	A3			
17	QCMTZT-1B.5J-24	模拟冲床右上挡板	1	蓝色有机玻璃			
16		M5×12不锈钢内六角螺钉	24				
15		φ5不锈钢垫圈	24				
14	QCMTZT-1B.5J-15	滑套固定板垫块	2	45#			
13	QCMTZT-1B.5J-20	左传动轴压盖	1	45#			
12	QCMTZT-1B.5J-12	闷盖	1	45#			
11		M4×10不锈钢内六角螺钉	12				
10		φ4不锈钢垫圈	13				
9		轴承	2				6002Z
8	QCMTZT-1B.5J-1.1	轴一	1	45#			
7	QCMTZT-1B.5J-4	轴瓦	2	59铜			
6	QCMTZT-1B.5J-3	中轴	1	45#			
5	QCMTZT-1B.5J-2.1	轴二	1	45#			
4	QCMTZT-1B.5J-11	透盖	1	45#			
3	QCMTZT-1B.5J-19	右传动轴挡套	1	45#			
2	QCMTZT-1B.2J-13	轴端挡圈	1	45#			
1		M4×10不锈钢内六角螺钉	1				
序号	代号	名称	数量	材料	单件 质量	总计 质量	备注

标记 处数 更改文件号 签字 日期	QCMTZT-1B型机械装调技术综合实训装置			杭州启才科技有限公司
设计 标准化	图样标记	数量	重量 比例	自动冲床
绘图 审定		1		QCMTZT-1B.5
工艺				
审核 日期 10-07-03	共 张	第 张		

技术要求：

1. 装配前，全部零件用煤油或柴油清洗；
2. 转动平稳，无卡阻现象；
3. 装配过程不要划伤工件表面，整体完好。

借(通)用件登记	
描　图	
描　校	
旧底图总号	
底图总号	
签　字	
日　期	

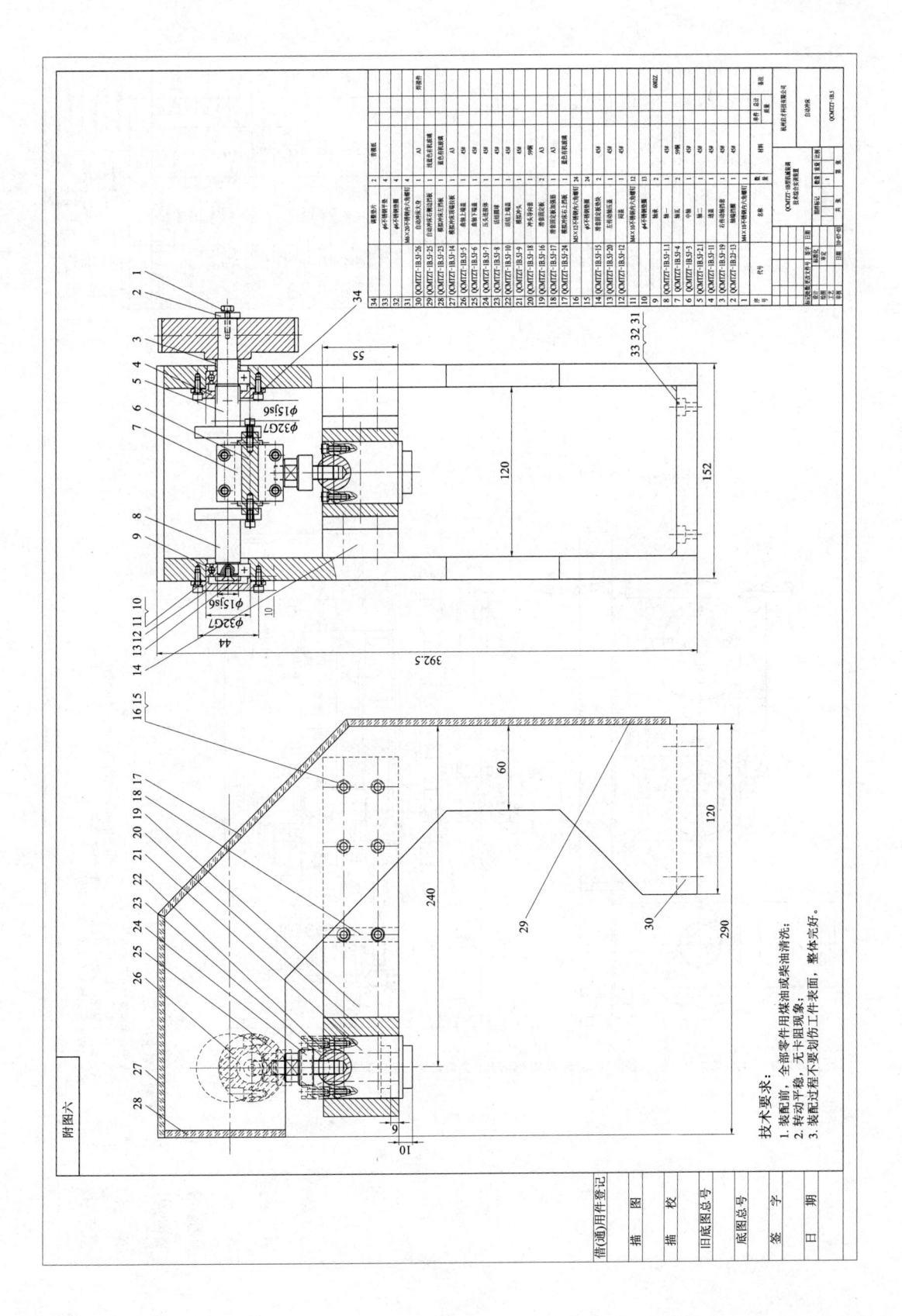

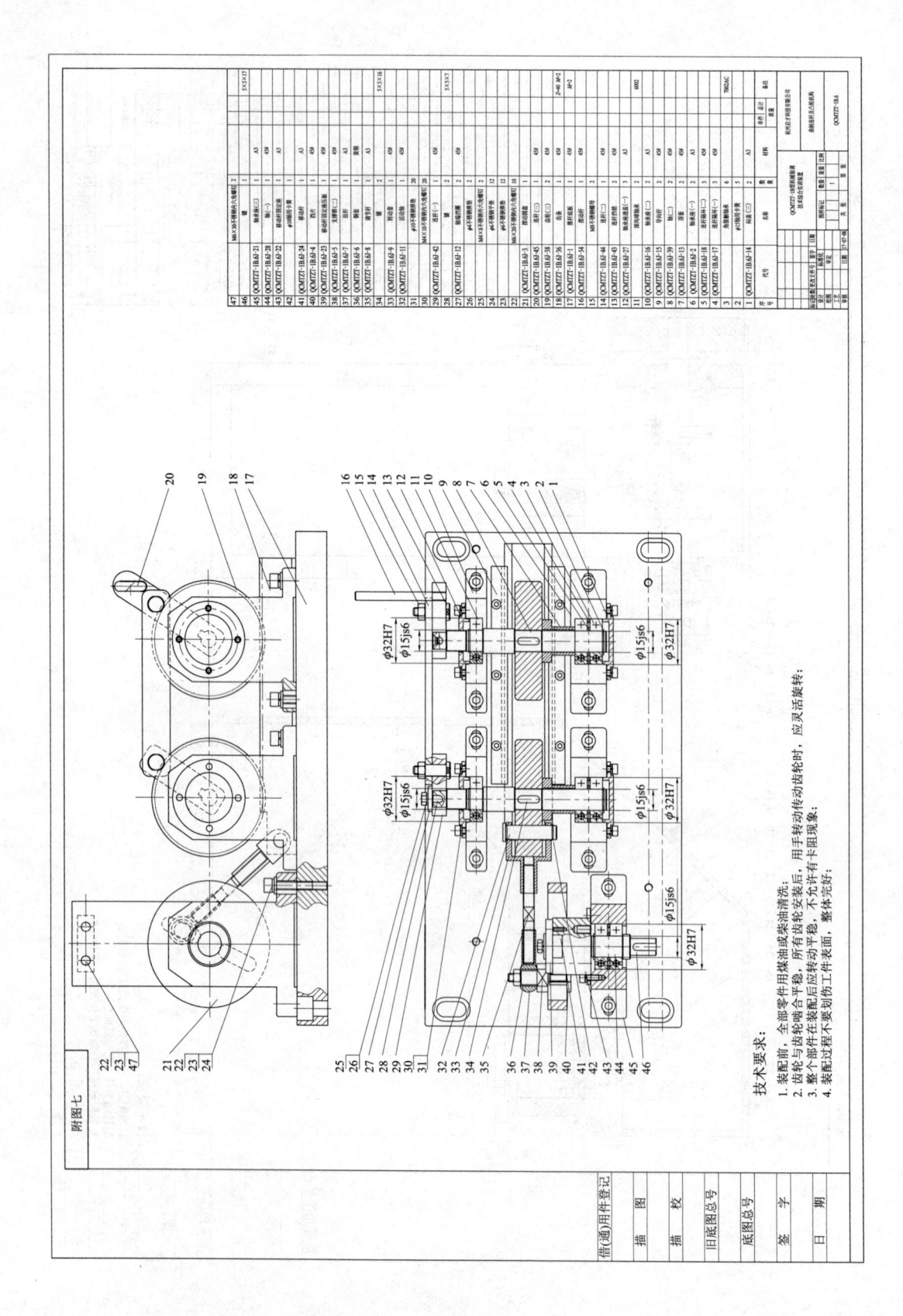

技术要求：
1. 装配前，全部零件用煤油或柴油清洗；
2. 齿轮与齿轮啮合平稳，所有齿轮安装后，用手转动传动齿轮时，应灵活旋转，不允许有卡阻现象；
3. 整个部件在装配后应转动平稳，不允许有卡阻现象；
4. 装配过程不要划伤工作表面，整体完好。

参 考 文 献

[1] 现代实用机床设计手册编委会. 现代实用机床设计手册 [M]. 北京：机械工业出版社, 2006.
[2] 安琦. 机械设计 [M]. 上海：华东理工大学出版社, 2009.
[3] 赵韩, 黄康, 陈科. 机械系统设计 [M]. 北京：高等教育出版社, 2011.
[4] 魏兵, 杨文堤. 机械设计基础 [M]. 武汉：华中科技大学出版社, 2011.
[5] 韩树明. 机械工程基础 [M]. 北京：冶金工业出版社, 2010.
[6] 李恩学. 数控车床反向机械间隙的测定与补偿 [J]. 机电工程技术, 2009 (01)：60-63.
[7] 张永, 张永泉, 孔海军. 间隙调整机构设计及调整方法 [J]. 金属加工, 2013 (12)：50-51.
[8] 覃仕辉. 几种消除间隙的机械结构设计 [J]. 发明与创新, 2007 (08)：37-38.
[9] 章崇任. 工程机械配合间隙的控制 [J]. 工程机械, 1993 (06)：32-34.
[10] 韩树明, 成建群. 机械拆装技能实训 [M]. 北京：外语教学与研究出版社, 2015.